可靠性时空数据分析

史文中　张鹏林　陈江平　等　著

科学出版社

北京

内 容 简 介

本书是根据作者在空间数据与空间分析不确定理论和方法领域的研究积累，总结可靠性时空数据分析的最新研究成果后撰写而成。书中首先阐述可靠性时空数据分析的来源、概念、特点，随后介绍以时空数据及其分析方法、过程、结果的可靠性度量与评价为核心的可靠性时空数据分析理论框架；接着从时空数据分析的三个重要分支：遥感影像分类、空间关联分析和时空大数据分析入手，介绍可靠性时空数据分析方法；最后，介绍可靠性时空数据分析系统及应用。

本书可作为从事时空数据分析研究与应用的科技人员参考用书，也可以作为高等院校相关专业的研究生教材。

图书在版编目（CIP）数据

可靠性时空数据分析 / 史文中等著. —北京：科学出版社，2021.1

ISBN 978-7-03-068051-8

Ⅰ. ①可… Ⅱ. ①史… Ⅲ. ①空间信息系统－数据处理 Ⅳ. ①P208.2

中国版本图书馆 CIP 数据核字(2021)第 025369 号

责任编辑：彭胜潮 李嘉佳 / 责任校对：樊雅琼
责任印制：吴兆东 / 封面设计：黄华斌

科学出版社 出版
北京东黄城根北街 16 号
邮政编码：100717
http://www.sciencep.com
北京中科印刷有限公司 印刷
科学出版社发行 各地新华书店经销
*
2021 年 1 月第 一 版 开本：787×1092 1/16
2023 年 1 月第二次印刷 印张：13 3/4 插页：6
字数：323 000
定价：118.00 元
（如有印装质量问题，我社负责调换）

本书各章作者名单

第1章　史文中　张鹏林　陈江平

第2章　史文中　舒　红

第3章　张鹏林　张　华

第4章　陈江平　张安舒

第5章　卢宾宾

第6章　贾　涛　康朝贵

第7章　詹庆明

第8章　史文中　张鹏林

前　言

　　时空数据是同时具有时间和空间维的数据，是信息时代一项重要的国家基础设施。时空数据分析是从大量的时空数据中提取有用信息、获取新知识和新规律的基本原理和方法。时空数据分析的本质，是研究如何利用时空对象之间的固有时空间关系，挖掘隐藏于时空数据背后潜在知识的理论、技术和方法。通过时空数据分析过程提取的信息和形成的结论，是科学决策的依据，这就要求时空数据分析的过程、所提取的信息和形成的结论必须有很高的可靠性。因此，可靠性时空数据分析是一个极为重要的研究议题。在国家自然科学基金重点项目"可靠性遥感影像分类和空间关联分析研究"（41331175）的资助下，作者及所在研究团队开展了可靠性时空数据分析相关的理论、技术和方法研究，形成了可靠性时空数据分析的理论雏形，提出了一系列时空数据的可靠性分析方法。本书对史文中教授及其团队近五年来在可靠性时空数据分析领域的研究成果进行了全面总结。书中首先阐述可靠性时空数据分析的来源、概念、特点，随后介绍以时空数据及其分析方法、过程、结果的可靠性评价与度量理论框架为核心的可靠性时空数据分析理论框架；接着从时空数据分析的三个重要分支：遥感影像分类、空间关联分析和时空大数据分析入手，介绍可靠性时空数据分析方法；最后，介绍可靠性时空数据分析的系统及应用。

　　全书分为以下三部分。

第一部分　可靠性时空数据分析理论（第 1 章、第 2 章）

　　第 1 章为绪论，主要介绍时空数据分析的可靠性问题，以及可靠性时空数据分析的概念、重要性、来源、发展和支撑理论。

　　第 2 章为时空数据分析可靠性理论基础，重点介绍时空数据及其分析方法、过程、系统、结果，或分析结果所形成结论的可靠性评价体系和度量模型。

第二部分　可靠性时空数据分析方法（第 3 章～第 6 章）

　　第 3 章为可靠性遥感影像分类方法，主要介绍遥感影像分类的可靠性基础和可靠性控制原理，以及分别以提高遥感影像分类数据、方法和过程的准确性、一致性、完整性和鲁棒性为目标的一系列可靠性遥感影像分类方法。

　　第 4 章为可靠性空间关联分析方法，重点介绍空间关联分析的可靠性量化和控制的一般原理，并从关联规则的可靠性评价和基于不确定性数据的关联规则统计检验两个方面，具体论述可靠性空间关联分析方法。

第 5 章为可靠性地理加权回归分析，主要介绍地理加权回归分析的不确定性和可靠性改进方法。

第 6 章为空间大数据可靠性分析，阐述时空大数据分析的可靠性基础、量化评价和控制，并介绍轨迹数据和社交媒体数据分析方法的可靠性及可靠性控制原理。

第三部分　可靠性时空数据分析应用与展望(第 7 章、第 8 章)

第 7 章为可靠性空间分析方法综合应用，主要介绍可靠性时空数据分析理论与方法在地表覆盖与国情要素数据质量总体评估与可靠性分析、武汉市地表热环境空间特征及其与植被指数关系分析中的应用。

第 8 章为展望，总结本书的主要工作，并展望可靠性时空数据分析的未来方向。

目　　录

第三部分　可靠性时空数据分析应用与展望

第一部分　可靠性时空数据分析理论

第1章 绪 论

1.1 可靠性时空数据分析综述

通常所说的"可靠性"指的是"可信赖性"或"可信任性"。可靠性时空数据分析与时空数据挖掘是指在研究不确定性传播的基础上,对分析与挖掘过程的可靠性和结果的可靠性进行控制与评价。时空数据分析与挖掘是地理信息科学的核心研究课题之一,其研究对象是地理空间的描述数据,主要目的在于从描述现实空间数据中提取和发现空间知识。现实地理空间具有连续性、复杂性和不确定性等特点,常规的时空数据分析与时空数据挖掘方法对现实地理空间的描述与建模往往过于简化,其分析与挖掘过程缺乏可靠性控制,结果缺乏可靠性评估,从而难以提供可靠性空间知识。缺乏可靠性保障的时空数据分析与时空数据挖掘结果将直接影响决策质量,甚至可能造成严重后果。因此,可靠性时空数据分析与时空数据挖掘的研究成为一个迫切需求。时空数据分析与时空数据挖掘的可靠性受空间数据的不确定性、分析与挖掘过程的不确定性传播等多种复杂因素的影响,是影响时空数据分析与时空数据挖掘理论与方法的科学性、应用的有效性的瓶颈,是一个具有挑战性的研究课题。

时空数据挖掘的早期研究主要集中于基本理论框架、一般数据挖掘方法针对空间数据的适应性改造等。近年来,对时空数据挖掘的质量和数据挖掘结果的有效性研究逐步引起本领域相关学者的关注[1, 2],但是目前仅进行了一些较为初步的探讨,尚未形成一个完整的理论体系,对时空数据挖掘的可靠性研究还很少。

时空数据分析与时空数据挖掘的研究可以概括为两个方面:一方面是对地理空间中时空对象及其类别的分析和挖掘;另一方面是对时空对象之间及其类别之间关系的分析和挖掘。

对于第一方面,时空聚类和时空分类是其典型方法;对于第二方面,地统计分析和空间关联分析是其典型方法。并且,这四类方法之间也是相互联系的,可以相互依托。相对于一般数据的聚类和分类,时空聚类与时空分类的特点就是体现空间关联性,可以利用地统计分析和空间关联分析方法,对时空聚类和时空分类中的空间关联性进行分析和研究。同时,时空聚类和时空分类也可以作为地统计分析和空间关联分析的基础,可以先对空间数据进行时空聚类或时空分类,然后再以此为基础对这些类别进行空间关联分析或地统计分析。

时空聚类和时空分类是对地理空间中时空对象及其类别进行分析和挖掘的两类典型方法。不确定性在时空聚类过程中的传播机理是时空聚类研究的基础性理论问题,不确定性时空聚类是时空数据分析与时空数据挖掘的研究热点之一。目前时空聚类研究主要集中在以下三个方面:

(1)优化传统的不确定性聚类算法，提高其运行效率，以适应复杂的空间数据聚类；

(2)在时空聚类过程中，将空间对象间的关联性、空间效应(空间依赖和空间异质的效应)等空间信息融入传统的不确定性聚类算法中，以反映时空模式；

(3)不同形状、尺度和密度的时空聚类。

而时空分类目前的研究大都致力于发展新的分类器来提高分类效果，但对时空分类模型的不确定性、不确定性传播等尚未有充分的研究。事实上，对分类结果影响最大的是数据本身的不确定性，其中混合类数据对分类的不确定性影响较大。为提高分类精度，提高分类结果可靠性的方法研究逐渐引起了研究者的重视。为了发挥不同分类器的优点，减少单分类器分类的不确定性，人们提出了多种多分类器融合方法，如投票表决法、AdaBoost 算法、Bagging 算法、CMM 算法、DAGGER 算法、基于证据理论的融合方法[3]等。目前，多分类器技术研究虽然取得了一定进展，但还存在一些问题，如较少考虑单分类器误差对组合分类器结果的影响及其传播等问题。因此，分类结果可靠性的评价对于建立可靠性时空分类方法具有重要意义。误差矩阵是一种经典的精度评价方法，但误差矩阵存在一定的局限性，一些学者对误差矩阵进行了分析和改进[4]。为了表达和探测分类不确定性的空间分布结构，许多研究致力于分类不确定性的表达和可视化，如基于计算机可视化技术，利用后验概率、信息熵、模糊推理以及地统计学等方法[4-6]。研究发现，传统评价方法的局限性主要在于对分类数据的模糊性和随机性考虑不够，没有充分考虑各类不确定性的综合影响，评价结果不能完整地反映分类的不确定性，特别是不确定性的空间分布，忽略了不确定性信息在整个分类系统中的传播过程，不能完整地表达分类结果的可靠性。

总结时空聚类和分类的研究可以看出，提高时空聚类和时空分类的可靠性这一问题逐步引起了相关学者的重视，成为该领域未来的一个重要研究方向。可靠性时空聚类可以从空间数据自身、时空聚类过程和聚类结果的评价等方面入手，综合分析各方面的不确定性，揭示不确定性在整个时空聚类过程中的传播机制，从而提出降低不确定性、提高时空聚类可靠性的方法。可靠性分类可以通过研究空间数据自身的不确定性、分类模型的不确定性以及分类结果的可靠性度量及指标体系，揭示不确定性在分类中的传播机制，从而提出可靠性分类方法。

空间关联分析包括空间关联规则挖掘和空间相关性分析两个方面。空间数据相关分析的数据源具有不确定性，相关分析的结果也具有不确定性，这种不确定性在分析过程中不断地积累[5]，因此研究降低不确定性的可靠性空间关联分析显得尤为重要。研究可靠性空间关联分析的主要目标是通过分析空间数据和相关分析中存在的不确定性及其特性，提出降低其不确定性的有效方法，建立其结果质量评价模型[5]。空间自相关系数具有统计学意义，可以通过引入空间权重矩阵，使用 Z 统计量来检验空间自相关系数是否显著，使用 t 统计量来检验 G 统计量是否显著，采用条件模拟的方法支持局部自相关 LISA 显著性检验[7]。空间关联规则挖掘涉及拓扑、方位、距离等空间关系谓词项的关联。在空间关联规则挖掘模型和算法上，一般借鉴传统的事务数据集上的关联规则挖掘算法，将空间对象间的关联关系转化为事务关系模型。空间关联规则的不确定性来源于空间数据自身的不确定性以及空间关联规则挖掘过程中带来的不确定性[8]。Koperski 和

Han 提出了一种逐步求精的空间关联规则挖掘算法，但其模糊隶属度需要人为指定，从而使得空间计算带有一定的主观性[9]，Clementin 等提出了在宽边界的空间实体中挖掘多层次空间关联规则的算法[10]。Lan 等将模糊数学引入空间关联规则挖掘中，利用隶属度函数来表述空间实体的柔性边界，并给出了基于模糊隶属度的模糊概念层次和模糊空间关系层次的空间关联规则掘算法[11]。

　　总结地统计分析和空间关联分析的研究可以看出，提高地统计分析和空间关联分析的可靠性逐步引起了相关学者的重视，成为未来的一个重要研究方向。在地统计分析方面，缺乏时间、空间强相互作用和时空整体结构细节模拟会导致数据统计分析中部分信息损失。通过分析与控制地统计模型的不确定性有助于优化地统计模型的设计，从而实现较为可靠的地统计模型与方法。在空间关联分析方面，空间关联的不确定性研究虽然已经取得了一定进展，但大多是针对数据本身而进行的，对挖掘出来的知识的可靠性评估的研究还较少。可靠性空间关联分析研究中还有很多问题需要进一步研究，如基于不确定性的空间邻近、拓扑以及方向关系的表达，空间关联规则挖掘中对空间相关性的考虑，多粒度、多层次的空间关联规则挖掘的可靠性，以及评估结果的可靠性，空间关联分析中不确定性的传播和评价等。

　　时空数据分析与时空数据挖掘的应用领域十分广泛，其中城市与区域问题一直是时空数据分析与时空数据挖掘的经典应用领域之一。早在 1854 年，斯诺就利用空间叠置分析方法找出了英国伦敦的霍乱病患者的发病原因。近年的城市用地混乱、交通拥堵、环境污染等复杂城市与区域问题等都需要利用可靠性时空数据分析与时空数据挖掘方法为其提供有效信息与解决方案。时空数据分析与时空数据挖掘方法应用于城市与区域问题解决的有效性的提高，需要考虑应用问题的背景和领域知识、决策者的决策方式等，这其中蕴含着很多不确定性，对这些不确定性的分析和控制是提高其可靠性决策的基本途径。

　　城市与区域问题的典型应用包括城市空间形态研究、交通规划、医疗和商业资源配置研究等。城市空间形态及其动态规律的定量分析是城市与区域研究的重要内容，忽视空间发展形态的规律性研究，会造成城市结构、城市功能的不良形态认知，从而对城市发展造成误判。本领域学者针对此问题进行了研究，如黎夏等采用蒙特卡罗方法模拟了元胞自动机(cellular automata，CA)误差的传递特征，对 CA 模型的不确定性特征进行了研究[12]。城市交通规划中的可达性通常指出行者利用给定的交通系统从出发地点到达活动地点的便利程度，在编制交通规划和制定交通政策的过程中发挥着重要作用。Handy 和 Niemeier 在回顾了可达性的各种测算方法的基础上，构建了联系可达性指标值计算与实际应用的研究框架[13]。宋小冬和钮心毅运用计算机的辅助功能对居民出行的可达性进行了评价[14]。合理配置城市教育、医疗等公共资源，有利于维护社会公平。曹志东等采用 Moran's I 和 LISA 指数定量分析了广州非典型肺炎(SARS)发病率的全局和局部的空间相关性特征及其时间变化规律，为都市区突发 SARS 或其他新型传染病的公共卫生应急预案提供了科学依据[15]。Li 等使用时空数据分析和聚类挖掘方法发现了城市地区重金属污染的集聚位置与空间分布特征，并揭示出重金属污染的源头[16]。

　　当前的城市规划决策支持和城市与区域问题研究的分析过程绝大多数是基于确定

的数学模型，其共同问题在于仅给出了确定的计算公式，而没有对分析结果进行可靠性度量，这为规划决策带来了一定程度的风险，有时甚至导致错误决策。一般地，空间数据的不确定性会通过所使用的数学模型进行传递，而数学模型作为对现实世界的一种近似，也具有不确定性。这些不确定性对时空数据分析结果将产生综合影响，从而影响了基于这些分析结果的决策的可靠性，因此需要将可靠性时空数据分析与时空数据挖掘方法引入对城市与区域问题的分析当中。

综上分析，通过对时空数据分析与时空数据挖掘的理论、方法和应用研究的现状和趋势分析可以看出，迫切需要研究可靠性时空数据分析与时空数据挖掘的机理、方法和应用。控制不确定性是提高可靠性的重要途径，通过对时空数据分析与时空数据挖掘模型的复杂结构(空间相关性、异质性等)、时空交互作用、多变量多参数的不确定性表达与控制等，达到对时空数据分析与时空数据挖掘结果的可靠性控制与评价，进而为所支持的空间决策提供风险评估。可靠性时空数据分析与时空数据挖掘研究需要充分分析和量化各环节的不确定性，揭示其不确定性的传播机理，从整个分析与挖掘过程的角度提出改进算法或提出新的方法，从而降低时空数据分析与时空数据挖掘的不确定性以达到提高其可靠性的目的。

1.2　时空数据分析的不确定性

时空数据质量已成为一个国际上高度关注的科学热点和难题。在理论上，空间数据质量与不确定性理论被视为地球空间信息科学核心理论之一。在应用中，空间数据挖掘质量则是地理信息系统(geographic information system，GIS)建立的核心问题。目前，人们对不确定性的分析和处理都是分阶段进行的，对不确定性在整个分析过程中的传播规律的研究尚未完全解决。

人们通常使用基于目标模型和场模型两种方法来描述空间数据的不确定性。目标模型比较适合于表示具有明确定义的空间实体，如一系列离散的点(测量控制点、采样点等)、线(道路、河流、边界线等)、面(地块、湖泊的范围等)和体(规则的或不规则但有明确边界的形体等)。当然，它们也含有属性数据。在目标模型的意义中，空间对象不确定性基本上是指其位置、大小、形态等的不精确性。对其不确定性或误差的度量可以采用方差、概率(分布)来描述。场模型比较适合于表示模糊的、含混的空间对象。例如，污染范围、地壳中的应力分布、重力场、城市的热岛现象、森林的覆盖空间、人口分布等自然界和社会现象。遥感图像数据一般以场模型表达。在 GIS 中用以表示场模型特征的空间对象的方法较多，如不规则的数据点、规则的数据点、格网、等值线和不规则三角网等。

早在 20 世纪 60~70 年代，一些学者就采用数理统计学原理对空间数据的不确定性展开分析。1960 年，Mailing 等首先采用统计学分析制图问题；1969 年，Frolov 建立拓扑匹配误差公式，讨论空间操作运算的精度；1975 年，Svdtzer 提出一种估计从矢量到栅格数据转换精度的方法，MacDougall 用实例说明了不考虑空间数据误差所带来的后果；1978 年，Goodchild 给出了检验多边形叠置过程中产生的无意义多边形的统计量计算方法。

20 世纪 80 年代，除了继续采用统计学原理进行研究外，人们开始进行影像分类和判读过程中的误差分析。具有代表意义主要研究有：1982 年，Chrisman 引入 Perkal 提出的 "ε-误差带"，以后被许多学者发展；1983 年，Congalto 和 Mead 将 Kappa 系数引入遥感数据处理，用来评判遥感数据的解译结果与验证数据的一致性；1986 年，Burrough、Goodchild 和 Gopal 对空间数据误差的重要研究成果进行了系统总结。

20 世纪 90 年代后，随着 GIS 技术在国民经济各个方面广泛的应用，国内外对于空间数据挖掘的不确定性问题非常重视。在国际空间数据处理会议(SDH)、欧洲地理信息系统会议(EGIS)、美国地理信息系统年会(AGIS)、自然资源数据库空间数据不确定性等国际会议中，都设立了关于空间数据挖掘不确定性专题讨论组；美国的堪萨斯大学、纽约州立大学布法罗分校、华盛顿大学、麻省理工学院、肯特州立大学，澳大利亚的墨尔本大学、荷兰的阿姆斯特丹大学等都设立了专门的空间数据不确定性研究机构；同时，我国的香港理工大学、武汉大学、同济大学、中国科学院空天信息创新研究院以及北京大学遥感与地理信息研究所等单位也已经开始这方面的研究。而且，不确定性研究的内容进一步细化，研究方法也开始多样化。

从当前研究的重点看，空间数据挖掘不确定性研究主要集中在空间数据的位置不确定性、属性不确定性、不确定性的可视化表示方面，也有部分学者在时域不确定性、数据不完整与逻辑不一致性、不确定性的传播等方面进行了非常有意义的探索，得到一批很有应用价值的研究成果。史文中[17, 18]提出并发展了空间数据与空间分析的不确定性原理。史文中的研究内容如下：①将地理对象从确定性表达拓展至不确定性表达；②将不确定性建模由静态空间数据拓展至动态空间数据；③将不确定性建模由空间数据拓展至空间模型；④从空间数据的误差描述拓展至空间数据的质量控制。

1.3　时空数据分析可靠性的支撑理论

1. 统计学

通常，可靠性意味系统工程的故障、一般状态集的异常、观测数据集的粗差。无论是故障、异常还是粗差，都是相对于整体背景(系统、状态集和数据集)而言的。复杂的背景或环境影响，样本的异常或故障发现，这些都说明可靠性研究需要随机变量的数据统计分析。因此，统计学成为可靠性分析的支撑理论或应用数学。

统计学是数据或资料的科学，是通过搜集、整理和分析资料来认识客观现象数量规律的方法论。时空数据分析是指对时空数据进行探索性和推断性分析，旨在提取数据蕴藏的时空信息和知识。统计学具有概率分析支撑，时空统计成为相对严格的时空数据分析方法。

统计学应用于可靠性时空数据分析的例子如下：①通过引入调整的兰德指数(adjusted Rand index)，对空间限制条件下社交媒体签到网络社区划分结果的一致性进行量化表达，帮助提高社区划分的可靠性。②数据误差(尤其是无法去除的随机误差)及其空间关联分析传播的建模：一方面支持定量评估分析结果的可靠性；另一方面改善误差结构建模来提高分析结果的可靠性。③多重假设检验中，控制空间关联模式挖掘中虚假模式比例或族错误率，提高模式挖掘结果的可靠性。

针对地理加权回归(geographically weighted regression，GWR)分析技术中存在的可靠性问题，统计诊断和分析方法有：①通过观察 GWR 模型估计残差值(residual)分布，对残差异常的数据点进行处理和分析；②通过控制 GWR 模型系数带宽(bandwidth)选择，求解多带宽权重系数来反映数据多尺度结构特征；③使用岭回归分析来校正 GWR 模型共线性引起的参数估计精度，降低模型不可靠性风险。

2. 信息论

在信号处理和通信系统中，信息论的熵反映信息量多少，通过概率统计来分析计算。如同上节，可靠性需要随机变量的数据统计分析，信息熵为核心的信息论也成为可靠性分析的支撑理论。

信息熵是信息论之父 C.E.香农(C.E.Shannon)在 1948 年发表的论文《通信的数学理论》(A Mathematical Theory of Communication)中给出的术语。他延伸热力学中表示分子状态混乱程度的物理量热熵而提出信息熵，解决信息的度量问题。在 Shannon 的信息论中，信息熵被定义为离散随机事件的出现概率或频次统计量。在可靠性空间数据分析中，可用信息熵理论对空间数据不确定性进行分析和度量，进一步适应或抑制信号及系统的不确定性来提高可靠性。

3. 复杂网络理论

起初，可靠性是系统工程的质量特征，表现为故障特性或工作失效性。通常，系统可以抽象表达为网络，系统故障理解为期待的功能无法实现。功能为系统的运行效能，运行效能依赖系统状态和环境影响，存在一定的不确定性或复杂性。因此，复杂网络成为可靠性的支撑理论。

复杂网络节点之间具有不可忽视的统计显著的拓扑特征，如节点度的长尾分布、较高的聚类系数、节点间的同配性与异配性、社区结构以及等级结构等，这些特征并不会在简单网络(如规则网络)中出现。社交复杂网络的个体之间，个体与环境之间存在着复杂的自适应过程，导致了与传统简单网络在拓扑特征上有着显著不同，这种复杂性决定了提取社交复杂网络中的社区结构具有一定程度的不可靠性。在可靠性空间数据分析的复杂网络应用中，通过引入空间限制条件，计算网络模块划分度，进而取得可靠的社区划分结果。

4. 模糊集合论

可靠性意味复杂系统的应用功能维持或非失效。从语言角度，系统可以当作一个语义或逻辑系统，每一个系统构件都是一个语义或逻辑单元。从概念角度，复杂系统的不确定性可以表达为语义的模糊性。因此，模糊集合论成为可靠性的支撑理论。

集合论是研究集合的结构、运算及性质的现代数学理论，由康托 19 世纪末创立。1965 年美国学者扎德创立模糊集合论，用于表示人类知识中大量存在的模糊性概念，可以为遥感影像分类中对象模糊特征或模糊关系的处理提供数学基础。

5. 地理信息科学

地理信息科学是研究地理时空、尺度和不确定性的综合理论。可靠性是一种不确定性，地理时空和尺度是时空数据及分析技术方法的基本特征。因此，地理信息科学成为时空数据分析可靠性的支撑理论。

地理信息科学是 1992 年由美国科学院院士 Goodchild 提出的，它主要研究地理信息获取、存储管理和处理分析过程中一系列基本问题。矢量数据（点、线、面）、栅格数据、语义数据和社会数据等构成了地理加权回归分析的对象主体。数据对象的复杂性特征及求解过程中针对不同尺度特征的空间划分，一定程度导致了地理加权回归分析对应的模型不可靠性。地理信息科学应用于可靠性地理加权回归分析主要表现在：①探讨空间数据质量，对异常值、错误值和回归自变量彼此独立性假设违背的存在进行诊断分析；②分析可变性面元问题（modifiable areal unit problem，MAUP），对地理加权回归模型及求解过程中的尺度多样性进行表达与估计。

1.4　本 书 内 容

本书中，时空数据泛指具有空间参考和时间参考的数据，是对客观事物的大小、方向、形状、位置和运动等特征相关记录，是对时空过程的有限次和离散记录。随着测绘、环境、社会、经济、地理等领域中数据监测能力的增强，产生了大量时空数据集，使得基于时间序列和空间数据进行地理现象分析的需求日益增长。时空数据分析是利用时空数据分析的方法对具有时间维和空间维的时空数据进行建模计算，解释时空自变量和因变量之间的关系，揭示现象的时空过程及机理，如图 1.1 所示。

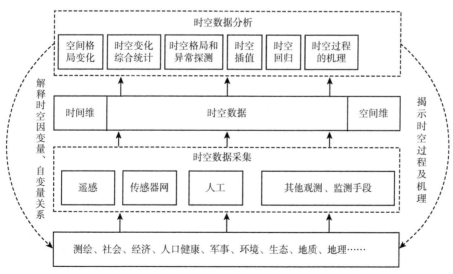

图 1.1　时空数据分析

　　由于时空数据广泛来源于测绘、社会、经济、人口健康、军事、环境、生态、地质、地理等众多领域之中，且时空数据的采集方法和采集手段多样，时空数据类型、结构和格式非常多样及复杂，溯源时空过程及机理的时空数据分析方法种类繁多。实际上，时空数据分析是一个庞大而复杂的系统工程。全面系统阐述可靠性时空数据分析的理论、方法和技术目前尚存在困难。因此，本书以时空数据分析不确定性研究所取得的成就为基础，以遥感影像分类、空间关联挖掘和时空回归分析等重要时空数据分析为例，阐述时空数据分析的理论框架，讨论通过模拟时空数据分析中的不确定性从而提高时空数据分析可靠性的技术方法体系。具体而言，本书的主要内容框架如图 1.2 所示。

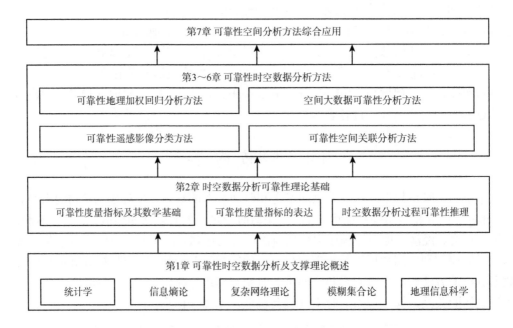

图 1.2　本书的内容结构

1.5　本章小结

　　本章概述了时空数据分析研究的发展，引出了可靠性时空数据分析的研究方向。探讨时空数据及其分析的不确定性，类比地提出时空数据及其分析的可靠性研究方法。进一步地，分析了可靠性时空分析的几个支撑理论，包括统计学、信息论、复杂网络理论、模糊集合论以及地理信息科学。最后，给出本书的总体架构。

参 考 文 献

[1] SHI W Z, WANG S L, LI D R, et al. Uncertainty-based spatial data mining. Asia GIS Conference 2003, Wuhan, Oct.16-18.

[2] STEIN A, SHI W Z, BIJKER W. Quality Aspects in Spatial Data Mining. Boca Raton: CRC Press, 2010.

[3] SUEN C Y, LAM L. Multiple classifier combination methodologies for different output levels. MCS

2000: Multiple Classifier Systems, 2000: 52-66.

[4] 柏延臣, 王劲峰. 遥感信息的不确定性研究——分类与尺度效应模型. 北京: 地质出版社, 2003.

[5] 史文中. 空间数据与空间分析不确定性原理. 北京: 科学出版社, 2005.

[6] GE Y, LI S P, LAKHAN V C, et al. Exploring uncertainty in remotely sensed data with parallel coordinate plots. International Journal of Applied Earth Observation and Geoinformation, 2009, 11(6): 413-422.

[7] ANSELIN L. Local indicators of spatial association—LISA. Geographical Analysis, 1995, 27(2): 93-115.

[8] 何彬彬, 陈翠华, 方涛. 空间数据关联规则挖掘的不确定性处理及度量. 地理与地理信息科学, 2006, 22(6): 5-8.

[9] KOPERSKI K, HAN J W. Discovery of spatial association rules in geographic information databases. Proceedings of the 4th international symposium on large spatial databases(SSD95), 1995: 47-66.

[10] CLEMENTINI E, DI F P, KOPERSKI K. Mining multiple-level spatial association rules for objects with a broad boundary. Data & Knowledge Engineering, 2000, 34(3): 251-270.

[11] LAN R, LIU Z, YANG X. Methods of mining fuzzy spatial association rules. Journal of Institute of Surveying and Mapping, 2005, 22(1): 36-39.

[12] 黎夏, 叶嘉安, 刘涛, 等. 元胞自动机在城市模拟中的误差传递与不确定性的特征分析. 地理研究, 2007, 26(3): 443-451.

[13] HANDY S L, NIEMEIER D A. Measuring accessibility: an exploration of issues and alternatives. Environment and Planning A, 1997, 29(7): 1175-1194.

[14] 宋小冬, 钮心毅. 再论居民出行可达性的计算机辅助评价. 城市规划汇刊, 2000, 3: 18-22.

[15] 曹志冬, 王劲峰, 高一鸽, 等. 广州 SARS 流行的空间风险因子与空间相关性特征. 地理学报, 2008, 63(9): 981-993.

[16] LI X, LEE S, WONG S, et al. The study of metal contamination in urban soils of Hong Kong using a GIS-based approach. Environmental Pollution, 2004, 129(1): 113-124.

[17] 史文中. 空间数据与空间分析不确定性原理(第二版). 北京: 科学出版社, 2015.

[18] SHI W Z. Principle of Modeling Uncertainties in Spatial Data and Spatial Analyses. Boca Raton: CRC Press.

第 2 章　时空数据分析可靠性理论基础

在电磁物理和普适计算支持下，传统测绘技术已经进化为现代地球空间信息科技。可靠性理论内容从测量平差的粗差处理、空间数据分析的异常处理延伸到空间信息服务的可信计算，可靠性分析方法也从统计推断、优化计算延伸到逻辑推理。

基于广义时空数据分析方法的技术特征，本章研究现代时空数据分析可靠性的理论基础。特别地，提出了时空数据分析可靠性的一般和扩展指标[1, 2]，进行了基本语义说明，尝试给出了时空数据分析可靠性度量指标的数学表达及其具体时空分析应用解译。最后，探索了可靠性事件相关的模糊推理和过程控制。

2.1　时空数据分析可靠性度量指标的语义说明

根据时空数据及分析结果的不确定性特征[3]，时空数据分析的可靠性可以通过几个指标进行描述，即精确性(accuracy)、鲁棒性(robustness)、一致性(consistency)、完整性(completeness)和适用性(adaptability)的一般指标，以及现势性(currency)和设计可靠性(design reliability)的扩展指标。该系列可靠性指标，从不同侧面反映时空数据分析的可靠性。时空数据分析可靠性度量指标框架如图 2.1 所示。

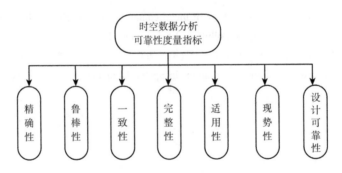

图 2.1　时空数据分析可靠性度量指标体系

1. 精确性

精确性定义为时空数据对所刻画客观现实状况描述的精确程度，它表达了时空数据的属性记录、几何特征与所刻画的客观世界真实状况的接近程度。例如，时空数据属性记录值与真值或参考值之间的接近程度、时空对象定位的精确程度等。

2. 鲁棒性

鲁棒性定义为时空数据分析过程中，持续、稳定地刻画指定时空范围内客观世界真实状况的能力。它反映了数据及分析方法抵抗系统外部干扰且维持自身性能稳定性的能力，时空分析方法的鲁棒性常常表现为其在时间维和空间维上对抗异常值或粗差的能力。

3. 一致性

一致性定义为时空数据与所刻画客观世界真实状况的相似程度。除逻辑差异性描述一致性外，可以利用衡量评分者之间一致性(inter-rater reliability)的统计量进行一致性检验予以定量描述。统计上，一致性可量化为相关性，例如 Cohen's Kappa 系数、皮尔逊相关系数(Pearson product-moment correlation coefficient)和 Krippendorff 's alpha 等统计量。

4. 完整性

完整性定义为时空数据描述客观世界实体位置、属性和关系的全面程度。时空数据的遗漏(正确数据集缺失了部分数据)就是一种特殊的数据不完整。

5. 适用性

适用性定义为所选的时空数据和分析方法解决具体应用问题的适应程度，可以进一步表现为应用问题求解在时间维和空间维上的适应程度。

6. 现势性

由于客观世界随着时间发生不断变化，时空数据往往反映的是数据获取时刻的客观现实状况，对该时刻之后的客观状况难以准确表达。现势性定义为时空数据或分析结果与当前时刻的客观世界真实状况之间的吻合程度。

7. 设计可靠性

设计可靠性定义为时空数据处理分析过程中，所设计的数据、模型和方法等对结果可靠性影响的程度，它涉及设计的技术流程、方法的选取、元素及结构关系的确定、模型参数的配置等。

在时空数据分析的可靠性评估中，整体可靠性作为上级指标，精确性、鲁棒性、一致性、完整性、适用性、现势性以及设计可靠性作为下级指标。

2.2　时空数据分析可靠性度量指标的数学基础

1. 精确性

精确性是精密性和准确性的合成，精确性采用观测数据统计量来度量，测量随机性采用概率来模拟。具体地，测量的精密性采用标准差来度量，误差的精密性采用标准误差来度量。由于待测量数据的真值未知，可以采用测量平差或参数估计值来近似待测量数据的真值，测量的精确性可以采用均方根误差(root mean squared error，RMSE)(中误差)来度量。当观测不存在系统误差和粗差时，测量的精确性即精密性，标准差等于中误差。只要观测条件相同，则中误差不变。中误差代表了一组观测值的误差分布。在遥感影像分类中，进行分类结果实地验证获得分类结果误差矩阵，进一步使用错分比例(commission error，像元被分到一个错误类别的比例)、漏分比例(omission error，像元没被分到相应类别的比例)和 Kappa 系数(错分和漏分的综合比例，既考虑了对角线上被正确分类的像元，又考虑了不在对角线上的各种漏分和错分的像元)。中误差和 Kappa 系数的计算公式如下：

$$m = \pm\sqrt{\frac{[VV]}{n-1}} \tag{2.1}$$

式中，[VV]为残差平方和；n 为观测数据个数；m 为中误差。

$$\text{Kappa} = \frac{N\sum_{i=1}^{n}x_{ii} - \sum_{i=1}^{n}(x_{i+}x_{+i})}{N^2 - \sum_{i=1}^{n}(x_{i+}x_{+i})} \tag{2.2}$$

式中，n 为混淆矩阵中的总列数(即总的类别数)；x_{ii} 为混淆矩阵中第 i 行、第 i 列上的样本数量(即正确分类的样本数目)；x_{i+} 和 x_{+i} 分别为第 i 行和第 i 列的总样本数量；N 为总的用于精度评估的样本数量。通常，当 Kappa 系数的值大于 0.80 时，意味着分类数据和检验数据的一致性较高，即分类精度较高；当 Kappa 系数的值介于 0.40～0.80 时，表示精度一般；当 Kappa 系数的值小于 0.40 时意味着分类精度较差。

　　概要地，可靠性时空数据分析的精确性形式化为测量值(或分析值)和真值(或参考值)的差异测度，可表达为误差(或残差)分布及参数。

2. 鲁棒性

　　鲁棒性来源于系统论和控制论，表示系统抵抗外来干扰且维持自身性能稳定性的能力。正如系统和信号的关系，系统的鲁棒性可以映射为信号的可靠性。通常，信号的可靠性有测量可靠性和工程可靠性之分。

　　(1)测量可靠性

　　测量可靠性的粗差比拟为工程可靠性的故障或寿命，两者均采用概率统计来分析。更广义地，稳健统计为偏离标准正态分布中心的观测值统计分析，异常值通常远离均值或中位数，甚至异常值符合某种极值分布(例如 Weibull 分布)。

　　测量可靠性主要有发现粗差的内部可靠性和抵抗粗差的外部可靠性，涉及稳健统计理论。发现粗差可以通过误差的均值漂移或分布异常(如 3σ 准则)检验来实现。所谓 3σ 准则(拉依达准则)，根据随机误差的正态分布规律，其残余误差落在 $\mu \pm 3\sigma$ 以外的概率约为 0.3%，将超出 $\mu \pm 3\sigma$ 范围的残差作为粗大误差。假设残差期望为零，则粗差所致的残差一般判别式为

$$|v_i| \geqslant 3\sigma \tag{2.3}$$

剔除粗差可以通过验后残差(或方差)的选权迭代来实现,这里验前权函数或等价权的设定成为关键。减弱粗差对估计结果的影响可以通过岭参数估计来实现。

按照误差理论,实际观测量经常同时包含三类误差:$\Delta = \Delta_{\mathrm{n}} + \Delta_{\mathrm{s}} + \Delta_{\mathrm{g}}$。系统误差 Δ_{s} 常通过附加系统参数的平差方程来处理,偶然误差 Δ_{n} 常假设为正态分布来处理,粗差 Δ_{g} 统计推断方法主要有粗差探测和抗差估计。从统计学角度,粗差探测和抗差估计是假设检验和参数估计的粗差分析应用。为了评估、剔除和减弱粗差对平差结果的影响,测量可靠性理论主要研究粗差的发现、定位和定值。

在零假设下,使用样本数据计算检验统计量的值或 P 值,在给定显著水平下判定零假设是否拒绝。经过粗差探测,粗差被发现和剔除,后续测量平差处理没有粗差的数据。

一般地,假设含有粗差 Δ_{g} 的观测值符合均值漂移的概率分布函数,如 $l_i \sim N(E(l_i) + \Delta_{\mathrm{g}}, \sigma^2)$。

对于单个粗差探测,

$$v_i \sim N(0, \sigma_0^2 Q_{v_i v_i}) \tag{2.4}$$

可以提出下列假设:

$$H_0 : E(v_i) = 0 \qquad H_1 : E(v_i) \neq 0 \tag{2.5}$$

使用下列检验统计量,进行上述残差期望检验。

$$w_i = \frac{v_i}{\sigma_{v_i}} \sim N(0, 1) \tag{2.6}$$

在一定显著水平下,若接受零假设,则表明观测值不含粗差。否则,没有足够证据表明观测值不含粗差。

对于多个粗差探测,观测值的权为 P,粗差为 Δ_{b},$\boldsymbol{A}$ 和 $\boldsymbol{H}$ 为设计矩阵,$Q_{\Delta_{\mathrm{b}}\Delta_{\mathrm{b}}}$ 为协因数阵(权逆阵),

$$\boldsymbol{V} = \boldsymbol{A}\hat{X} + \boldsymbol{H}\Delta_{\mathrm{b}} - \boldsymbol{L} \qquad \Delta_{\mathrm{b}} = -Q_{\Delta_{\mathrm{b}}\Delta_{\mathrm{b}}}\boldsymbol{H}^{\mathrm{T}}PV \qquad Q_{\Delta_{\mathrm{b}}\Delta_{\mathrm{b}}} = (\boldsymbol{H}^{\mathrm{T}}PQ_{VV}P\boldsymbol{H})^{-1} = P_{\Delta_b}^{-1} \tag{2.7}$$

可以提出下列假设:

$$H_0 : E(\Delta_{\mathrm{b}}) = 0 \qquad H_1 : E(\Delta_{\mathrm{b}}) \neq 0 \tag{2.8}$$

使用下列卡方分布的检验统计量,进行上述残差期望向量检验。

$$T = \frac{\Delta_{\mathrm{b}}^{\mathrm{T}} P_{\Delta_b} \Delta_b}{\sigma_0^2} \sim \chi^2 \tag{2.9}$$

同样,在一定显著水平下,若接受零假设,则表明观测值不含任何粗差。否则,没有足够证据表明观测值不含粗差,观测值可能包含一个或多个粗差。

若进一步定位观测值中的 m 个粗差,就需要多个组合位置粗差的备选假设,即任意一个位置粗差的备选假设,任意两个位置粗差的备选假设,任意三个位置粗差的备选假设,直到 m 个位置误差的备选假设。特别地,若观测值中的 m 个粗差存在统计相关性,则粗差定位定值的计算更加复杂，不仅存在组合假设的计算复杂，而且平差结果中不同相关粗差影响分离的判断复杂。经过最小二乘或极大似然统计估值（统计平均），任何一个平差结果（验后残差、验后方差、新息或参数估值）都反映了多个粗差的影响。

上述备选假设 H_1 只是表明可能整体上观测值存在粗差，粗差定位需要局部上确定存在粗差。一般地，使用局部优化来逼近整体优化，通过平差结果（验后残差、验后方差、新息或参数估值）影响评估来判断观测值是否含有粗差。具体检测方法有：①观测值分组或数据子集或开窗，将观测值划分为确定无粗差的观测值组和可能含粗差的观测值组进行平差结果影响评估，如拟准检定；②逐步回归，从无粗差观测值组逐步添加观测值进行平差结果影响评估，或从所有观测值逐步去掉观测值进行平差结果影响评估，即前向回归和后向回归评估。

当总体假定稍有变动及记录数据有失误时，统计方法存在适应性问题。通常，一个统计方法在实际应用中要有良好的表现，需要该方法所依据的条件与实际问题中的条件相符，需要样本是完全随机的（不包含粗差等）。但是，实际应用中这些条件很难严格满足，如统计方法假定总体分布为正态分布，实际分布与正态有偏离，在大量的观测数据中存在含有粗差的异常数据等。如果在这种违背一般假定情况下，所用统计方法性能仅受到少许影响，称它具有稳健性。稳健性统计思想主要由 George E. P. Box 在 20 世纪 50 年代提出，60 年代因 John W. Tukey 和 Peter J. Huber 的工作而得到加强。

对应地，抵抗粗差影响的测量平差称为抗差估计。通常，抗差估计方法认为含粗差 Δ_g 的观测值符合异常大方差的概率分布函数，即 $l_i \sim N(E(l_i), \sigma_i^2), \sigma_i^2 \gg \sigma^2$。验后残差（或方差）的选权迭代法是一种代表性抗差估计方法。

设线性观测方程为

$$V = A\hat{X} - L \tag{2.10}$$

对于不等精度（权重 p_i）的独立观测量（以下公式均为此假设），平差的极值条件为

$$\sum_{i=1}^{n} p_i \rho(v_i) = \min \tag{2.11}$$

特别地，统计相关观测量的极值条件为

$$\sum_{i=1}^{n} \sum_{j=1}^{n} p_{ij} \rho(v_i, v_j) = \min \tag{2.12}$$

进一步，极值条件化为下列法方程（抗差解方程）：

$$\sum_{i=1}^{n} \boldsymbol{a}^{\mathrm{T}} p_i \varphi(v_i) = 0 \tag{2.13}$$

对比最小二乘解，

$$\sum_{i=1}^{n} \boldsymbol{a}^{\mathrm{T}} p_i v_i = 0, \quad \boldsymbol{A}^{\mathrm{T}} P V = 0 \tag{2.14}$$

进行等价转换，

$$\sum_{i=1}^{n} \boldsymbol{a}^{\mathrm{T}} p_i \frac{\varphi(v_i)}{v_i} v_i = 0 \tag{2.15}$$

令等价权函数 $\bar{p}_i$ 为

$$\bar{p}_i = p_i \frac{\varphi(v_i)}{v_i} \tag{2.16}$$

因此，等价权表示的法方程为

$$\sum_{i=1}^{n} \boldsymbol{A}^{\mathrm{T}} \bar{p}_i v_i = 0, \quad \boldsymbol{A}^{\mathrm{T}} \bar{P} V = 0 \tag{2.17}$$

最终，抗差估计解（抗差最小二乘估计解）为

$$\hat{X} = (\boldsymbol{A}^{\mathrm{T}} \bar{P} \boldsymbol{A})^{-1} \boldsymbol{A}^{\mathrm{T}} \bar{P} \boldsymbol{L} \tag{2.18}$$

相应地，迭代解为

$$\hat{X}^{k+1} = (\boldsymbol{A}^{\mathrm{T}} \bar{P}^k \boldsymbol{A})^{-1} \boldsymbol{A}^{\mathrm{T}} \bar{P}^k \boldsymbol{L} \tag{2.19}$$

$$\bar{p}_i^{k+1} = p_i \frac{\varphi(v_i^k)}{v_i^k} \tag{2.20}$$

$$V^k = \boldsymbol{A}\hat{X}^k - \boldsymbol{L} \tag{2.21}$$

典型地，等价权函数有 Huber 函数、Hampel 函数、Tukey 函数、IGG 权函数、丹麦法函数和验后方差估计权函数等。

（2）工程可靠性

工程可靠性主要指故障统计或寿命分析[4]。系统工程上，可靠性是指产品在规定条件和规定时间内完成规定功能的能力。基本可靠性指标有：①可靠度 $R(t)$，即不发生故障的概率；②不可靠度 $F(t)$，即发生故障的概率；③故障概率密度函数 $f(t)$，如指数经验函数（随着工作时间延长，发生故障概率急剧下降）。系统可靠性由子系统（单元）可靠性进行逻辑结构合成，单元可靠度通过结构模型累积传递为系统可靠度。

$$R(t) = P(T > t) \approx \frac{N_0 - N_f}{N_0} \tag{2.22}$$

$$F(t) = 1 - R(t) = P(T \leqslant t) \approx \frac{N_f}{N_0} \tag{2.23}$$

$$f(t) = \lambda e^{-\lambda t} \tag{2.24}$$

式中，t 为规定的工作时间；T 为产品故障前的时间；不可靠度 F 为产品在规定条件规定时间内发生故障的概率，反之为可靠度。

概要地，可靠性时空数据分析的鲁棒性形式化为测量粗差处理或工程故障分析。

3. 一致性

一致的逻辑意思为相同，完全一致即完全相同或等价（$A=B$），通常一致即在很大程度相同（简称相似，$A \approx B$）。针对研究对象的内涵和外延，一致性划分为意义相似和形式相似。相似是一种度量，不同形式的度量对应不同的相似或不同的一致性，如大小范围一致、形状一致、拓扑一致、辐射量一致等。分析上，一致连续性意味方程解的稳定性。

某一函数 f 在区间 I 上有定义，如果对于任意的 $\varepsilon>0$，总有 $\delta>0$，使得在区间 I 上的任意两点 x' 和 x''，当满足 $|x'-x''|<\delta$ 时，$|f(x')-f(x'')|<\varepsilon$ 恒成立，则该函数在区间 I 上一致连续。

值得注意的是，误差可以理解为客观现实和观测估计的不一致性度量。特别地，统计相关性系数具有一致性表达能力。

概要地，可靠性时空数据分析的一致性形式化为代数的等价关系、统计相关性或逻辑的同一谓词。

4. 完整性

这里，完整性、完备性和完全性不加区分。从集合论角度，当一个对象具有完备性，即它不需要添加任何其他元素，这个对象称为完备的、完全的或完整的。完整性意味一个封闭系统或一个自我完备理论。从分析角度，一般空间完备性表示任何空间中柯西点列一致收敛极限均包含于这个空间中。显然，完备性与度量定义有关，空间的完备性是相对于空间的度量来讲的。实数集相对实数运算或度量具有完备性。

在数学中，某个集合 X 上的 σ 代数（σ-algebra）又叫 σ 域（σ-field），是 X 的所有子集的集合（也就是幂集）的一个子集。这个子集满足对于可数个集合的并集运算和补集运算的封闭性（因此对于交集运算也是封闭的）。注意，这里 σ 和前述标准差 σ 的记号区别。

σ 代数可以用来严格地定义所谓的"可测集"，概率空间就是（全集，σ 域，概率测度）一种"可测集"，表示为 (Ω, F, P)，概率测度是对 σ 代数（或 σ 域）进行度量的。一个 σ 代数集合 N 是零测集的话，对于 N 的任意一个子集，都要求在 σ 代数中，这样的概率空间就称作完备概率空间。定义这样的概率空间的一个好处就在于如果给定其上的一个可测函数，即随机变量，如果任意改变某个零测集上的函数值，该函数仍然是关于 σ 代数可测的。完备的概率空间可以从任意一个非完全的概率空间出发，把所有零测集的所有子集添加进 σ 代数，并且补充定义概率测度，从而得到一个完备的概率空间，这有点类似于实数的完备化过程。

概率空间 (Ω, F, P) 是一个总测度为 1 的测度空间（即 $P(\Omega)=1$）。第一项 Ω 是一个非空集合，有时称作"样本空间"。Ω 的集合元素称作"样本输出"，可写作 ω。第二项 F 是样本空间 Ω 的幂集的一个非空子集。F 的集合元素称为事件 Σ。事件 Σ 是样本空间 Ω 的子集。集合 F 必须是一个 σ-代数，(Ω, F) 合起来称为可测空间。事件就是样本输出的集合，在此集合上可定义其概率。第三项 P 称为概率，或者概率测度。这是一个从集合 F 到实数域 R 的函数，$P: F \rightarrow R$。每个事件都被此函数赋予一个 0 和 1 之间的概率值。P 必须是一个测度，且 $P(\Omega)=1$。

值得注意的是，数理逻辑陈述了一个公理系统无法同时具备完备性和一致性（或相容性），意味一个封闭系统是无法同时证明自身的完备性和相容性，如理发师悖论或集合悖论。

概要地，可靠性时空数据分析的完整性形式化为集合的完备性或完全性。

5. 适用性

数据作为客观实体的表象，承载着人类用户的价值。揭示数据表象潜在的客观实体规律或挖掘数据潜在的应用价值，都是一个数学反问题，都可以通过正则化方法来实现反问题求解。一定程度上，空间数据分析方法表达了应用需求和客观规律，体现了应用目的和客观规律的适应性。无论遥感影像分析还是空间关联规则挖掘，都可以抽象为优化计算，适应性可以表达为目标函数或约束条件。从数学角度，地理空间场到地理空间场的变换可以抽象为算子，地理空间场到实数的变换可以抽象为函数。适应性可以借助优化计算来实现，特别是泛函极值计算，如式(2.25)和式(2.26)。

$$\begin{cases} \min F(X) \\ \text{s.t. } C(X) \geqslant 0 \end{cases} \tag{2.25}$$

式中，X 为所有的解，为 $F(X)$ 为代价函数或目标函数；$\min F(X)$ 为目标函数的极小值；$C(X) \geqslant 0$ 为解 X 所满足的不等式和等式(大于等于零)约束条件。通常，优化问题的数学模型有：线性优化、二次优化和凸优化、实数优化(连续值优化)和整数优化(离散优化、组合优化)、静态优化和动态优化、专题优化、时间优化和空间优化(地理优化、几何优化)、等式和不等式约束优化、博弈优化、单变量优化和多变量优化、单目标优化和多目标优化、确定性优化和随机性优化。优化计算方面，存在局部优化解和全局优化解。通常，目标函数和约束条件不容易区分，彼此可以互相转换，如把约束条件通过拉格朗日乘子方法合并到目标函数里。

$$\min J(Y(X)) = \int_a^b F[X, Y(X), Y'(X)] \mathrm{d}X \tag{2.26}$$

式中，$\min J(Y)$ 为代价函数的极小值或泛函的极小值；$Y(X)$ 为待求的解(函数)；$\int_a^b F[X, Y(X), Y'(X)] \mathrm{d}X$ 为微分积分表达式；$F[X, Y(X), Y'(X)]$ 为自变量 X、函数 $Y(X)$ 和函数 $Y(X)$ 导数的表达式。实际应用中，代价函数可以为模型误差、观测误差、残差平方和以及各种物理数学强制约束条件项(例如光滑条件、稀疏条件等)。

概要地，可靠性时空数据分析的适用性形式化为系统的最优控制。

6. 现势性

在时空数据分析中，时间印记(time stamp)可以划分为：客观现实时间(valid time，VT)、数据计算时间(transaction time，TT)和应用服务时间(user time，UT)。实时性(实时和近实时)刻画了 VT、TT 和 UT 的数值逼近程度，体现在实时数据采集管理、实时数据处理分析或实时应用服务等技术环节。现势性(currency，CR)刻画了这种数值逼近的效用程度，可以数值化或等级化(例如，很强、一般或很差)。

这里，VT 和 TT 的时差表达为 $I_{VT\text{-}TT}=|VT\text{-}TT|$。VT 和 UT 的时差表达为 $I_{VT\text{-}UT}=|VT\text{-}UT|$。TT 和 UT 的时差表达为 $I_{TT\text{-}UT}=|TT\text{-}UT|$。

现势性表达为时差 I 到 CR 的效用函数：

$$U(I): I \rightarrow \mathrm{CR}, \quad I, \mathrm{CR} \in R \tag{2.27}$$

式中，时差和现势在实数空间取值。根据应用场景设定，时差 I 为 $\{I_{\mathrm{VT\text{-}TT}}, I_{\mathrm{VT\text{-}UT}}, I_{\mathrm{TT\text{-}UT}}\}$ 中特定元素。

概要地，可靠性时空数据分析的现势性可以形式化为时差的效用函数。

7. 设计可靠性

设计指项目设计者有目标有计划地进行技术性创作与创意活动。通常，设计过程划分为：第一步，理解用户的期望、需要或动机，理解业务、技术和行业的需求和限制；第二步，将这些已有知识转化为对产品的规划(或产品本身)，使得产品的形式、内容和行为变得有用、能用和令人向往，并且在经济和技术上可行。

可靠性是工程设计的基本准则之一，同时也是工程结果的评价指标之一。时空数据分析的设计过程涉及样本设计、模型和算法设计、估计和验证设计等，时空数据分析的设计可靠性多体现为设计过程各环节的可靠性，可用一般可靠性状态空间的问题求解来表达。

一般可靠性状态空间的问题求解表达为四元组：$(S,\ O,\ S_0,\ G)$

式中，O 为算子集合 $\{O_1,\ O_2,\ \cdots,\ O_m\}$；$S_0$ 为问题的初始状态；G 为问题的目标状态。特别地，S 为正常状态 $\{S_1,\ S_2,\ \cdots,\ S_p\}$ 和异常状态 $\{E_1,\ E_2,\ \cdots,\ E_q\}$ 组成的全体状态集合 $\{S_1,\ S_2,\ \cdots,\ S_p,\ E_1,\ E_2,\ \cdots,\ E_q\}$。初始状态和目标状态在全体状态集合中取值，即 $S_0,\ G \in S$。

进一步，问题的解是初始状态转换为目标状态的有限算子序列。设计可靠性表现为时空数据分析的异常状态相关处理，通过算子及组合实现。在模型和算法实现方面，设计可靠性和"鲁棒性(测量可靠性和工程可靠性)、适用性和过程可靠性的模糊控制"存在一定相关性。

概要地，可靠性时空数据分析的设计可靠性形式化为工程设计可靠性。

2.3　时空数据分析可靠性度量指标的具体表现

时空数据分析的可靠性定义为在规定的时空环境和条件下，完成规定的时空分析功能，并取得正确的、有效的、完整的结果和服务的时空分析能力和水平。

1. 规定的时空环境

时间粒度和空间粒度是时空数据分析可靠性的重要技术要素。一般来说，时空粒度越细，可靠性越低，可以说时空数据分析的可靠性是关于时空粒度的单调递减函数。通常，规定的时空粒度大小由其使用目的和需求来确定。应用需求不同，使用目不同，对时空数据分析所规定的时空粒度自然不同。例如，某个国家的年降水量预测的时间粒度是年，空间粒度是整个国家，而地震发生后救灾的降水量预测则要求时间粒度是小时，空间粒度是地震的发生区域。

2. 规定的功能

规定的功能评价关系着时空数据分析方法和过程的多项性能指标。如果数据分析的每项性能指标均达到规范限，则称该时空数据分析完成规定的功能。例如，在可靠性遥感影像分类中，如果分类的精度达到了用户的需求，则称该时空数据分析完成了规定的功能。

3. 规定的条件

规定的条件指时空数据分析方法的应用条件，包括数据源、数据量、数据的时间和空间粒度、时空数据分析方法对硬件的要求、时空数据分析方法的效率、响应时间等。同一数据分析的方法在不同条件下得出的结果的可靠性有很大的差异。例如，同样是遥感影像分类算法，使用不同的数据得到的结果差异很大。因此，在进行时空数据分析的可靠性指标评价时，应特别关注方法的应用条件。

4. 时空分析能力和水平

为了衡量时空数据分析方法、过程和结果的可靠性水平，需要对方法、过程和结果影响决策的能力进行量化。例如，将能力量化为比例或概率。

2.3.1　时空数据分析可靠性的整体度量

这里，时空数据分析的可靠性被定义为在规定时空环境和规定条件下，完成规定空间分析功能，并取得正确的、有效的、完整的结果和服务的空间分析的概率，记为 $R(t,s)$。

时空数据分析方法、过程和结果有一定的时间和空间粒度应用限制，如果无限放大其时间粒度和空间粒度，其可靠性就是 1。例如，在足够的时间粒度和空间粒度下，某区域会下雨，这个结果的可靠性为 1。如果将时空数据分析的结果的应用逐渐缩小其时间和空间粒度，其可靠性逐渐降低，但不小于 0，因为它是一个非负变量。

相应地，时空数据分析可靠性的整体度量为几个下级指标概率的乘积(联合概率)：

$$R(t,s) = P_1(t,s) \times P_2(t,s) \times P_3(t,s) \times P_4(t,s) \times P_5(t,s) \tag{2.28}$$

式中，$P_1 \sim P_5$ 分别表示精确性、鲁棒性、一致性、完整性和适用性的概率，假设 5 个指标为数值独立变量；t、s 分别为规定的时间与空间(或粒度)。

2.3.2　时空遥感影像分类中可靠性指标解译

在可靠性时空遥感影像分类中，可靠性指标解译对照如表 2.1。

表 2.1　可靠性时空遥感影像分类中各指标解译

精确性	鲁棒性	一致性	完整性	适用性
(1)几何精度 (2)辐射定标精度 (3)分类精度	分类器	(1)分类器 (2)分类结果	(1)分类器参数 (2)分类结果	(1)分类器选择及其支撑 数据与模型 (2)样本有偏

在可靠性时空遥感影像分类中,几何精度是参与分类的遥感影像的空间位置精度,位置的错误会导致分类结果的不可靠,它是分类数据源精确性的重要特征。辐射定标精度反映了遥感影像的灰度值(DN 值)转换成辐射亮度甚至地物光谱辐射率的失真度,对遥感影像分类中光谱特征精确性有直接影响。分类精度一般指正确分类的像元(单元)占全部像元(单元)的比例。分类器的鲁棒性可衡量分类结果相对模型参数、信号扰动及噪声影响的稳健性。分类器一致性指对于同一范围不同传感器的数据,同一分类器分类结果达成一致的特征。分类结果的一致性指分类结果与实际状态的匹配性。分类器参数(或分类结果)的完整性可衡量分类器参数(或分类结果)的正确性和有效性。分类器适用性指所选择的分类器对参与分类数据的符合性。样本有偏指样本特征与总体特征相差甚远,超出了许可范围。

2.3.3 时空关联规则挖掘中可靠性指标解译

在可靠性时空关联规则挖掘中,可靠性指标解译对照如表 2.2。

表 2.2 可靠性时空关联规则挖掘中各指标解译

精确性	鲁棒性	一致性	完整性	适用性
(1)支持度	(1)规则随数据量变化	(1)数据的一致性	规则是否有遗漏	(1)预处理选择(数据与模型)
(2)置信度	(2)规则随不同地区数据集的变化	(2)结果的一致性		(2)时间粒度是否合适
(3)作用度		(3)尺度的一致性		(3)空间粒度是否合适

在可靠性时空关联规则挖掘中,精确性指挖掘出来的关联规则是否正确或精准反映了数据内在关联。在后面算法章节中,关联规则产生由支持度、置信度和作用度决定,这三个测度的可靠性决定了关联规则的精确性。鲁棒性考查数据量变化和数据集对应地区变化时关联规则集是否变化。一致性主要包括三个方面:①数据的一致性指在不同数据集中规则的一致性;②结果的一致性指规则结果集中不同规则的一致性;③尺度的一致性指规则的时空尺度一致性。完整性指是否有遗漏的规则。适用性包括关联规则挖掘的系列预处理步骤的适用性和预处理算法与数据的时空粒度是否合适。

2.3.4 地理加权回归分析中可靠性指标解译

在可靠性地理加权回归分析(GWR)中,可靠性指标解译对照如表 2.3。

表 2.3 可靠性地理加权回归分析中各指标解译

精确性	鲁棒性	一致性	完整性	适用性
模型求解与预测结果的精度	样本质量	尺度真实性	—	(1)变量类型 (2)模型多重共线性

GWR 可靠性可从精确性、鲁棒性、一致性和适用性四个方面进行解析。在精确性方面,模型求解精度是 GWR 所需关注的基础质量元素,表现为对空间关系异质性的精

准建模，体现了比传统最小二乘(OLS)线性回归模型更高的预测精度。在鲁棒性方面，作为局部参数估计，GWR 模型更易于受到样本质量的影响，如异常值(outlier)带来模型参数的经典估计误差。在模型一致性方面，表现为模型估计尺度与数据点尺度的不一致现象，从而导致模型结果的真实性损失。在模型适用性方面，不同回归变量类型影响着模型选择，自变量间强相关性或多重共线性的存在要求进行模型诊断和改进。

2.3.5　时空大数据分析中可靠性指标解译

在可靠性时空大数据分析中，可靠性指标解译对照如表 2.4 所示。

表 2.4　可靠性时空大数据分析中各指标解译

精确性	鲁棒性	一致性	完整性	适用性
(1)定位精度 (2)样本有偏	多余观测次数	语义信息	时空覆盖范围	(1)模型选择 (2)样本有偏

轨迹数据与社交媒体签到数据是两类常见空间大数据。就精确性而言，不管是轨迹数据还是签到数据，由于受到定位设备的定位精度影响，记录位置坐标与实际位置坐标之间存在一定的偏差。就鲁棒性而言，利用轨迹数据在道路路段的可重复采集性，可以降低路段信息提取误差的方差，有利于异常分析。就一致性而言，签到数据中往往含有丰富的不规则语义信息，同一签到地点可能对应着不一致的语义描述。就完整性而言，不管是轨迹数据还是签到数据，都受制于空间采集范围与采集时间，这种时空限制或缺失会对分析结果造成一定的影响。就适用性而言，不同应用目的可能需要不同类型的空间大数据或模型，同一应用目的采用不同类型空间大数据所得到的结果也可能不尽相同。

2.4　时空数据分析过程可靠性推理

时空数据分析是将观测数据转换为分析结果(信息和知识)的一系列数据处理与分析的活动，从遥感影像的获取、预处理到信息提取、统计分析等，其中包含大量的不确定性来源。时空数据分析过程可靠性，旨在对过程中不确定性因素与时空数据分析结果可靠性建立数学模型，探究时空数据分析过程可靠性传播机理和传播规律，依据时空数据分析过程中不确定性事件及其相互关系进行可靠性推理和预测。通过反馈机制识别和调整薄弱环节，形成控制规则，实现可靠性控制。

2.4.1　故障树与过程可靠性模型

一定程度上，时空数据处理与分析过程是一个复杂的系统(或工程)，时空数据分析系统的工程可靠性可以测度为故障事件概率或分析结果可靠性。系统可靠性由子系统(单元)可靠性进行结构合成，单元可靠度通过结构模型传递累积为系统可靠度。

故障树分析(fault tree analysis, FTA)以一种特殊的树状逻辑关系图，描述系统中各种事件之间逻辑关系，对影响系统可靠性的各种因素进行逐层分析，揭示各模块可靠性与系统可靠性之间的逻辑关系[5-8]。故障树分析具有灵活、直观、多目标、可计算等优点，在宇航、核能、机械、电子、土木建筑、化工等诸多领域，得到了广泛的应用。故障树分析由各事件以及它们之间的逻辑关系组成，具体包括以下内容。

(1)事件：对系统状态及各部件状态的描述。

(2)底事件：无须探明发生原因的基本事件，位于模型最底层的事件，作为模型的输入。

(3)顶事件：位于模型顶端的事件，即模型的输出。

(4)中间事件：位于底事件和顶事件之间，既是一个模块的输入，也是另一个模块的输出。

(5)逻辑门：描述事件之间的逻辑因果关系的函数。如"与门""或门""非门"等。

故障树分析主要包括以下内容。

(1)首先需要分析系统组成及工作原理，收集系统设计资料及技术规范等资料，全面了解系统的功能、原理、结构等，把握各模块间的逻辑关系。这是进行故障树分析的基础。

(2)选择和确定合理的顶事件。顶事件是故障树建立的基础。

(3)建造故障树。采用自上向下逐级建树的方法建立故障树。确定引起顶事件发生的影响因素，将顶事件作为模型输出，分析与顶事件之间相关的事件，作为输入事件；如果该事件还可以进一步分解，则将其作为下一级的顶事件(子模块的输出事件)，对事件进行逐级分解，直到确定所有的模块都分析到底事件为止，则可建立树状逻辑图。

(4)通过故障树将事件之间的逻辑关系准确表达出来，视故障树的复杂情况对其进行逻辑简化及模块分解，消除冗余部分。

(5)对故障树进行定性分析。定性分析主要是根据建立的故障树，确定故障树的最小割集。找出导致顶事件发生的所有可能性，识别所有的故障模式，便于指导设计和改进运行方案。

(6)对故障树进行定量分析。定量分析包括根据底事件可靠性计算顶事件的可靠性，以及确定底事件的重要度。

(7)根据定性分析和定量分析结果，提出相应的建议以改进系统设计。

以地理国情监测数据处理过程为例，地理国情监测以遥感正射影像底图为基础，整合利用基础地理信息数据，并参考专题数据等其他数据资料，进行内业采集，采用计算机自动分类与人工判读解译结合的方式，提取相关要素及属性信息。对内业分类与判译中无法确定边界或属性的要素，开展实地核实确认和补调。其中，不确定性因素主要包括以下内容。

(1)遥感影像类型、分辨率、预处理精度等具有不确定性，影响数据处理过程；

(2)各类基础测绘地理信息成果的准确性与完整性、相关部门专题成果的权威性等造成了原始资料的不确定性；

(3)计算机分类与目标提取算法能力有限，引入了较大的不确定性；

(4)数据解译过程中，人工判读方式与个人习惯和熟练程度有较大关联；

(5)外业调查中遥感影像解译样本数据的采集具有较大的主观性，外业调查的准确性对结果可靠性具有一定影响。

依据地理国情监测数据处理过程中的可靠性影响因素,建立过程可靠性推理模型[9],如图 2.2 所示,模型由顶事件、中间事件和底事件以及它们之间的逻辑关系组成。其中,顶事件 T 为评价对象即地理国情监测数据可靠性。底事件 R 位于模型最底层,是模型的输入,表示影响处理过程可靠性的基本因素,可直接对其可靠程度进行度量。中间事件 E 为处理过程中影响可靠性的中间因子,由底事件推导得到,既是某一模块的输入,又

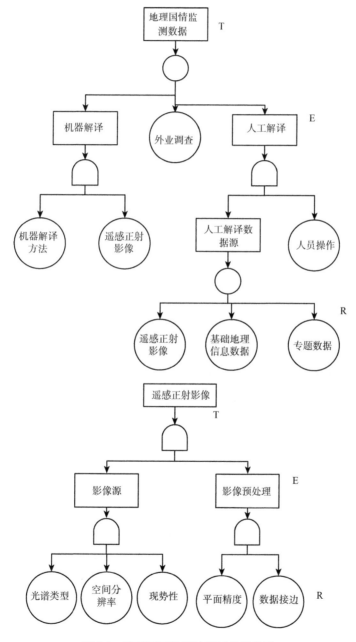

图 2.2　地理国情监测过程可靠性模型

是另一模块的输出。首先对底事件进行可靠性量化，再通过模块之间的逻辑关系逐级上推，最终推导出顶事件可靠性。

2.4.2　模糊集的隶属度函数

在传统的 FTA 中，底事件可靠性量化为概率。由于影响事件可靠性的因素复杂多变，难以得到较精确的值。为了表征由于对系统认知不足及信息有限等原因造成的主观不确定性对系统可靠性的影响，对输入的变量进行模糊化处理，用模糊子集描述节点变量的可靠性概率，确定隶属度函数。在可靠性分析和处理过程中，采用不定数集合来描述，这和客观事物的本质更相符合。通过模糊数计算得到模糊概率，以代替原来的精确概率，与工程实践更加接近。

所谓给定了论域 U 上的一个模糊子集 $\tilde{A}$ 是指：对任何的 $u \in U$，有一个函数 $\mu_{\tilde{A}}(u)$ 使得 u 对应单位区间中的一个值。这个函数如下：

$$\mu_{\tilde{A}} : U \to [0,1] \tag{2.29}$$

$$u \to \mu_{\tilde{A}}(u) \tag{2.30}$$

这个函数称为 $\tilde{A}$ 的隶属度函数。隶属度函数在 u 点的取值反映了 u 隶属于集合 $\tilde{A}$ 的程度。如果 $\mu_{\tilde{A}}(u)=0$，则表示 u 不属于集合 $\tilde{A}$。如果 $\mu_{\tilde{A}}(u)=1$，则表示 u 完全属于集合 $\tilde{A}$。

论域 U 中对模糊集合 A 的隶属度不小于 λ 的一切元素组成的集合称为模糊集合 A 的 λ 截集 A_{λ}，

$$A_{\lambda} = \{u \mid u \in A, \mu_A(u) \geqslant \lambda\} \tag{2.31}$$

式中，$\lambda \in [0, 1]$，λ 称为置信水平或者阈值。

设 $\tilde{A}$ 是实数域 R 上的模糊集，如果满足：

(1) $\tilde{A}$ 是正规模糊集，即存在 $u_0 \in R$，使得 $\tilde{A}(u_0)=1$。

(2) $\forall \lambda \in (0,1]$，$\tilde{A}_{\lambda}$ 是闭区间，则 $\tilde{A}$ 称为模糊数。

底事件的模糊概率可通过模糊数来描述。常用的模糊数包括三角模糊数、指数型模糊数、梯形模糊数、抛物线模糊数等。三角模糊数的隶属度表达式属于线性分布隶属度函数，运算求解过程容易理解和计算，因此采用三角模糊数对事件的可靠性进行模糊化处理。

设论域 U 表示实数域，当用三角模糊数来度量底事件可靠性，其隶属度函数定义为

$$\mu_{\tilde{A}}(x) = \begin{cases} 0, & x < m - \alpha \\ 1-(m-x)/\alpha, & m-\alpha \leqslant x \leqslant m \\ 1-(x-m)/\beta, & m < x \leqslant m+\beta \\ 0, & x > m+\beta \end{cases} \tag{2.32}$$

三角模糊数表示为 $\tilde{A}=(a,m,b)$，一般 $a \leqslant m \leqslant b$，且 $a=m-\alpha$，$b=m+\beta$，其差 $b-a$

表示模糊数的模糊程度。其中 α、β 分别为该模糊数的置信下限和上限。当 $a=m=b$，则 $\tilde{A}=m$，蜕化为实数。

2.4.3　过程可靠性的模糊推理

依据时空数据分析过程中不确定性事件的逻辑关系，对影响可靠性的各种因素进行逐层推理，进行可靠性分析预测，得到时空分析结果的模糊可靠性。事件之间的逻辑关系通过"逻辑门"进行描述，常用的"逻辑门"包括"与门""或门""非门"等。依据模糊扩张原理及模糊数运算公式，具体的计算方法如下：

1. 与门模糊算子

与门表示并联系统中并联事件之间的逻辑关系，如果输入事件中某一个不发生，则就不会出现输出元素发生。当输入事件的概率为模糊故障率时，与门模糊算子公式如下：

$$\tilde{P}_{\mathrm{AND}}=\prod_{i=1}^{n}\tilde{P}_i \tag{2.33}$$

式中，$\tilde{P}_i$ 为输入事件的模糊故障率；$\tilde{P}_{\mathrm{AND}}$ 为与门输出事件的模糊故障率。当事件之间具有相关性时，则

$$\tilde{P}_{\mathrm{AND}}=\min(\tilde{P}_1,\tilde{P}_2,\cdots,\tilde{P}_n) \tag{2.34}$$

当逻辑门的输入为可靠性概率值时，通过与门模糊算子计算模块输出事件可靠性的方法为

$$\tilde{P}_{\mathrm{AND}}=1-\prod_{i=1}^{n}(1-\tilde{R}_i) \tag{2.35}$$

式中，$\tilde{R}_i$ 为输入事件的模糊可靠性；$\tilde{P}_{\mathrm{AND}}$ 为与门输出事件的模糊可靠性。当事件之间具有相关性时，则

$$\tilde{P}_{\mathrm{AND}}=\max(\tilde{R}_1,\tilde{R}_2,\cdots,\tilde{R}_n) \tag{2.36}$$

2. 或门模糊算子

或门表示串联系统中串联事件之间的逻辑关系，如果模块中的输入因子只要其中任意一个发生时，输出事件就会发生。当输入事件的概率为模糊故障率时，或门模糊算子公式如下：

$$\tilde{P}_{\mathrm{OR}}=1-\prod_{i=1}^{n}(1-\tilde{P}_i) \tag{2.37}$$

式中，$\tilde{P}_i$ 为输入事件的模糊故障率；$\tilde{P}_{\mathrm{OR}}$ 为或门输出事件的模糊故障率。当事件之间具有相关性时，则

$$\tilde{P}_{\mathrm{OR}}=\max(\tilde{P}_1,\tilde{P}_2,\cdots,\tilde{P}_n) \tag{2.38}$$

若直接对可靠性进行度量，或门模糊算子公式为

$$\tilde{P}_{OR} = \prod_{i=1}^{n} \tilde{R}_i \tag{2.39}$$

式中，$\tilde{R}_i$ 为输入事件的模糊可靠性；$\tilde{P}_{OR}$ 为或门输出事件的模糊可靠性。当事件之间具有相关性时，则

$$\tilde{P}_{OR} = \min(\tilde{R}_1, \tilde{R}_2, \cdots, \tilde{R}_n) \tag{2.40}$$

3. 模糊平均算子

在时空数据处理与分析过程中，对于多个因子相互作用且因子贡献度不同的不确定性事件，可采用模糊平均算子对事件之间的逻辑关系进行描述。

$$\tilde{R}_{mean} = \text{mean}(\tilde{R}_1, \tilde{R}_2, \cdots, \tilde{R}_i) = \frac{\sum_{i=1}^{n} \tilde{R}_i \times w_i}{\sum_{i=1}^{n} w_i} \tag{2.41}$$

式中，w_i 为事件 i 的权重。

以地理国情监测过程为例，确定底事件可靠性概率值之后，通过三角模糊数进行模糊化。依据逻辑门算子对各模块可靠性进行逐层推理，推导出地理国情监测数据可靠性。

1. 影像源

遥感影像源的可靠性受光谱类型、空间分辨率和现势性等基本事件的影响。光谱类型与空间分辨率为并联关系，且两者之间具有相关性，两者之间的输出事件的可靠性 $\tilde{R}_{1,2}$ 可按如下公式得到

$$\tilde{R}_{1,2} = \max(\tilde{R}_1, \tilde{R}_2) \tag{2.42}$$

式中，$\tilde{R}_1$、$\tilde{R}_2$ 分别为光谱类型和空间分辨率的模糊可靠性。现势性与光谱分辨率、空间分辨率均无相关性，且为并联关系，可得遥感影像源的模糊可靠性 $\tilde{E}_1$：

$$\tilde{E}_1 = 1 - (1 - \tilde{R}_{1,2}) \times (1 - \tilde{R}_3) = 1 - [1 - \max(\tilde{R}_1, \tilde{R}_2)] \times (1 - \tilde{R}_3) \tag{2.43}$$

式中，$\tilde{R}_3$ 为影像现势性的模糊可靠性。

2. 影像预处理

这里，影像预处理有几何纠正和数据接边，几何纠正的精度会对数据接边精度产生影响，因此两事件之间具有相关性，为并联关系。通过与门算子进行计算，根据式(2.37)，影像预处理的模糊可靠性 $\tilde{E}_2$ 为

$$\tilde{E}_2 = \max(\tilde{R}_4, \tilde{R}_5) \tag{2.44}$$

式中，$\tilde{R}_4$、$\tilde{R}_5$ 分别为几何纠正和数据接边的模糊可靠性。

3. 遥感正射影像

遥感正射影像可靠性涉及遥感影像源可靠性和影像预处理可靠性，影像预处理作用于遥感影像源，决定了遥感正射影像的可靠性，二者相互独立且为并联关系，遥感正射影像的模糊可靠性 $\tilde{E}_3$ 为

$$\tilde{E}_3 = 1 - (1 - \tilde{E}_1) \times (1 - \tilde{E}_2) \tag{2.45}$$

4. 人工解译数据源

地理国情监测数据的人工解译数据源包括遥感正射影像、基础地理信息数据和专题数据，这三种不同来源的数据集成用于地理国情的人工解译，但这三部分对于人工解译的贡献程度不同。因此，通过模糊平均算子对这两种数据源进行加权计算，从而推导出人工解译数据源的模糊可靠性，其计算公式如下：

$$\tilde{E}_4 = \mathrm{mean}(\tilde{E}_3, \tilde{R}_6, \tilde{R}_8) = w_1 \tilde{E}_3 + w_2 \tilde{R}_6 + w_3 \tilde{R}_8 \tag{2.46}$$

式中，$\tilde{R}_6$ 为基础地理信息数据模糊可靠性；$\tilde{R}_8$ 为专题数据模糊可靠性；w_1、w_2、w_3 分别为遥感正射影像、基础地理信息数据和专题数据可靠性的权重，根据专家对三者的人工解译重要性得分计算得到。

5. 人工解译

地表覆盖数据的人工解译可靠性主要受两大因素影响：人员操作和数据源。通常情况下，这两个因素是相互独立的，为并联关系。因此，通过与门模糊算子对人员操作模糊可靠性和数据源模糊可靠性进行计算，推导出地表覆盖数据人工解译的模糊可靠性：

$$\tilde{E}_5 = 1 - (1 - \tilde{E}_4) \times (1 - \tilde{R}_9) \tag{2.47}$$

式中，$\tilde{R}_9$ 为基本事件人员操作的模糊可靠性。

6. 机器解译

机器解译可靠性主要受两大因素影响：机器解译方法和机器解译数据源(遥感正射影像)。这两个因素为并联关系，且相互独立。因此，地表覆盖数据机器解译的可靠性可由机器解译方法可靠性和遥感正射影像可靠性得到

$$\tilde{E}_6 = 1 - (1 - \tilde{E}_3) \times (1 - \tilde{R}_7) \tag{2.48}$$

式中，$\tilde{R}_7$ 为机器解译方法的模糊可靠性。

7. 地理国情监测数据

地理国情监测数据成果由机器解译、人工解译和外业调查三部分组成，但是三部分在数据成果中所占的比例不同。例如，部分数据由于内业中无法准确判定地物类型，需要进行外业调查，而部分数据可以直接通过机器解译或人工解译得到。因此，顶事件地理国情监测数据可靠性按照这三部分的比例进行加权计算，由模糊平均算子推导出顶事

件可靠性，地表覆盖数据可靠性为

$$T = \text{mean}(\tilde{E}_5, \tilde{R}_{10}, \tilde{E}_6) = w_1 \tilde{E}_5 + w_2 \tilde{R}_{10} + w_3 \tilde{E}_6 \tag{2.49}$$

式中，$\tilde{R}_{10}$ 为外业调查模糊可靠性；w_1、w_2、w_3 分别为人工解译、外业调查和机器解译的权重系数。

2.4.4　过程可靠性的模糊控制

为了对整个时空数据分析过程进行可靠性控制，在时空数据分析系统可靠性已知的情况下，获得不确定性事件引起过程状态变化所导致系统发生变化的程度，从而评估不确定性事件对系统可靠性的影响程度，将其作为系统可靠性提升的依据，形成控制规则。过程可靠性控制原理如图 2.3 所示，具体步骤如下。

(1) 输入基本事件可靠性，根据模糊数学理论与方法，进行模糊化处理，分析传播过程中事件之间的相互关系，建立事件不确定性的状态转移序列，进行模糊推理，推导随机不确定性与模糊不确定性，将模糊推理得到的可靠性结果变换为实际用于控制清晰量；

(2) 进行模糊重要度分析，计算基本事件对统计推断结果的影响程度，对时空数据处理和分析过程中可靠性影响因素的重要度进行反馈；

(3) 对数据处理过程中可靠性影响因子进行整体把控，识别系统薄弱环节，形成控制规则，及时改进与修正时空数据分析过程，从而提高时空数据分析过程和结果的可靠性。

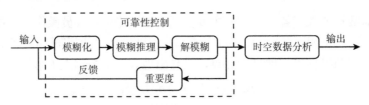

图 2.3　过程可靠性控制原理框

重要度是指基本事件对顶事件可靠性的贡献程度，是可靠性参数以及系统结构的函数。可靠性推理模型中通常有多个底事件，而各个底事件对顶事件发生所起的作用是不同的。模糊重要度反映了基本事件可靠性状态从 1 到 0 演变过程中对系统可靠性状态的平均影响程度。设过程可靠性模糊推理模型 J 的基本事件为 x_i，则事件 x_i 的模糊重要度为

$$I_J(i) = E[\tilde{P}_T(\tilde{q}_1, \cdots, \tilde{q}_{i-1}, 1, \tilde{q}_{i+1}, \cdots, \tilde{q}_n) - \tilde{P}_T(\tilde{q}_1, \cdots, \tilde{q}_{i-1}, 0, \tilde{q}_{i+1}, \cdots, \tilde{q}_n)] \tag{2.50}$$

式中，$I_J(i)$ 为第 i 个基本事件的模糊重要度；$\tilde{q}_i$ 为第 i 个基本事件的模糊概率；$\tilde{P}_T$ 为模型的概率分布表达式。$E(\bullet)$ 求模糊子集的重心值，将模糊子集转化为精确值：

$$E(\tilde{P}) = \frac{\displaystyle\int_0^1 x \mu_{\tilde{P}}(x) \mathrm{d}x}{\displaystyle\int_0^1 \mu_{\tilde{P}}(x) \mathrm{d}x} \tag{2.51}$$

式中，$\mu_{\tilde{P}}(x)$ 为模糊集合 $\tilde{P}$ 的隶属度函数。

2.5　本章小结

本章给出了时空数据分析的可靠性指标体系和形式化表达方法，为后续章节的概念定义和方法设计提供了理论基础。一般时空数据分析可靠性理论包括精确性、鲁棒性、一致性、完整性和适用性指标及其形式化表达，形式化表达建立于测量平差、概率统计、模糊数学和优化计算理论之上。扩展地，现势性强调客观时间、用户时间和计算时间的同步性，设计可靠性强调逻辑构想和真实现象的近似性。

特别地，解译了时空遥感影像分类、时空关联规则挖掘、地理加权回归、时空大数据分析等特定地理时空数据分析方法的可靠性表现[10]。以城市环境遥感和地理国情监测作为可靠性理论的应用示范，综合运用多种可靠性指标和地理时空分析方法，讨论了地理时空数据分析可靠性工程理论，即模糊逻辑故障树的可靠性建模、系统结构从串联改进为并联的可靠性设计和生产过程的可靠性控制。

参 考 文 献

[1] 史文中, 陈江平, 詹庆明, 等. 可靠性空间分析初探. 武汉大学学报(信息科学版), 2012, 37(8): 883.

[2] 舒红, 史文中. 浅谈测量平差到空间数据分析的可靠性理论延伸. 武汉大学学报(信息科学版), 2018, 43(12): 1979-1985, 1993.

[3] 舒红. 地理信息时态不确定性的语义与计算. 武汉大学学报(信息科学版), 2007, 32(7): 633-636.

[4] CHANG J R, CHANG K H, LIAO S H, et al. The reliability of general vague fault-tree analysis on weapon systems fault diagnosis. Soft Computing, 2006, 10(7): 531-542.

[5] MAHMOOD Y A, AHMADI A, VERMA A K, et al. Fuzzy fault tree analysis: a review of concept and application. International Journal of System Assurance Engineering and Management, 2013, 4(1): 19-32.

[6] TANAKA H, FAN L T, LAI F S, et al. Fault-tree analysis by fuzzy probability. IEEE Transactions on Reliability, 1983, 32(5): 453-457.

[7] VOLKANOVSKI A, ČEPIN M, MAVKO B. Application of the fault tree analysis for assessment of power system reliability. Reliability Engineering & System Safety, 2009, 94(6): 1116-1127.

[8] YUHUA D, DATAO Y. Estimation of failure probability of oil and gas transmission pipelines by fuzzy fault tree analysis. Journal of Loss Prevention in the Process Industries, 2005, 18(2): 83-88.

[9] SHI W Z, ZHANG X, HAO M, et al. Validation of land cover products using reliability evaluation methods. Remote Sensing, 2015, 7(6): 7846-7864.

[10] SHU H. Big data analytics: six techniques. Geo-spatial Information Science, 2016, 19(2): 119-128.

第二部分　可靠性时空数据分析方法

第3章　可靠性遥感影像分类方法

遥感影像分类结果的可靠性成为随遥感应用不断深入后广泛关注的问题。本章基于可靠性时空数据分析的理论框架，针对遥感影像分类这一典型空间数据分析方法和数据的特点，构建遥感影像分类可靠性评价指标和量化模型；探讨遥感影像分类的可靠性控制原理；从精确性、一致性和鲁棒性等不同的角度进行探索，改进或提出主流遥感影像分类方法，以提高遥感影像分类的可靠性。

3.1　遥感影像分类综述

遥感影像分类是将影像中每个像元根据灰度值、空间上下文及其他分类信息依据相应的判断规则划分到预设的类别。早期的遥感影像分类工作主要是依靠人的经验和知识，通过目视解译来完成的。目视解译技术发展已经很成熟，但由于其效率低、成本高、周期长、需要解译经验且解译结果中含有较大的不确定性等缺点，目视解译分类方法难以满足海量遥感影像的快速、自动、智能分类要求。而计算机技术的发展为遥感影像自动分类提供了坚实的基础。目前，计算机自动分类技术已成为遥感影像自动分类的研究重点。近年来，国内外学者致力于研究发展先进的遥感影像分类技术来获取高精度分类结果，利用遥感影像的光谱、纹理等特征，通过统计、模式识别方法实现遥感影像的解译，如最大似然法、光谱角匹配、K-均值聚类法、模糊聚类等。但是由于高分辨率遥感影像中大量的细节信息和地物光谱的复杂化问题，会使分类准确率下降。因此，新的算法如人工神经网络、遗传算法、支持向量机(support vector machine，SVM)、面向对象、专家系统、深度学习等广泛应用于遥感影像的解译中，虽然取得了很好的分类效果，但是自动化程度不高。遥感影像分类精度受多种因素的影响，其中主要因素有地物的空间分布结构、遥感影像的尺度问题、遥感影像预处理方法、分类算法本身差异等，分类结果的可靠性仍需进一步深入的研究，当然，合适的分类方法是保证分类可靠性的关键。现已出现了很多种分类方法，分类方法的体系很多，本节将从以下几个方面来论述遥感影像分类方法的研究进展。

3.1.1　面向对象遥感影像分类

从遥感影像分类处理单元来分，主要分为以像素为基本处理单元和以对象为基本处理单元的分类方法。以像素为基本处理单元的分类方法一般利用光谱特征匹配技术实现影像像元的分类。典型的算法有光谱角匹配、最大似然法、SVM、K-均值聚类法和模糊聚类等。但以像素为基本处理单元的分类方法并不符合实际地理空间对象的分布，也不符合人脑认知和解译图像的模式。仅利用像素的光谱信息进行分类，忽略了邻近像元的纹理、结构等信息，不再适合高分辨率影像的信息提取。因而，面向对象分类应运而生，它通过多尺度分割提取真实世界的地物对象，然后以像素集合为分析单元进行分类，充分考虑对象与周围环境之间的关系来完成影像信息的提取。目前全球唯一的商业化面向对象影像分析平台是德国 Definiens Imaging 公司开发的易康(eCognition)面向对象影像分析软件。它模拟人类大脑的认知过程，首先，将同质像素组成有意义的影像对象，通过多尺度分割技术提取真实世界的地物对象。其中，图像分割是面向对象分类方法中的核心研究内容，可以利用区域增长、分层聚类及分水岭分割[1]等图像分割方法进行遥感影像的分割。但是，传统图像分割技术的分割结果容易受尺度参数影响，造成欠分割，影响了分类精度[1]。超像素可看作一种介于像素与传统图像分割对象之间的图像过分割结果，采用超像素代替传统图像分割对象作为分类的基本单位能够在一定程度上有效缓解欠分割带来的精度问题。如，Fang 等[2]基于超像素分割对图像进行超像素级分类，并提出了基于超像素分割的多核融合分类方法。Li 等[3]结合稀疏表示模型和超像素分割结果实现了超像素级分类结果。

3.1.2　分类器及其组合的遥感影像分类

遥感影像分类器的研究是遥感影像处理和模式识别、机器学习结合的一个重要方面，最具代表性的分类器包括神经网络、SVM、多项逻辑回归和决策树分类等，其中，神经网络算法被广泛用于遥感数据分类，国内外学者分别提出并应用了一系列的不同类型的神经网络分类算法，如 BP 神经网络[4,5]、Hopfield 神经网络[6]、径向基函数神经网络[7]和小波神经网络[8]等遥感数据分类算法，这些分类算法在遥感数据自动分类中得到了广泛的应用，并取得了良好的效果。研究表明，神经网络分类方法的精度要高于其他的传统统计分类方法[9]，神经网络算法是基于经验风险最小化原则的一种学习算法，有其固有的缺陷，如层数和神经元个数难以确定、容易陷入局部极小和过学习现象等，但由于其对噪声数据的鲁棒性及分类精度较高等优点，神经网络分类在遥感数据自动分类中得到了广泛的重视和迅速发展。但神经网络算法在对海量遥感数据进行分类时，算法效率不太高，需要与其他方法相结合来达到理想效果。例如，张利等[10]提出了基于粗糙集和遗传算法的改进 BP 神经网络算法，此改进算法降低了 BP 神经网络的输入层节点数目，在保证分类精度的前提下提高了网络收敛速度，并利用遗传算法优化了 BP 网络的初始权重值。SVM 算法通过求解最优化问题，找出高维特征空间中的最优分类超平面，然后利用分类超平面进行数据的分类[11]。SVM 在高维数据分类、小样本学习和抗噪声等方面具有较大的优势。Camps-Valls 等分别利用 SVM 和神经网络分类算法从 HyMAP 数据中提取农作物类别信息，结果表明 SVM 算法可以在高维特征空间中直接对遥感数据进行分类。但是 SVM 算法也存在着一些不可避免的缺点，如核函数选择优化及多类分类策略问题等。目前，核函数及其参数选择优化都是依赖于经验完成的，缺乏一定的理论依据。针对特定的分类问题，如何选择核函数及其参数并没有一个统一的准则，而且不同核函数与分类精度之间的关系如何等，都有待于深入研究。另外，由于 SVM 算法的初衷是求解两类分类的问题，所以不能直接用于多于两类的分类问题，而实际应用中，遥感数据分类一般都是多于两类的，针对于此，SVM 通常采取两种策略来处理多类分类问题：一是将多类分类问题分解为多个两类分类问题，然后将多个两类分类器组合起来以实现多类分类，如一对一方法、一对多方法[12]和有向无环图[13]等；二是在优化公式中直接求解多类分类问题，通过优化求解多个分类面的参数，一次性地解决多类分类问题。针对不同的分类对象，如何合理选择多类分类策略是 SVM 多类分类中的一个重要研究内容。此外，针对 SVM 算法本身的缺点，许多学者对 SVM 算法进行过改进，这些改进的 SVM 算法主要通过以下三个方面来提高传统 SVM 的性能：①将传统的 SVM 拓展成一个半监督 SVM 以达到提高分类精度和减少训练样本的目的；②构造一个全新的目标函数和约束条件，从而产生一个新的 SVM 算法；③将传统的 SVM 与其他算法在理论层次结合。决策树分类通过训练样本学习后得到一系列的判别函数，然后在不同的判别函数中取不同阈值建立相应的分类树分支，在每个分类树分支的基础上再依次建立结点及分类树的分支，最后形成一个完整的分类决策树。常用的决策树分类算法主要有 ID[14]、C4.5 和 PUBLIC 算法[15]等。决策树分类算法具有计算效率高、能处理多尺度数据、易与其他辅助分类知识融合及分类精度较高等优点，在遥感数据分类领域中应用广泛[16]。但决策树分类也有其缺点，如算法复杂度高及获取判断函数需要大量的训练样本等。针对决策树分类中存在的缺点，很多学者对其进行了改进，例如，将粗糙集引入决策树分类中[17]用来处理决策树分类过程中的不确定性信息。虽然决策树分类在遥感数据分类中得到了广泛的应用，并取得了较好的分类效果，但随着应用需要的变化，仍需进行深入研究和改进，如提高决策树分类算法的分类精度及应用范围、提高决策树构造方法的效率及发展新的决策树分类算法等。

多分类器组合是融合不同的特征或不同的具有互补性的分类器得到的分类结果来提高最终的分类精度。Kittler 对多分类器集成框架进行了分析，并给出了多分类器集成理论框架[18]。此外，近年来发展迅速的深度学习将特征和分类器结合到一个框架中[19]，自动地从大量数据中学习特征，在使用中减少了手工设计特征的巨大工作量。

3.1.3　多特征遥感影像分类

针对传统的基于像元的遥感影像数据分类算法，由于遥感尺度问题及地物分布的复杂性等因素，遥感数据中存在大量的同物异谱及同谱异物现象，例如，草地和树木的光谱特征是很相似的，仅用光谱信息无法将它们完全区分开，但这些地物在遥感影像上呈现的纹理特征却有较大的差异。随着遥感技术的发展，其空间和光谱分辨率不断提高，对地物的形状、结构、纹理和空间上下文等空间信息的描述越来越丰富，为运用纹理、空间上下文和形状等信息提高类别识别率提供了基础。为了提高分类精度，有必要将这些空间特征信息加入到分类特征集中，以弥补光谱特征的不足，从而提高遥感数据的分类精度。图像纹理特征描述了图像灰度值的空间分布结构特征，能很好地兼顾图像的整体与局部结构特征。目前，纹理特征信息提取方法主要有基于统计、模型、信号处理和结构等方法。Zhang[20]利用改进的灰度共生矩阵（GLCM）提取了城市的地物纹理特征信息，并基于 TM 与 SPOT 全色波段融合后的影像数据进行了分类研究，结果表明，加入

纹理特征信息后的分类结果精度远远高于仅基于像元光谱信息的分类精度。吴昊等[21]
将利用 Gabor 滤波器组提取的纹理特征信息与像元光谱信息融合后，使用 SVM 算法基于
OMIS 数据进行了分类实验，实验结果表明融合了纹理特征的方法提高了分类精度，并且
分类结果具有良好的空间连贯性，有效地克服了噪声数据的影响。Benediktsson 等[22]首先
提取影像数据的主成分(PCs)，利用每个主成分构建一个数学形态学剖面，然后将这些
数学形态学剖面作为分类特征与图像的光谱特征融合并输入神经网络分类器中进行分
类，获得了较高的分类精度。综上所述，这些纹理和空间上下文信息对分类精度的提高
有着很重要的作用，但这些模型和算法有着不可忽略的缺点，即计算特征信息时的窗口
大小很难确定，这些模型在地物尺寸比较小且分布复杂的情况下，效果不太明显。用于
提高分类精度的辅助分类的特征信息还有地物形状特征信息，Segl 等[23]利用不同地物的
形状模板提取了分类目标的形状特征，增加了地物的空间特征，最终取得了较好的形状
分类效果。Shackelford 等[24]以影像中的每个像元为中心像元，在规定的方向数、长度和
相似度阈值的前提下，计算了该像元的长度和宽度作为分类的空间特征信息，实验结果
表明此方法提高了线状地物(道路)与面状地物(房屋)的识别率。Zhang 等[25]提出了像元
结构形状指数特征，并将影像的结构形状特征与光谱特征一起作为分类特征，在 SVM
中进行了分类研究，实验结果比 GLCM 更好地描述了像元的空间特征。

3.1.4 遥感影像分类方法分析

如前所述，遥感影像分类的三种类型中，面向对象遥感影像分类方法能够充分利用
空间和光谱信息，而且以超像素代替像素的方式在计算效率上也带来了一定的提升。但
是，面向对象遥感影像分类方法的分类精度依赖于影像的分割质量。一旦分割出来的对
象中包含多类地物，将无法避免误分类结果。因此，如何进一步提升以对象为基本处理
单元的面向对象遥感影像分类方法的分割对象的精确性和一致性是可靠性遥感影像分
类的重要研究问题之一。

对于分类器及其组合的遥感影像分类方法，大部分研究都致力于发展新的分类器及
利用辅助信息和知识，从而达到提高分类精度的目的，但各种算法都有一定的局限性。
分析发现，很少有对造成遥感数据分类结果精度低的本质进行研究来提高分类器的分类
精度的，例如，由于影像中存在着大量的混合像元，这些混合像元是造成分类精度低的
根本原因，即对遥感影像数据的精确性和完整性分析不够，如何提高遥感数据本身的精
确性和一致性、分类算法的鲁棒性，提高分类的可靠性，有待进一步研究和改进。

而多特征遥感影像分类方法中由于纹理、空间上下文及像元形状特征融入分类中可
以提高分类的精度，但同时也存在着很多不足，如在提取纹理特征时窗口尺寸不好确定，
计算时阈值太多等缺点，特征提取的精确性和完整性有待进一步改善。

3.2 遥感影像分类的可靠性基础

参与遥感影像分类的数据、分类器和分类过程中存在随机性、模糊性、未知性及不

确定性，使得遥感影像分类结果的可靠性受到影响成为不可避免的问题。这些贯穿于遥感影像分类始终的不确定性必然影响影像特征、分类器和应用过程中精确性、一致性、完整性和鲁棒性等可靠性指标。结合本书第 2 章时空数据分析可靠性理论基础中提出的时空数据分析可靠性指标和量化模型，本节将具体以遥感影像分类这一典型时空数据分析为例，讨论影响遥感影像分类可靠性的因素、遥感影像分类可靠性指标的量化等基础性问题。

3.2.1　影响遥感影像分类可靠性的因素

1. 数据的精确性和完整性

在现实世界中，地面的情况异常复杂，同类地物所处的环境不同，其光谱特征也可能产生变化，出现遥感影像中普遍存在的同物异谱、同谱异物等现象，导致了数据并不能精确反映客观世界，即数据的精确性不够，将直接导致分类结果的不可靠性。另外，传感器的物理参数决定了遥感影像的几何特征、物理特征及时间特征，并且人为的操作及自然环境等因素会对遥感平台的稳定性与飞行角度、高度、速度等因素造成影响，造成传感器系统的不稳定，以及在遥感数据处理等过程中，都会产生各种系统误差或随机误差，导致数据的精确性和有效性等完整性指标的降低，从而增加了分类结果的不可靠性。

2. 判据的精确性和完整性

影像特征是遥感影像分类中区分不同地物的重要判据，但如前所述，客观世界的多样性和成像过程的复杂性，会导致数据的精确性和完整性降低。其结果是从中提取的特征的精确性和完整性必然受到影响。可见，判据的精确性和完整性是影响分类结果可靠性的重要因素之一。

3. 分类器的鲁棒性

分类器是遥感影像分类的关键，是影响遥感影像分类可靠性的关键因素。目前比较常用的遥感影像分类器多是在特定的数据和参数约束下开发的，对于不同的数据和参数，鲁棒性可能不够，这也是造成遥感影像分类可靠性不高的重要因素之一。如人为因素对分类器的影响、训练样本对分类器的影响、参数设定对分类器的影响，以及分类器本身存在的问题，都会导致分类结果的不可靠性。

4. 分类过程的一致性

遥感影像分类过程的可靠性影响因素包括分器的选取、样本采集的不一致性、特征提取和特征选择的不一致性、关键参数选取的不一致性，需要通过对样本数量及样本精度的调整、优化特征提取及特征选择、对参数进行调控来提高其可靠性。

5. 分类结果评价的不确定性

目前遥感影像分类结果的不确定性是始于数据的不确定性在影像处理过程与方法

中累积及传播，并且与最终分类决策模型造成的不确定性累积。这使得评价遥感影像分类结果的可靠性变得复杂。因此需要创建新的可靠性评价基础理论并构建可靠性指标和评价方法来对遥感影像分类结果的可靠性进行评估。

从上述描述可以看出，增加遥感影像分类可靠性重在解决遥感影像分类的数据、方法、过程和结果中的不确定性问题，探索能够获取更高可靠性的理论、技术与方法。

3.2.2　遥感影像分类可靠性指标的量化

可靠性源于对产品可靠性的描述，指在规定的条件下和规定的时间内完成规定功能的能力。在可靠性工程中，可靠性通常使用可靠度和失效率来进行评估。可靠度是指在规定时间、规定条件下，产品正常运转或服务正常的概率，也可以表示为在规定寿命完成规定功能的能力。可靠度可以表示为正常工作的累积概率函数，在时刻 t，可靠度 $R(t)$ 可以定义为

$$R(t) = \frac{n_{\mathrm{f}}(t)}{n_{\mathrm{s}}(t) + n_{\mathrm{f}}(t)} = \frac{n_{\mathrm{s}}(t)}{n_0} \tag{3.1}$$

式中，$n_{\mathrm{f}}(t)$、$n_{\mathrm{s}}(t)$ 分别为在时间 $(t - \Delta t, t)$ 内失效的组件与正常工作的组件。

失效率是指运行到时刻 t 时未发生失效的产品，而失效发生在时间 $(t, t + \Delta t)$ 内的概率。失效率 $h(t)$ 在 t 时刻可以表示为

$$h(t) = \frac{\Delta r}{N - r(t)} = \frac{\Delta r}{n(t)\Delta t} \tag{3.2}$$

式中，N 为在 $t=0$ 时刻工作的产品数；$r(t)$ 为在 t 时刻故障的产品数；Δr 为 $(t, t + \Delta t)$ 时间内又发生故障的产品数；$n(t)$ 为到 t 时刻仍在工作的产品数。

在不同领域中，可靠性评估指标有所不同。例如，在城市配电网元件可靠性评估中，根据不同元件及状态，有关的初始指标包括故障率、修复度、平均修复时间、计划检修率。

(1)故障率：从元件开始正常工作的时刻 t 起，在 t 时刻后单位时间内发生故障的概率。

(2)修复率：从元件发生故障的时刻 t 起，单位时间内元件被修复到正常工作状态的概率。

(3)平均修复时间：各个元件发生故障后，修复回正常工作状态所需要的时间。

(4)计划检修率：单位时间内对元件进行计划检修的概率。

然而，遥感影像分类的可靠性评估不同于工程领域的可靠性评估，遥感影像分类的可靠性受到遥感数据不确定性、遥感影像分类过程不确定性、遥感影像分类方法不确定性的影响。并且，遥感影像分类的最终结果受到了分类过程与决策模型的不确定性的累积，使得评价遥感影像分类变得复杂，因此，针对遥感影像分类的可靠性评估，需要构建适当的可靠性评价指标和评价方法。

在本书第 2 章及一些文献中，已提出了一些可靠性的评估指标。例如，在可靠性空

间分析中，提出可靠性指标主要包括精确性、完整性、一致性、鲁棒性和适用性，并将这些指标用于空间数据、数据处理、分析与挖掘过程、分析与挖掘结果的评价，以此来反映总体的可靠性[26]。在基于可靠性的土地覆盖变化监测中，以完整性、精确性、错误率、一致性作为可靠性评价指标，来反映最终结果的可靠性[27]。而作为典型的空间分析方法和影像数据分析方法，可靠性遥感影像分类内涵与可靠性空间分析和可靠性变化检测相似，包括遥感数据的不确定性度量、遥感分类过程的不确定性度量、遥感分类方法的不确定性度量，并在此基础上对最终的分类结果进行可靠性分析。基于可靠性遥感影像分类的内涵，可靠性遥感影像分类的指标包括完整性、精确性、鲁棒性、适用性、一致性。

1. 完整性

完整性描述了数据集中的实体对象对现实世界中实体描述的完整程度，即分类结果的无遗漏性。设 f 表示要素类型，Ω_f 表示地物要素 f 的像元集合，N_{Ω_f} 表示 f 要素集合中像元的数量，O_f 表示 f 要素分类结果中遗漏像元的集合，N_{O_f} 表示 O_f 中像元的数量，C_f 表示正确分类的 f 要素集合，N_{C_f} 表示 C_f 像元的数量，则分类结果中 f 要素遗漏的数量表示为 $N_{O_f} = N_{\Omega_f} - N_{C_f}$，遗漏率为 $\dfrac{N_{O_f}}{N_{\Omega_f}}$，那么影像分类结果的完整性可表示为

$$I = 1 - \frac{\sum_f N_{O_f}}{\sum_f N_{\Omega_f}} \tag{3.3}$$

式中，N_Ω 为像元总数。

2. 精确性

精确性通常指量测值无偏的程度，即实验结果和可接受的参考值之间的接近程度。遥感影像分类可靠性评价的精确性是指在分类完成的结果中，精确进行分类了的像元所占全部分类像元的比例，则精确性 O 可以表示为

$$O = \frac{1}{\sum_f |C_f - \Omega_f|} \tag{3.4}$$

3. 鲁棒性

鲁棒性理论是 20 世纪 60 年代为解决传统数学统计中优化过程的不稳定问题而创造的，其本意是"对假设条件的微小偏差不敏感"。目前，鲁棒性理论在经济管理、自动控制、计算机网络等领域得到广泛应用。在遥感影像分类中，数据本身存在的误差，又或者在参数的设置中引入误差，从而对最终的分类结果造成干扰，而鲁棒性好的分类算法在一定的干扰下仍然能保持其分类功能。因此，遥感影像分类的鲁棒性即在参数的摄动下，或者自身的分类模型的扰动下，分类结果精度指标的保持能力，它关联着数据与

方法对异常值和粗差的敏感。鲁棒性好的方法在数据或参数出现较小的偏差时，只对算法性能产生较小的影响。而在数据或参数出现较大的偏差时，也不会对算法产生严重的影响。假设 e 和 E 分别表示数据或模型参数的误差以及结果的误差，则算法的鲁棒性表示为 e 到 E 的函数 $f: e \rightarrow E$。

4. 适用性

随着遥感技术的发展，光学、热红外和微波等大量不同卫星传感器对地观测的应用，同一地区的多源遥感影像(多时相、多光谱、多传感器、多平台、多分辨率)也越来越多，因此，遥感影像分类算法中的适用性即描述分类算法在面对多种类型的影像时，依然能够保持其良好的分类效果的能力。

5. 一致性

遥感影像分类中的一致性是指在给定的条件下，遥感影像分类在应用于不同区域时，能够保持其分类性能的能力。设 E_1、E_2 为分类错误的像元与全部像元的比值，$r_1 = \{I_1, O_1, E_1\}$、$r_2 = \{I_2, O_2, E_2\}$ 为两块不论分类类别是否相同的研究区域组成的向量，一致性 C 可以表示为

$$C = d(r_1, r_2) \tag{3.5}$$

式中，$d(r_1, r_2)$ 为 r_1, r_2 的欧几里得距离。距离越大，一致性越差。

3.3　遥感影像分类的可靠性控制

3.3.1　可靠性控制的一般原理

遥感影像分类的可靠性控制是指在遥感影像分类过程中内建可靠性方法，即：把可靠性"做进"遥感影像分类的全周期中，实现遥感影像分类的可靠性管理，以保证分类结果可以达到预期指标。通过内建可靠性方法以实现遥感影像分类的可靠性控制，需要做到以下四个方面。

1. 主动预防

主动采取措施预防分类过程中导致分类结果可靠性降低的因素，而不是分类结果中发现问题再采取措施。

2. 控制关键分类参数

遥感影像分类可靠性控制不应只是检测分类结果是否可靠，而应该是通过有效方法控制输入的分类参数，以获得高可靠性的分类结果。

3. 控制不确定性

在遥感影像分类过程中，应综合考虑与可靠性有关的随机性、模糊性和未知性等不确定因素，通过应用不确定性控制方法抑制存在的不确定性因素，以保证分类结果的可靠性。

4. 可靠性评估

对遥感影像分类结果可靠性的评估应首先基于关键参数的控制、分类过程中不确定性控制方法的应用，然后根据分类过程检测的可靠性评价指标来测定遥感影像分类的可靠性。

内建可靠性方法的遥感影像分类可靠性控制的基本思想是主动从分类的全周期角度采取措施保证分类结果的可靠性，而不仅仅靠分类结果的可靠性评价。即，将分类参数和不确定性控制方法内建于遥感影像分类的整个周期，主动采取措施预防导致分类结果可靠性降低的因素，以提高遥感影像分类结果的可靠性，而不是通过结果评估发现了可靠性问题再采取措施提高可靠性。

3.3.2　高分影像分类可靠性控制示例

基于遥感影像分类可靠性控制的一般原理，本节以高分辨率遥感影像的可靠性分类为例，介绍遥感影像分类可靠性控制的一种策略。这一策略的基本思想是通过控制影像对象的不确定性来提高可靠性。具体而言，采用基于信息单元的方法来探索影像对象的不确定性。这一策略需要进行两个阶段的影像分割以获得影像对象及其信息单元。为了进行可靠性分类，本节结合影像对象的最大面积概率，提出了一种基于叠加分析的不确定性控制方法，下面对这种方法的基本原理和实施过程进行详细介绍。

1. 基本思路

影像的不确定性是导致分类结果的可靠性较低的重要因素之一。也就是说，影像的不确定性越高，其分类结果的可靠性就越低。如果能够控制影像的不确定性，就可以提高图像分类结果的可靠性。为了控制或最小化高空间分辨率遥感影像分类中的不确定性，首先需要探测或识别影像对象的不确定性。本节介绍一种基于信息单元进行影像对象不确定性探测的思路。该方法首先利用四叉树结构将每个图像对象分解为若干个信息单元，以便使影像对象的内部异质性被量化，为通过信息熵来度量影像对象的不确定性建立基础，以便基于影像对象的不确定性度量结果，推断地物分类结果的可靠性。具体而言，本节所阐述的高空间分辨率遥感影像分类可靠性控制的基本思路是，首先以信息单元为统计基础，利用信息熵度量每个影像对象的不确定性，然后基于不确定性高则分类可靠性低的假设，对高不确定性的对象分类结果进行重分类，以抑制不确定性高的影像，从而达到可靠性控制的目标，如图 3.1 所示。

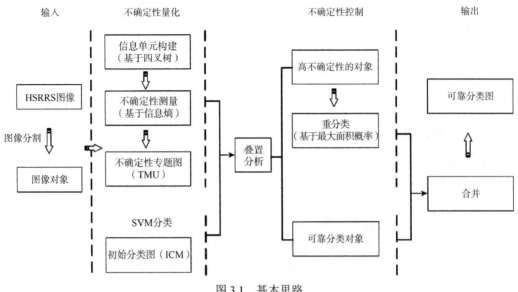

图 3.1　基本思路

2. 数据预处理

首先利用 ENVI 中的多尺度分割工具对源影像进行分割，得到影像对象作为分类的基本单元，如图 3.2(a)所示。然后，利用四叉树结构生成每个影像对象的信息单元，如图 3.2(b)所示。

3. 影像对象不确定性量化

为了度量影像对象的不确定性，开发了一个影像对象的不确定性探测器。该探测器的作用是将高空间分辨率遥感数据的影像对象分为两类：一类是高不确定性的影像(不确定影像对象)；另一类是确定性的对象(确定影像对象)。每个影像对象使用四叉树结构方法进行分割获得信息单元，如图 3.3 所示，每个影像对象形成一个由 n 个具有不同均匀区域的基本信息单元(u)组成的样本空间(X)。然后使用信息熵($X; p_1, p_2, \cdots, p_n$)来评估其不确定性，如式(3.6)所示。

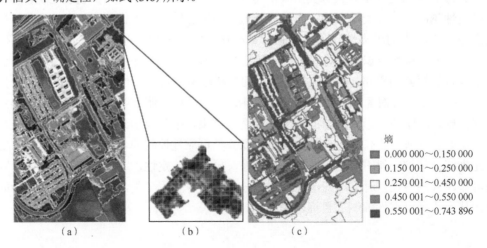

熵
- 0.000 000～0.150 000
- 0.150 001～0.250 000
- 0.250 001～0.450 000
- 0.450 001～0.550 000
- 0.550 001～0.743 896

　(a)　　　　　　　　(b)　　　　　　　　(c)

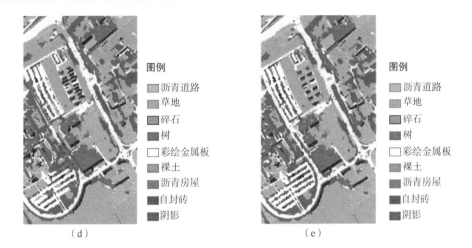

图 3.2 第一次实验的结果

(a) 影像中的对象；(b) 对象的信息单元；(c) TMU；(d) ICM；(e) 最终分结果

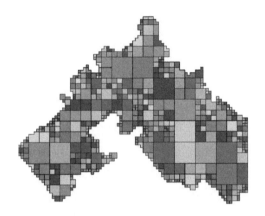

图 3.3 影像目标的信息单元

$$H(X; p_1, p_2, \cdots, p_n) = -\sum_{i=1}^{n} p_i \lg p_i \qquad (3.6)$$

式中，p_i 为整个样本空间 X 中代表均匀区域的面积概率。p_i 的计算方式为

$$p_i = \frac{\sum_{j=1}^{m} S_{i,j}}{S} \times 100\% \qquad (3.7)$$

式中，j 为影像对象中属于同一要素类的子对象的总数。

$H(X; p_1, p_2, \cdots, p_n)$ 为由样本空间 X 表示的对象的熵。可以根据熵的大小来评估影像对象的不确定性。

这样，作为不确定性探测的结果，可以得到基于对象不确定性水平的专题图，称为不确定性专题图（TMU）。图 3.4 显示了一个 TMU 的例子。

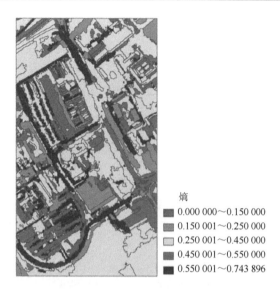

熵
- ■ 0.000 000～0.150 000
- ■ 0.150 001～0.250 000
- ■ 0.250 001～0.450 000
- ■ 0.450 001～0.550 000
- ■ 0.550 001～0.743 896

图 3.4　不确定性专题图(TMU)

4. 低可靠性对象识别

通过控制分类结果的不确定性来提高最终分类结果的可靠性是可靠影像控制的根本目标。为此，首先使用有效的影像分类算法(本节采用经典 SVM 算法)对影像进行分类来获得初始分类图(ICM)。根据不确定性传播规律，不确定性较高的影像对象，其分类结果的不确定性也较高，那么其可靠性会低。反之，不确定性低的对象其分类结果的可靠性高。因此，可以通过检测具有高不确定性的影像对象以确定 ICM 中的低可靠性对象。因而，本节提出基于叠置分析的方法(如图 3.5 所示)来识别 ICM 中的低可靠性对象，即先将 ICM 与 TMU 叠置。然后，基于式(3.8)中所示的叠置分析模型，识别 ICM 中低可靠性的对象。

$$\text{ICM} + \text{TMU} \rightarrow \begin{cases} \text{RCOs}, & \text{当 } U < T \\ \text{LRCOs}, & \text{其他} \end{cases} \tag{3.8}$$

式中，RCO 和 LRCO 分别为可靠性高和低的分类对象；U 为 TMU 中的影像对象的不确定性，其中 T 为 U 的阈值。另外，式(3.8)和图 3.5 中所示的符号"+"表示"叠置"操作。U 大于 T 的影像对象具有较低的可靠性。

5. 不确定性控制及可靠性分类

如果 UCM(图 3.5)中可靠性低的分类对象在一定程度上减少了，则最终分类结果的可靠性将得到提高。为了在一定程度上控制分类结果中低可靠性对象的数量，这里的思想是控制这些对象所对应的影像对象的不确定性。主要思想是通过强化这些对象的主要组成部分，同时弱化这些对象的非主要组成部分，从而增加对象的确定性。本节所采用的不确定性控制的具体过程如图 3.6 所示。

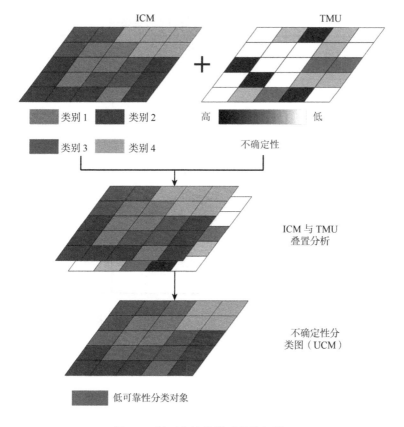

图 3.5　低可靠性分类对象的识别

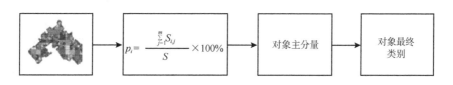

图 3.6　不确定性控制

首先，使用式(3.7)所示的方法计算影像对象中每个组成分量的面积概率 p_i。

其次，将具有最大面积概率的组成分量确定为对象的主分量，并将以主分量对应的地类作为对象的分类类别。这种方法基于的主要依据是一个对象的地物类型在对象中一定占有最大的面积比，占比较小的地物则可能为混入的噪声或其他地类，但并不会改变对象的地类性质。

最后，通过将 ICM 与 TMU 叠置，对 ICM 中可靠的分类对象与通过不确定性控制后的分类结果进行合并，则可得到最终的可靠分类图，如图 3.2(e)所示。

比较图 3.7(d)和图 3.7(e)所示的结果，视觉效果上来看，可以发现经过可靠性控制的方法在 HSRRS 图像分类中是有效的。为了定量评估这种方法的有效性和准确性，表 3.1 为本节所提出的可靠性控制分类方法和 SVM 方法的分类结果精度。

表 3.1　降低不确定性后的分类结果

类别	SVM 分类结果	降低不确定性后的分类结果
沥青道路/%	97.823 1	99.517 9
草地/%	98.940 6	98.672 5
碎石/%	55.412 1	75.620 2
树/%	78.916 3	76.319 3
彩绘金属板/%	88.143 0	90.627 1
裸土/%	83.336 8	80.607 4
沥青房屋/%	91.040 7	91.040 7
自封砖/%	81.306 5	86.255 8
阴影/%	71.499 0	93.233 1
整体精确度(OA)/%	88.965 8	91.497 6
Kappa 系数(KC)	0.855 5	0.888 9

从表 3.1 可以看出，无论是单个地类的分类精度、整体精度还是 Kappa 系数，多数情况下，可靠性控制后的分类结果优于可靠性控制前的情况，表明可靠性控制对提高精度是有益的。

6. 鲁棒性和适应性评估

鲁棒性和适应性是评估方法可靠性的重要指标。为了进一步说明方法的可靠性，这里同样将可靠性控制思想应用于来自不同地理范围的 WorldView-2 和 GF-2 图像[图 3.7(c)和图 3.7(e)]，以测试其对来自不同传感器和地区的图像的鲁棒性和适应性。这个实验的详细过程与第 5 节中的相同，因此这里不再讨论。图 3.8 显示了从 WorldView-2 图像获得的分类结果。

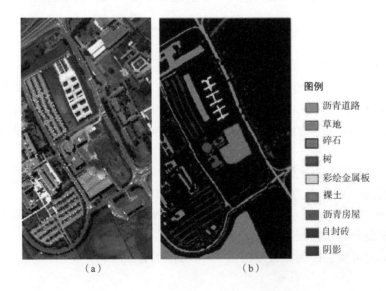

（a）　　　　　　　　　　　　　　　（b）

图例

沥青道路
草地
碎石
树
彩绘金属板
裸土
沥青房屋
自封砖
阴影

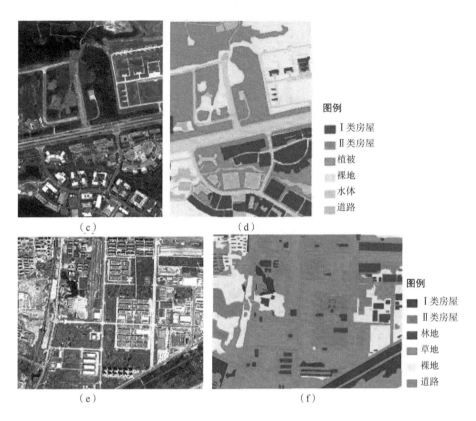

图 3.7 高分辨率遥感影像和地面参考数据

(a) ROSIS-03 影像； (b) (a) 的地面真值； (c) WorldView-2 影像； (d) (c) 的地面真值；
(e) GF-2 影像； (f) (e) 的地面真值

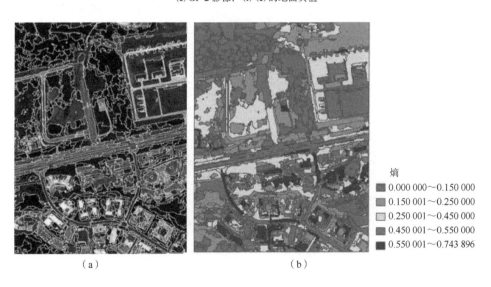

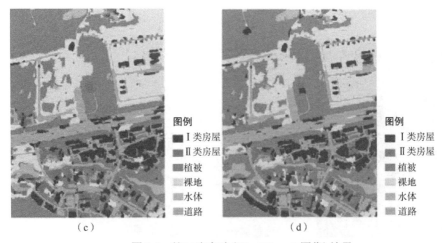

图 3.8　第二次实验（WordView-2 图像）结果
(a)影像对象；(b)TMU；(c)ICM；(d)TMU

　　图 3.8 表明可靠性控制思想在空间分辨率为 2 m 的 WordView-2 卫星图像上也能很好地工作，即有良好的适应性。对空间分辨率为 2 m 的 GF-2 卫星图像应用相同的方法，以进一步测试该方法相对于影像源和成像区域的鲁棒性和适应性。图 3.9 给出了 GF-2 卫星图像的分类结果。

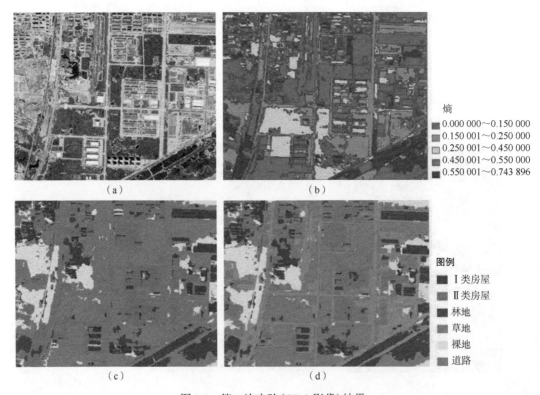

图 3.9　第二次实验（GF-2 影像）结果
(a)影像对象；(b)TMU；(c)ICM；(d)TMU
（彩图见书后）

为了定量地描述可靠性控制思想对不同图像源和成像区域的鲁棒性和适应性，本节比较了不同卫星和不同成像区域获取的 3 个不同影像的分类结果的精确性，并将其结果表示于表 3.2 中。

表 3.2　定量评价结果

方法	ROSIS-03		WorldView-2		GF-2	
	OA/%	KC	OA/%	KC	OA/%	KC
SVM	88.965 8	0.855 5	89.508 5	0.861 1	90.339 1	0.878 5
降低不确定性后分类	91.497 6	0.888 9	91.834 0	0.891 9	91.455 6	0.892 8

从表 3.2 可以看出，3 种不同影像的分类结果的精度降低不确定度后的精度指数 OA 和 KC 相较未经过不确定性控制的精度都有所提高。表明本节的可靠性控制思想对不同的影像和地理范围都有较好的鲁棒性和适应性。

3.4　可靠性遥感影像分类方法

基于可靠性空间分析理论的基本框架和影响遥感影像可靠性的因素，本章介绍我们团队在遥感影像分类数据、方法和过程的精确性、一致性、完整性及鲁棒性等可靠性指标改善方面的研究成果，即可靠性遥感影像分类方法。这些方法包括：分类判据鲁棒性和一致性提高方面的基于对象相关指数的高分辨率遥感影像分类方法；一致性控制方面的基于自适应局部信息 FCM 聚类的遥感影像自动分类方法；分类过程一致性和鲁棒性改善方面的基于空间邻域信息和多分类器集成的半监督高光谱影像分类方法；分类特征的完整性提高方面的基于形态学的高空间分辨率影像分类方法。下面将分别对这些方法进行详细阐述。

3.4.1　基于对象相关指数的高分辨率遥感影像分类方法

面向对象的分类方法是一种智能化的自动影像分析方法，其分析单元不是像素，而是由若干像素组成的像素群，即目标对象。目标对象比单个像素更具有实际意义。空间特征的定义和分类均是基于目标进行的[28]。

对象相关指数(object correlative index，OCI)是描述中心对象和其周围对象的相关关系的指数，评判标准是两个对象之间的光谱相似性。当两个对象位于同质区域时，如房屋、农场，它们就具有相似的 OCI 值。如果一个对象的 OCI 值较大，那么这个对象很可能和它周围对象属于同一类地物，否则此对象属于不同类别。

1. 研究方法

该方法的目的是利用所提出的 OCI 进行高分影像分类。该方法的实施过程主要分为三个部分：第一部分是 OCI 指数计算；第二部分是利用 OCI 指数进行遥感影像分类，验证 OCI 指数在高分辨率遥感影像分类中的有效性；第三部分是对 OCI 指数参数敏感性进行评估，测试 OCI 指数的鲁棒性。

2. OCI 的计算

OCI 是一个逐对象空间特征提取方式。影像中对象的分割可以使用 eCognition 软件中的分形网络演化的方法完成。分割后的对象必须都是凸形结构，对象的重心均在对象形状之内。

OCI 提取方法流程图如图 3.10 所示，每个对象的处理均采用迭代的方式，如图 3.10 中的虚线矩形标记所示。该提取方法可分为以下三个步骤：

(1) 基于光谱相似性沿各个方向延伸对象的相关线。

(2) 测量在每个方向两个对象之间的距离。

(3) 计算 OCI 的特征值。

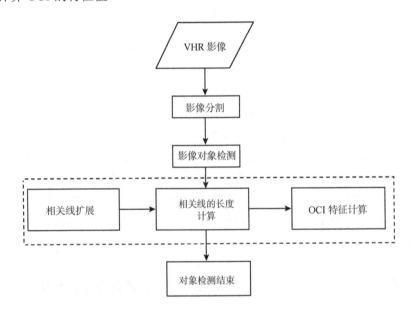

图 3.10　OCI 提取方法流程图

1) 对象相关线的延伸

对于给定的中心对象，根据光谱相似性，相关线从中心对象的重心向多个方向延伸来检测其他相关对象，检测的依据是中心对象和相关线上其他对象的光谱相似性。例如，在图 3.11 中，分别测量中心对象 O^{cen} 与周围其他对象如 O_1^{sur}、O_2^{sur}、O_3^{sur} 和 O_4^{sur} 之间的光谱相似度，就可以判断出 O_1^{sur}、O_2^{sur}、O_3^{sur}、O_4^{sur} 是否和中心对象属于同一类别。

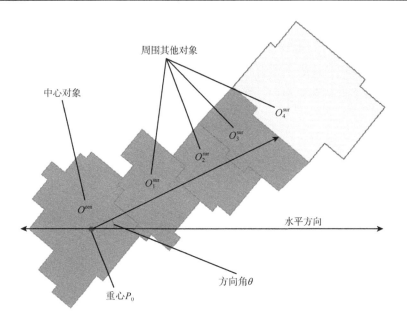

周围其他对象

中心对象

O_4^{sur}

O_3^{sur}

O_2^{sur}

O_1^{sur}

O^{cen}

水平方向

方向角 θ

重心 P_0

图 3.11　相关线的延伸

沿第 i 个方向的相关线可以表示为

$$y_i = \tan(i \times \theta) \times (x_i - x_0) + y_0 \tag{3.9}$$

式中，$P_0(x_0, y_0)$ 为中心对象的重心 O^{cen}；常量 θ 为相邻方位角的差；y_i 为原点在 P_0 的第 i 条相关线；O^{sur} 为和 y_i 空间相交的对象。O^{cen} 和 O^{sur} 间的平均光谱相似度为

$$M_i^{sin} = |O_s^{cen} - O_s^{sur}| \tag{3.10}$$

式中，O_s^{cen} 和 O_s^{sur} 分别表示 O^{cen} 和 O^{sur} 的平均光谱值。第 i 条相关线必须满足以下条件才能逐步延伸检测相关对象，如果有一条不满足，则终止延伸。

(1) M_i^{sin} 小于提前预设的阈值 T_1。

(2) 第 i 条相关线检测到的所有对象的数量小于提前预设的阈值 T_2。

2) 对象相关线的长度

当第 i 条相关线的延伸终止时，相关线到最后检测到的对象之间至少有一个相交点。假设相交点分别为 $\{P_1, P_2, P_3, \cdots, P_n\}$；如此，就可以找到距离中心对象的重心 $P_0(x_0, y_0)$ 最远的点 $P_f(x_f, y_f)$。有人曾研究过用最大街区距离来描述高空间分辨率影像的空间特征，并取得一定的成就，因此本节采用最大街区距离来测量相关线的长度。第 i 条相关线的长度计算公式为

$$d_i = \max\{|x_0 - x_f|, |y_0 - y_f|\} \tag{3.11}$$

式中，d_i 表示 P_0 到 P_f 的距离。

3）OCI 特征值的计算

$d = \{d_1, d_2, d_3, \cdots, d_N\}$ 表示所有相关线的长度向量，其中 N 表示所有方向的数量，$N=360/\theta$，θ 是一个方位角常量。OCI 由所有方向线的总长度共同确定，其计算为

$$OCI_j^{cen} = \sum_{i=1}^{N} d_i \tag{3.12}$$

式中，OCI_j^{cen} 表示第 j 个中心对象的 OCI 值，也就是中心对象和其周围对象的光谱相似度。

3. 基于 OCI 指数的高分影像分类

为了验证 OCI 指数的有效性，在 QuickBird 影像中使用对比实验来估计不同特征的精度。这里特征参数按照以下内容进行设置。

1）PSI

这个特征按照张良培等[29]描述的算法提取，三个参数分别设置为 $T_1=30$，$T_2=110$，$D=22.5$。

2）MP

图像用常规操作处理，分别用结构元素对 f 进行腐蚀和膨胀，即 $\triangle SE(f)$ 和 $\nabla SE(f)$。在实验中，结构类型是一个 disk，SE=7×7。原始影像的三个波段分别进行闭运算[$\nabla SE(f) \rightarrow \triangle SE(f)$]，去掉目标内的小孔，进行开运算[$\triangle SE(f) \rightarrow \nabla SE(f)$]，去掉目标外的孤立点。用于分类的特征图像包括 6 个新波段和 3 个原始波段。

3）OCI

OCI 特征通过 OCI 计算方法进行提取，相关参数设置如下：分割方法参数设置为 scale parameter=10，shape parameter=0.8，compactness=0.9；本节算法参数设置为 $\theta=20$，$T_1=30$，$T_2=50$。

4）对象的光谱特征

为了证明本节阐述的 OCI 特征与光谱特征的结合使用都可以获得较好的分类结果，本步骤提取每个对象光谱特征的平均值，并在分类中仅用该光谱特征分类。需要说明的是，对象的分割参数与步骤 3）的参数相同。

在每个特征提取之后，每个新特征都被看作一个新的波段，和原始的 RGB 波段一起用于分类。特别地，OCI 被看作每个对象的新特征。这里用了 3 个监督分类器来生成分类图。每个分类器的参数设置如下：

（1）神经网络，activation method = logistic，训练样本阈值权重（training threshold contribution）=0.9，training rate = 0.2，training momentum = 0.9，number of hidden layers=1， training RMS exit criteria = 0.1，and number of training iterations = 1000.0。

　　(2) MLC，数据缩放系数 (data scale factor) = 1000.0。

　　(3) 带有 RBF 核函数的 SVM 参数通过交叉验证的方法来设置。

　　特征对比实验使用的是中国东部城市徐州的 QuickBird 传感器卫星影像，空间分辨率为 0.6m，如图 3.12 (a) 所示。影像有 416 行，375 列，覆盖区域大约为 250m×250m。这幅影像呈现了一个典型的中国城市化区域，共分为 5 类：水体、阴影、草地、道路和建筑。

　　这里所给出的每幅影像的分类都很有挑战性，因为道路和建筑，水体和阴影都可能相混淆，分类的不确定因素有很多。每个训练样本和测试样本的选择都是随机的，如表 3.3 所示。训练样本与其对应的对象有关。例如，表 3.3 中 98/6256 表示 6256 个训练像素对应 98 个对象。参考数据如图 3.12 (i) 所示。

表 3.3　QuickBird 图像的训练和测试像素

类别	训练像素	测试像素
水体	98/6256	17 791
阴影	43/2727	8 831
草地	54/3097	4 800
道路	66/5826	12 048
建筑	65/6301	16 328

　　分类结果如图 3.12 所示。

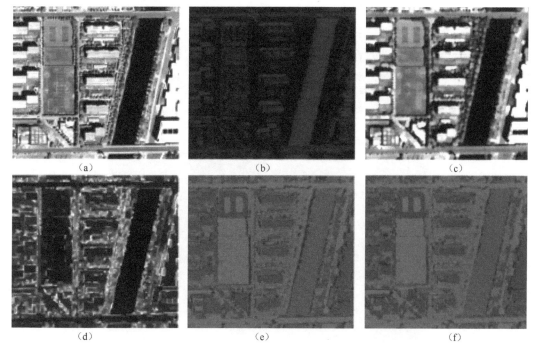

　　　　　(a)　　　　　　　　　　　(b)　　　　　　　　　　　(c)

　　　　　(d)　　　　　　　　　　　(e)　　　　　　　　　　　(f)

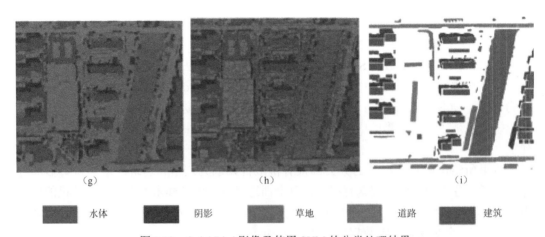

水体	阴影	草地	道路	建筑

图 3.12　QuickBird 影像及使用 SVM 的分类处理结果

(a)QuickBird RGB 波段(假彩色)图像；(b)PSI 特征图像；(c)由 MP 生成的特征图像；(d)OCI 特征图像；(e)使用 PSI 特征的分类结果；(f)使用 MP 特征的分类结果；(g)使用 OCI 特征的分类结果；(h)分割对象与 OCI 分类结果的叠加；(i)地面参考数据

　　从图 3.12 中可以看出，用 PSI 和 MP 进行影像分类，不能很好地区别光谱比较相似的类别，如阴影和水体，同时，用 PSI 和 MP 分类的图像会比用 OCI 分类的图像产生更多的噪声。

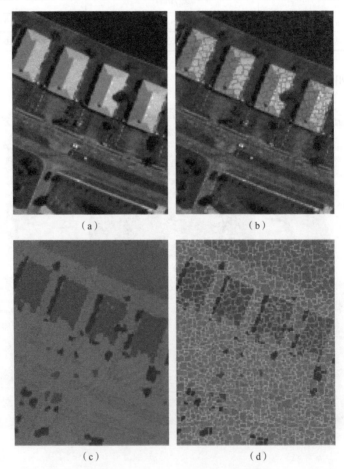

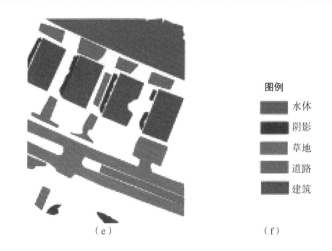

（e） （f）

图 3.13 OCI 与光谱特征结合的 SVM 分类结果（θ=8，T_1=30，T_2=45）

(a)航空数据；(b)图像分割结果；(c)分类结果；(d)分割对象与 OCI 分类结果的叠加；
(e)地面参考数据；(f)类别标签

接下来将 OCI 与光谱特征结合进行分类，并在鲁棒性测试中分析 OCI 提取方法对分类参数的敏感性。影像分为 5 类：水体、阴影、草地、道路和建筑。

4. OCI 指数鲁棒性测试

OCI 提取过程中，所需参数包括方位角（θ）、平均光谱值阈值（T_1）和每个方向的总对象数量阈值（T_2）。为了测试参数的敏感性，实验方法采用控制变量法，只有一个参数改变，其余参数为常量（表 3.4）。带有 RBF 核函数的 SVM 分类器的参数通过交叉验证的方式来设置。训练样本和测试数据如表 3.5 所示。

表 3.4 OCI 参数对航空影像分类精度的影响

θ	T_1=30 T_2=45	8	9	10	12	15	18	20	24	30	36
T_1	θ=20 T_2=45	8	11	14	17	20	23	26	29	32	35
T_2	θ=20 T_1=30	5	10	15	20	25	30	35	40	45	50

表 3.5 航空影像训练和测试样本

类别	训练像素	测试像素
水体	12/1 546	15 554
阴影	7/481	2 930
草地	12/1 998	10 520
道路	15/2 087	16 879
建筑	16/1 782	17 441

OCI 在三种分类器(NN、MLC、SVM)中的鲁棒性及敏感性分析如表 3.6 所示。

表 3.6　QuickBird 影像不同分类特征用不同分类器的分类结果

分类器	NN		MLC		SVM	
	OA/%	Kappa	OA/%	Kappa	OA/%	Kappa
PSI	79.141 4	0.728 6	84.698 5	0.798 9	84.116 5	0.790 4
MP	80.151 5	0.738 0	85.166 7	0.805 2	85.121 6	0.803 8
OCI	92.478 1	0.902 1	91.115 2	0.884 1	90.846 9	0.880 5
只用光谱特征	88.612 9	0.851 3	86.794 5	0.827 5	86.625 6	0.825 1

1) 鲁棒性

从表 3.6 可以看出，用 OCI 进行分类，在三个分类器中都得到了比 PSI、MP 和只用光谱特征进行分类更好的精度结果，总精度超过了 90%，Kappa 系数达到了 0.88。

2) 特征提取过程中参数的敏感性

实验用到的影像如图 3.13(a)所示，分类结果和地面参考数据如图 3.13 所示。表 3.4 给出了参数 θ、T_1、T_2 用控制变量法实验的结果。其中 θ 是一个描述相关关系能力的参数，代入不同 θ 值的分类精度如图 3.14(a)和(b)所示。T_1 表示中心物体与周围物体沿每个方向的最大光谱差，应根据不同的图像进行调整。对于航空影像，在 T_1 从 8 增加到 11 的过程中，分类精度也越来越高，当 T_1 在 8~35 变化时，分类精度总体变化不大，如图 3.14(c)和(d)所示。T_2 表示沿每个方向的谱均值相关对象的最大数目。OA、Kappa 和 T_2 之间的关系如图 3.14(e)和(f)所示。

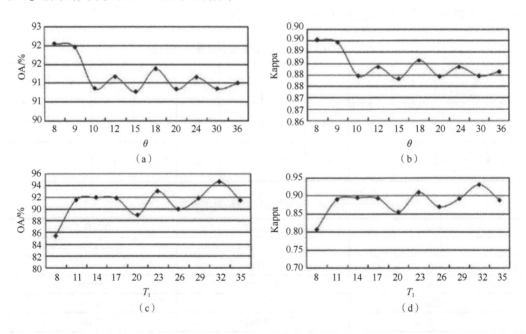

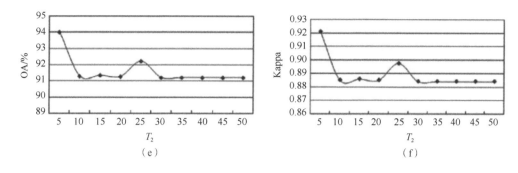

图 3.14　基于航空影像分类结果的 OCI 参数敏感性分析

3.4.2　基于自适应局部信息 FCM 聚类的遥感影像自动分类方法

通过分类方法从遥感影像中提取地面覆盖信息是遥感应用的重要部分，通常分为监督分类方法和非监督分类方法，当没有样本数据的时候，非监督分类方法被广泛用于信息提取。常用的方法有 K 均值、expectation–maximum（EM）、ISODATA，K-nearest-neighbor（KNN）、Markov random field（MRF）和 fuzzy C-means（FCM）及其改进算法[30]。诸多的分割算法中，FCM 分割算法是最常用的方法之一，但传统的 FCM 算法在进行图像分割时，一般仅利用了像元的光谱信息，而忽略了像元之间的空间邻域关系，如果图像中含有较大的噪声数据，那么图像分割结果中会出现许多离散的空洞或杂乱点。为此，国内外学者做了大量的改进工作，其中通过修改传统 FCM 的目标函数，在 FCM 中加入空间信息成为一个重要手段，提出了如 FCM_S（FCM with spatial constrains），EnFCM（enhanced FCM），FGFCM（fast generalized FCM）和 FLICM（fuzzy local information C-means）等等改进的 FCM 算法[31]，但这些算法对空间信息的描述还是不够准确，在分类结果中会出现过分类情况，对细节信息保留不够完善，为此，本节将提出一种新的自适应局部信息模糊聚类 ADFLICM（adaptive fuzzy local information C-means clustering approach）的遥感影像自动分类方法，算法的主要特点为引入像元空间引力模型用于精确表达邻域像元对中心像元的影响权重，从而将较为准确的局部空间信息引入传统 FCM 的目标函数中。

1. ADFLICM 模型基础

1）空间约束模糊聚类 FCM_S

假设一幅遥感影像 $X = \{x_1, x_2, \cdots x_i, \cdots, x_N\} \subset R^n$，其中 $x_i \in R^n$ 代表一个像元含有 n 个波段数据；N 代表像元的个数；c（$2 \leqslant c < n$）是类别数。

为改善传统 FCM 的性能，Ahmed 等[32]在传统 FCM 的目标函数中加入了一个空间项，使得中心像元的类别受其邻域像元类别的影响，邻域作为一种空间规则化手段，使得分类结果尽量平滑，提出了一种新的 FCM 方法，即 FCM_S，其目标函数定义为

$$J_m = \sum_{i=1}^{N}\sum_{k=1}^{c} u_{ki}^m \parallel \boldsymbol{x}_i - \boldsymbol{v}_k \parallel^2 + \frac{\alpha}{N_R}\sum_{i=1}^{N}\sum_{k=1}^{c} u_{ki}^m \sum_{r\in N_i} \parallel \boldsymbol{x}_r - \boldsymbol{v}_k \parallel^2 \tag{3.13}$$

式中，$\boldsymbol{x}_i$ 为第 i 个像元的灰度向量；$\boldsymbol{v}_k$ 为第 k 个聚类中心；u_{ki} 为像元 i 属于第 k 类别的隶属度；m 为隶属度的权重系数；N_R 为邻域的基数；N_i 为像元 i 的邻域；$\boldsymbol{x}_r\,(r\in N_i)$ 为邻域 N_i 中的像元。参数 α 用于控制邻域像元对中心像元的影响程度权重。

　　FCM_S 的一个缺点就是计算邻域空间约束的效率太低，为了降低计算的负担，南京大学陈松灿[33]提出了 FCM_S1，在 FCM_S1 中对邻域约束的计算进行了简化，修改后的目标函数为

$$J_m = \sum_{i=1}^{N}\sum_{k=1}^{c} u_{ki}^m \parallel \boldsymbol{x}_i - \boldsymbol{v}_k \parallel^2 + \alpha\sum_{i=1}^{N}\sum_{k=1}^{c} u_{ki}^m \parallel \overline{\boldsymbol{x}_i} - \boldsymbol{v}_k \parallel^2 \tag{3.14}$$

式中，$\overline{\boldsymbol{x}_i}$ 为邻域像元的像素值的均值。但是 FCM_S1 对含有脉冲噪声的图像处理效果不是很好。FCM_S2 的提出解决了这一问题，在 FCM_S2 中，利用邻域像元的像素值的中值代替了均值，较好地处理诸如含有椒盐噪声的图像。

　　2) 模糊局部信息模糊聚类 FLICM

　　在 FCM_S、FCM_S1 和 FCM_S2 的目标函数中都含有一个参数 α，它是控制来自邻域的空间约束的参数，如果 α 较大，说明来自邻域空间的约束就强一些，这样对噪声的消除效果较好，但同时会消除一些细节信息。所以 α 的选择非常重要，但在实际情况中，往往缺少先验知识，α 的选择不是很容易，一般通过多次实验的方法得到，非常费时，而且对于不同的数据要进行多次实验分析后才可以得到对应的 α。而且对于整幅图像，α 值都是固定的，一般情况下，如果处于同质区域，α 值应该小些，反之亦然。固定的 α 不利于充分考虑邻域的局部信息。再者，用 FCM_S1 和 FCM_S2 利用邻域像元的中值或均值去简化计算，有时会丢失图像的原始信息。为了克服上述缺点，FLICM 引入了一个模糊因子 G_{ki} 到传统的 FCM 目标函数中，在去除噪声的同时尽量保留细节信息[34]。

$$G_{ki} = \sum_{\substack{j\in N_i \\ i\neq j}} \frac{1}{d_{ij}+1}(1-u_{kj})^m \parallel \boldsymbol{x}_j - \boldsymbol{v}_k \parallel^2 \tag{3.15}$$

式中，d_{ij} 为第 i 和第 j 像元之间的欧氏距离，引入模糊因子 G_{ki} 后，FLICM 的目标函数为

$$J_m = \sum_{i=1}^{N}\sum_{k=1}^{c}\left[u_{ki}^m \parallel \boldsymbol{x}_i - \boldsymbol{v}_k \parallel^2 + G_{ki}\right] \tag{3.16}$$

　　但是研究发现，FLICM 虽然可以较好地处理同质区域的噪声，但对于类别边界和细节信息的保留不是太好，容易出现过平滑现象。

　　3) ADFLICM 模型

　　受 FCM_S、FCM_S1、FCM_S2 和 FLICM 的启发，本节将提出一种自适应模糊局部信息模糊距离 ADFLICM。

（1）像元空间引力模型。

研究发现引力模型可以用于描述图像像元之间的空间关系，本节将利用引力模型引入空间和灰度信息[35]。两个像元 i 和 j，它们之间的引力与它们的隶属度 u_{ki} 和 u_{kj} 的乘积成正比，与它们之间的距离成反比，像元的空间引力 $\mathrm{SA}_{ij}(k)$ 为

$$\mathrm{SA}_{ij}(k) = \frac{u_{ki} \times u_{kj}}{D_{ij}^2} \tag{3.17}$$

式中，D_{ij} 为像元 i 和 j 之间的距离，在本节提出的方法中，采用切比雪夫距离作为像元 i 和 j 之间的距离 D_{ij}。

（2）局部相似度 S_{ir}。

所提出的局部相似度主要为解决以下问题：①提供一个合适的参数使得算法既能很好地去除噪声又能保留图像的细节；②这个参数应该是自动确定的；③参数应该由空间距离和灰度信息同时确定。

根据（1）所提出的像元引力模型，引入了局部相似度 S_{ir}：

$$S_{ir} = \begin{cases} \mathrm{SA}_{ir}, & i \neq r \\ 0, & i = r \end{cases} \tag{3.18}$$

式中，像元 i 为局部窗口的中心像元；第 r 个像元（$r \in N_i$）为邻域中的像元，邻域窗口定义为

$$N_i = \{r \in N \mid 0 < (a_i - a_r)^2 + (b_i - b_r)^2 \leqslant Q\} \tag{3.19}$$

式中，(a_i, b_i) 和 (a_r, b_r) 分别为像元 i 和 r 的坐标；$Q = 2^{L-1}$；L 为邻域的大小。图 3.15 给出了不同大小的邻域窗口结构。假设引力只存在于给定窗口内的中心像元与其邻域像元之间，而在给定的窗口之外就不存在引力了。其中空间距离为切比雪夫距离 $D_{ir} = \max(|a_i - a_r|, |b_i - b_r|)$。另外，其他的距离如欧氏距离、马氏距离等也是可以用于所提出的算法的，而且邻域窗口的结构也不限于图 3.15 所给出的结构。

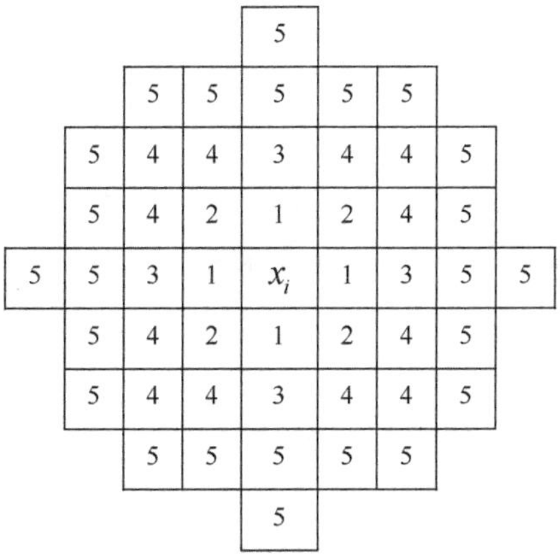

图 3.15　邻域窗口的结构（图中不同数字代表不同的窗口大小）

从式(3.18)可知，S_{ir} 不包含任何需要多次实验才能得到的参数，所提出的权重因子完全由像元的空间引力所决定。所提出的 S_{ir} 使得邻域像元对中心像元的影响随着他们之间的空间距离 D_{ir} 相关。与 FCM_S、FCM_S1 和 FCM_S2 中的参数 α 形成鲜明对比，参数 α 是一个不变的量。在所提出的相似度 S_{ir} 中，权重系数的大小由中心像元和邻域像元的特性共同确定，当中心像元与其邻域像元之间的灰度值相近时，中心像元所受到的邻域像元的影响就越大，反之亦然。这个特性对于保留边界信息非常重要。

2. ADFLICM 分类方法

根据式(3.18)所给出的 S_{ir}，提出 ADFLCIM 的遥感影像分类方法，它通过将空间信息引入传统的 FCM 目标函数中，其目标函数定义为

$$J_m = \sum_{i=1}^{N} \sum_{k=1}^{c} u_{ki}^m \left[\| \boldsymbol{x}_i - \boldsymbol{v}_k \|^2 + \frac{1}{N_R} \sum_{\substack{r \in N_i \\ r \neq i}} (1 - S_{ir}) \| \boldsymbol{x}_r - \boldsymbol{v}_k \|^2 \right] \tag{3.20}$$

式中，u_{ki} 和 v_k 分别定义为

$$v_k = \frac{\sum_{i=1}^{N} u_{ki}^m \left[\boldsymbol{x}_i + \frac{1}{N_R} \sum_{\substack{r \in N_i \\ r \neq i}} (1 - S_{ir}) \boldsymbol{x}_r \right]}{\left[1 + \frac{1}{N_R} \sum_{\substack{r \in N_i \\ r \neq i}} (1 - S_{ir}) \right] \sum_{i=1}^{N} u_{ki}^m} \tag{3.21}$$

$$u_{ki} = \frac{1}{\sum_{j=1}^{c} \left[\dfrac{\| \boldsymbol{x}_i - \boldsymbol{v}_k \|^2 + \frac{1}{N_R} \sum_{\substack{r \in N_i \\ r \neq i}} (1 - S_{ir}) \| \boldsymbol{x}_r - \boldsymbol{v}_k \|^2}{\| \boldsymbol{x}_i - \boldsymbol{v}_j \|^2 + \frac{1}{N_R} \sum_{\substack{r \in N_i \\ r \neq i}} (1 - S_{ir}) \| \boldsymbol{x}_r - \boldsymbol{v}_j \|^2} \right]^{1/(m-1)}} \tag{3.22}$$

ADFLICM 的分类流程如图 3.16 所示，具体的步骤如下。

步骤 1：初始化。

设定聚类中心数 c，权重系数 m，局部窗口大小 L，迭代结束标准 ε，循环初始化 $b = 0$。利用标准的 FCM 首先对影像进行聚类，其获得的模糊矩阵 $\boldsymbol{U} = \{u_{ki}\}_{c \times N}$ 作为 ADFLICM 的初始模糊矩阵。

步骤 2：计算相似度 S_{ir}。

根据式(3.17)和式(3.18)计算相似度 S_{ir}。

步骤 3：计算聚类中心和新的隶属度。

依据步骤 2 得到的 S_{ir}，然后根据式(3.21)和式(3.22)分别计算新的聚类中心和隶属度

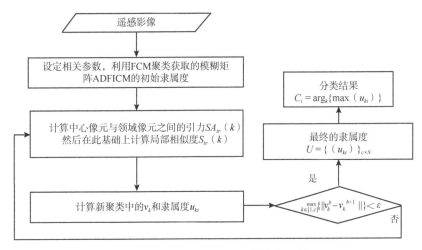

图 3.16　ADFLICM 分类算法流程图

步骤 4：判断迭代是否结束。

当满足 $\max_{k\in[1,c]}\left\{\left\|v_k^b-v_k^{(b+1)}\right\|\right\}<\varepsilon$ 时，迭代结束，否则，从步骤 2 重新执行直到迭代结束为止。

步骤 5：判断像元类别。

在迭代结束，算法收敛后，可以得到最终的隶属度 $U=\{u_{ki}\}_{c\times N}$，然后根据式（3.23）决定每个像元所属的类别。

$$C_i=\arg_k\{\max(u_{ki})\},\ k=1,2,3,\cdots,c \tag{3.23}$$

由于引入了新的相似度，所以 ADFLICM 对噪声有了很好的抗噪性。从式（3.20）可以看出，算法的抗噪性及对图像细节信息的保留完全取决于 S_{ir} 所表达的局部邻域空间及灰度信息。用以下 3 种情况来说明 ADFLICM 的抗噪性及对图像细节的保留特性。为了方便，使用了一幅人工合成的图像来说明 ADFLICM 的特性。合成图像大小为 256×256 像素，包含三个类别为 1，2，3，类别相应的灰度值为 55，110，225，图像基于 MRF 采用 Gibbs 生成器方法生成。图 3.17（a）和图 3.18（a）是相同的图像，包含了 3%的"椒盐"噪声，图 3.19（a）是一幅包含了高斯噪声的图像，相应的高斯噪声参数为：mean=0，variance=0.01。

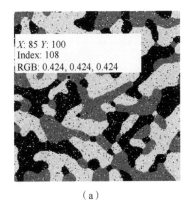

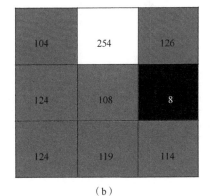

（a）　　　　　　　　　　　　　　　　　（b）

0.111 3	0.445 6	0.377 4
0.484 5	0.407 0	0.392 1
0.220 2	0.563 5	0.171 0

（c）

0.374 5	0.429 1	0.274 0
0.191 8	0.398 8	0.003 5
0.225 8	0.284 0	0.378 5

（d）

0.514 3	0.125 3	0.348 5
0.323 7	0.194 3	0.604 5
0.554 0	0.152 6	0.450 5

（e）

0.010 3	0.147 4	0.017 5
0.007 8	0.014 8	0.201 7
0.022 8	0.003 7	0.002 5

（f）

0.985 2	0.705 1	0.974 8
0.988 0	0.979 1	0.739 5
0.964 9	0.995 3	0.996 9

（g）

0.004 5	0.147 5	0.007 7
0.004 2	0.006 0	0.058 8
0.012 3	0.001 0	0.000 6

（h）

143.634 4
143.463 7
143.987 8

（i）

55.738 1
115.168 1
223.281 7

（j）

2	2	2
2	2	2
2	2	2

（k）

2	2	2
2	2	2
2	2	2

（l）

图 3.17　ADFLICM 对包含噪声的合成图像的分类结果(情况 1)

(a)原始图像；(b)从(a)中提取的 3×3 邻域窗口，中心像元坐标为(85，100)；(c)、(d)和(e)初始的隶属度；(f)、(g)和(h)经过 15 次迭代收敛后的最终隶属度；(i)初始的聚类中心；(j)最终的聚类中心；(k)ADFLICM 对(b)的分类结果；(l)3×3 邻域窗口的参考数据

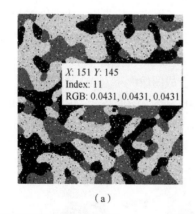

（a）

220	223	216
225	11	214
227	215	226

（b）

0.111 3	0.445 6	0.377 4
0.484 5	0.407 0	0.392 1
0.220 2	0.563 5	0.171 0

（c）

0.514 3	0.125 3	0.348 5
0.323 7	0.194 3	0.604 5
0.554 0	0.152 6	0.450 5

（d）

0.374 5	0.429 1	0.274 0
0.191 8	0.398 8	0.003 5
0.225 8	0.284 0	0.378 5

（e）

0.010 3	0.147 4	0.017 5
0.007 8	0.014 8	0.201 7
0.022 8	0.003 7	0.002 5

（f）

0.004 5	0.147	0.007 7
0.004 2	0.006	0.058 8
0.012 3	0.001	0.000 6

（g）

0.985 2	0.705	0.974 8
0.988 0	0.979	0.739 5
0.964 9	0.995	0.996 9

（h）

143.634 4
143.463 7
143.987 8

（i）

55.738 1
115.168 1
223.281 7

（j）

3	3	3
3	3	3
3	3	3

（k）

3	3	3
3	3	3
3	3	3

（l）

图 3.18　ADFLICM 对包含噪声的合成图像的分类结果（情况 2）

(a)原始图像；(b)从(a)中提取的 3×3 邻域窗口，中心像元坐标为(151，145)；(c)、(d)和(e)初始的隶属度；
(f)、(g)和(h)经过 15 次迭代收敛后的最终隶属度；(i)初始的聚类中心；(j)最终的聚类中心；(k)ADFLICM
对(b)的分类结果；(l)3×3 邻域窗口的参考数据

　　情况 1：中心像元不是噪声，邻域像元含有噪声。图 3.17(a)是从图 3.17(b)中提取的一个 3×3 邻域情况。ADFLICM 迭代了 15 次后就收敛了。如图 3.17(b)所示，含有噪声的像元的灰度值为 8 和 254，与中心像元的 108 相差很大。此时，相似度 S_{ir} 可以平衡它们的隶属度值，减弱了来自邻域噪声点的影响。

　　情况 2：中心像元是噪声，邻域不包含噪声，是同质区域。ADFLICM 迭代了 15 次后收敛。如图 3.18(b)所示，中心像元的灰度值为 11，与邻域像元的灰度值相差很大。此时，在 S_{ir} 的作用下，中心像元被分类为与其邻域像元相同的类别。

　　情况 3：在情况 1 和情况 2 中，像元所在邻域窗口都为同质区域，实际上，很多情况下，像元是位于地物的边界上的。图 3.19(b)显示了这种情况。在这种情况下，ADFLICM 迭代了 21 次后收敛。中心像元的灰度值为 72，与其邻域像元的灰度值相差较大，中心像元的分类会受到其邻域像元的严重影响，如果邻域像元的影响权重系数不合适的话，有可能导致中心像元的错误分类。为验证 ADFLICM 的优越性，将 ADFLICM 和 FLICM 的分类结果进行了对比。从图 3.20 可以看出，在 FLICM 的分类结果中，中

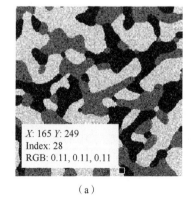

（a）

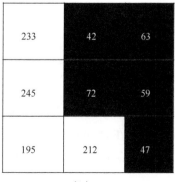

（b）

0.123 7	0.364 1	0.350 3
0.412 2	0.453 9	0.446 6
0.305 3	0.268 5	0.050 3

（c）

0.731 9	0.345 4	0.170 2
0.137 6	0.042 9	0.384 6
0.198 4	0.406 8	0.532 4

（d）

0.144 4	0.290 5	0.479 4
0.450 2	0.503 2	0.168 8
0.496 3	0.324 7	0.417 3

（e）

0.099 4	0.564 2	0.988 8
0.046 9	0.442 4	0.865 0
0.017 0	0.104 4	0.553 1

（f）

0.168 2	0.309 1	0.010 0
0.092 9	0.395 6	0.119 2
0.039 7	0.188 4	0.337 3

（g）

0.732 4	0.126 6	0.001 2
0.860 2	0.162 0	0.015 8
0.943 3	0.707 2	0.109 7

（h）

143.418 7
144.07 7
144.314 1

（i）

54.627 4
115.524 4
223.564 6

（j）

3	1	1
3	1	1
3	3	1

（k）

3	1	1
3	1	1
3	3	1

（l）

图 3.19　ADFLICM 对包含噪声的合成图像的分类结果(情况 3)

(a) 原始图像；(b) 从 (a) 中提取的 3×3 邻域窗口，中心像元坐标为 (165, 249)；(c)、(d) 和 (e) 为初始的隶属度；
(f)、(g) 和 (h) 为经过 15 次迭代收敛后的最终隶属度；(i) 为初始的聚类中心；(j) 为最终的聚类中心；
(k) 为 ADFLICM 对 (b) 的分类结果；(l) 为 3×3 邻域窗口的参考数据

0.184 4	0.453 1	0.890 0
0.136 9	0.375 7	0.693 2
0.084 4	0.193 0	0.431 0

(a)

0.264 5	0.359 4	0.086 1
0.209 7	0.401 6	0.237 1
0.136 8	0.289 9	0.380 6

(b)

0.551 1	0.187 5	0.024 0
0.653 4	0.222 7	0.069 7
0.778 8	0.517 1	0.188 4

(c)

143.418 7
144.077
144.314 1

(d)

57.163 4
115.914 7
222.979 0

(e)

3	1	1
3	2	1
3	3	1

(f)

3	1	1
3	1	1
3	3	1

(g)

图 3.20　FLICM 对图 4.33 的分类结果

(a)、(b) 和 (c) 经过 25 次迭代收敛后的最终隶属度；(d) 初始的聚类中心；(e) 最终的聚类中心；
(f) FLICM 对 (b) 的分类结果；(g) 3×3 邻域窗口的参考数据

心像元被错误分类了，原因是 FLICM 中的模糊因子 G_{ki} 不能精确地描述邻域像元对中心像元的影响。而在 ADFLICM 中，新引入的相似度 S_{ir} 同时考虑了中心像元及其邻域像元的空间及灰度信息，所以 ADFLICM 得到了正确的分类结果。

图 3.21(a)、(b)和(c)分别表示参考数据、ADFLICM 和 FLICM 对含有椒盐噪声的合成图像的分类结果。可以看出(b)和(c)的分类结果很相似，为进一步评价 ADFLICM 和 FLICM 的分类效果，采用生产精度、总体精度和 Kappa 系数对分类结果进行了定量评价，结果如表 3.7 所示。AFLICM 的分类精度要高于 FLICM。ADFLICM 和 FLICM 在同质区域内对噪声都有一定的抗干扰性。图 3.22(a)、(b)和(c)分别表示参考数据、ADFLICM 和 FLICM 对含有高斯噪声的合成图像的分类结果。可以看出 ADFLICM 的分类效果要好于 FLICM 的分类效果，特别是在地物边界地区表现得更加明显。分类结果的定量评价结果如表 3.8 所示。

另外，对 ADFLICM 和 FLICM 的聚类有效性进行评价。所用到的评价指标主要有分离系数(partition coefficient，PC)、分离熵(partition entropy，PE)、新的分类熵(modification of the partition entropy，MPC)、FS(Fukuyama and Sugeno)、XB(Xie-Beni)、K(Kwon)、T(Tang)和指数分离(partition coefficient and exponential separation，PCAES)。表 3.9 给出了评价结果，可以发现 ADFLICM 的性能要优于 FLCIM。

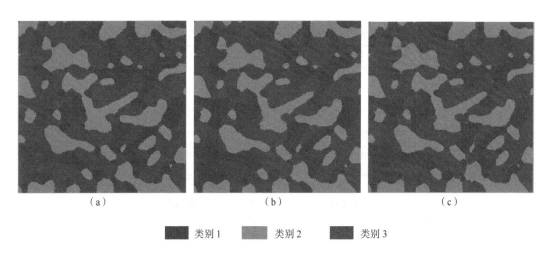

(a)　　　　　　　　　　(b)　　　　　　　　　　(c)

■ 类别1　　　■ 类别2　　　■ 类别3

图 3.21 基于 ADFLICM 和 FLICM 对含有椒盐噪声的图像分类
(a)参考数据；(b)ADFLICM 的分类结果；(c)FLICM 的分类结果
（彩图见书后）

表 3.7 ADFLICM 和 FLICM 对含有椒盐噪声的图像的分类结果评价对比

类别	测试样本数	ADFLICM	FLICM
类别 1/%	19 145	99.69	99.22
类别 2/%	18 360	99.76	99.78
类别 3/%	28 031	99.83	99.69
总体精度/%		99.77	99.58
Kappa 系数		0.996 5	0.993 5

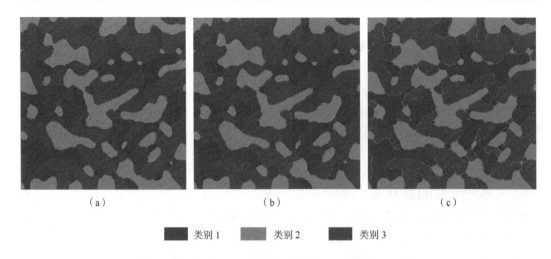

（a）　　　　　　　　　　　　（b）　　　　　　　　　　　　（c）

■ 类别 1　　　■ 类别 2　　　■ 类别 3

图 3.22　基于 ADFLICM 和 FLICM 对含有高斯噪声的图像分类
(a)参考数据；(b)ADFLICM 的分类结果；(c)FLICM 的分类结果

表 3.8　ADFLICM 和 FLICM 对含有高斯噪声的图像的分类结果评价对比

类别	测试样本数	ADFLICM	FLICM
类别 1/%	19 145	99.66	97.85
类别 2/%	18 360	99.84	99.48
类别 3/%	28 031	99.89	99.44
总体精度/%		99.81	98.99
Kappa 系数		0.997 0	0.984 5

表 3.9　ADFLICM 和 FLICM 的聚类有效性评价指标

项目	V_{PC}	V_{PE}	V_{MPC}	V_{FS}	V_{XB}	V_K	V_T	V_{PCAES}
ADFLICM	0.907	0.182	0.861	-2.748×10^8	0.025	1.678×10^8	1.678×10^8	2.575
FLICM	0.761	0.456	0.641	-2.196×10^8	0.026	1.726×10^8	1.726×10^8	2.663

　　这里必须指出，ADFLICM 对噪声的抗干扰性与其他方法是不同的。FCM_S1 适合于含有高斯噪声的图像，FCM_S2 适合于含有椒盐噪声的图像，而且它们最终的分类效果受参数 α 影响较大。并且合适的 α 值很难获取。FCM_S 没有进行均值或中值计算，但计算量很大，而且 α 对于每个窗口都是不变的，不符合实际情况。FLICM 对噪声的类型及参数的选择都没有要求，但它对于噪声较为严重的图像，往往会产生过平滑效果。ADFLICM 的主要特性为：①使用引力模型来描述中心像元与邻域像元的关系，使得影响权重系数由中心像元及邻域像元的特性共同确定；②对噪声具有抗干扰性，而且在消除孤立点的同时保留了细节信息；③无需通过实验去获取参数；④分类基于原始图像，减少了对原始图像处理而丢失图像的原始信息。

3. 实验结果与分析

在实验部分，为验证 ADFLICM 的性能，将 ADFLICM 分类效果与标准的 FCM、FCM_S1、FCM_S2 和 FLICM 进行了定性和定量对比。这些算法都执行了 10 次，将分类结果的平均值作为最终的定量评价结果，并将 10 次中最优的分类图作为最终的分类效果图。所有的算法都在 Matlab 2013b 下编程实现。定量评价指标为生产精度、总体精度和 Kappa 系数。

1）实验 1

实验中，空间分辨率为 30m 的徐州 TM 影像被用于测试，影像获取时间是 2000 年 9 月 14 日，如图 3.23(a) 所示，大小为 272×165 像素，利用了 TM 影像的 1，2，3，4，5，7 波段来进行分类。研究区域土地覆盖类别为房屋和裸地、林地、水体、耕地，如图 3.23(b) 所示。地面参考数据的获取方法为：首先将经过几何精纠正的 TM 影像与地面的 1∶2 000 土地利用矢量地图进行空间叠加，其次通过目视解译的方法得到初步的研究区域的地面覆盖情况，最后通过现场调绘对解译得到的初始地面地类进行修正，将地面可信度高的地面覆盖区域作为最终的地面参考数据。本实验涉及的 5 个算法的相关参数设置如下：$c=4$，$m=2$，$\varepsilon=10^{-5}$，$L=2$ 且 $N_R=8$，FCM_S1 和 FCM_S2 中的参数 α 通过反复实验（区间为[0.2, 8]）得到，$\alpha=4.3$。

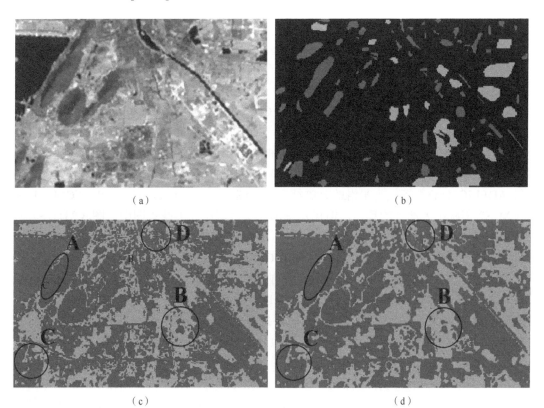

（a）　　　　　　　　　　　　　　　　（b）

（c）　　　　　　　　　　　　　　　　（d）

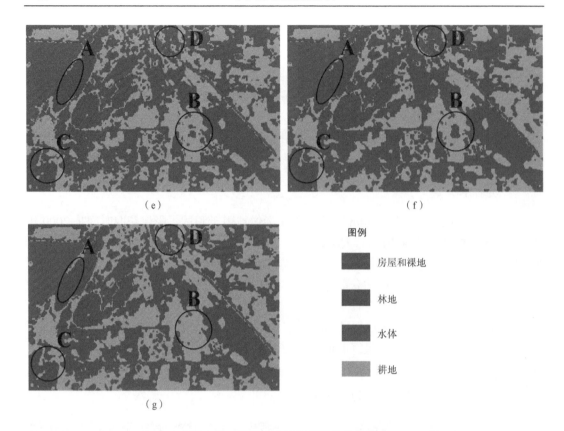

图 3.23   实验 1 中的数据及分类结果
(a)徐州 TM 影像(波段 5,4,3 合成);(b)地面参考数据;(c)~(g)基于 FCM、FCM_S1、
FCM_S2、FLICM 和 ADFLICM 的分类结果
(彩图见书后)

图 3.23(a)~(g)显示了分别由 FCM、FCM_S1、FCM_S2、FLICM 和 ADFLICM 得到的分类结果。如图 3.23(c)所示,由于在 TM 影像中存在大量混合像元及同谱异物等现象,在 FCM 的分类结果中存在着大量的椒盐噪声,FCM 的分类效果在所参加对比的 5 种算法中是最差的。随着局部空间信息及灰度信息的引入,FCM_S1、FCM_S2、FLICM 和 ADFLICM 获得了较为平滑的分类结果。从图 3.23(d)和(e)可以看出,FCM_S1 和 FCM_S2 消除了大部分的噪声,但还是有部分噪声留在分类结果图中。图 3.23(f)和(g)显示 FLICM 和 ADFLICM 在去除噪声方面更为有效。FLICM 几乎去除了所有的噪声,但很多细节同时也被平滑了。而在 ADFLICM 的分类结果中,大部分的噪声已经不存在了,而且图像的细节同时也得到了较好的保留。例如,在 A 区域内,许多林地像元被 FCM、FCM_S1、FCM_S2 和 FLICM 错误分为水体像元,而 ADFLICM 得到了较为准确的分类结果。在 B 区域内,许多耕地像元被 FLICM 错分为林地像元,而在 ADFLICM 的分类结果中,大部分被正确地分成了耕地像元。类似地,在 C 和 D 区域,ADFLICM 同样体现出优势。在 C 区域内,FLICM 获得了比 ADFLICM 更为平滑的结果,但 C 区域所包含的林地像元中含有一些耕地像元(异质性)。相比 FLICM 方法,ADFLICM 保留了图像的细节。这个实验也证明了 ADFLICM 在同质或异质区域都能

有较好的分类效果。

定量评价结果如表 3.10 所示，从表中可以看出 FCM_S1、FCM_S2、FLICM 和 ADFLICM 的分类精度要高于 FCM，ADFLICM 获得了最高的分类精度，达到了 94.47%。ADFLICM 在总体精度上分别高于 FCM、FCM_S1、FCM_S2 和 FLICM 6.52%、4.30%、3.36% 和 4.76%。

表 3.10　实验 1 中各种方法的生产精度、总体精度和 Kappa 系数对比

类别	测试样本数	FCM	FCM_S1	FCM_S2	FLICM	ADFLICM
房屋和裸地	1 275	93.02%	93.49%	94.59%	**96.24%**	92.47%
林地	1 186	93.76%	98.82%	97.64%	92.50%	**99.92%**
水体	627	**98.72%**	95.53%	98.25%	98.41%	98.09%
耕地	2 647	80.36%	83.42%	84.81%	83.26%	**92.14%**
总体精度		87.95%	90.17%	91.11%	89.71%	**94.47%**
Kappa 系数		0.828 5	0.859 2	0.872 5	0.853 4	**0.919 6**

2）实验 2

实验中，空间分辨率为 6 m 的徐州 ZY-3 影像被用于测试，影像获取时间是 2012 年 8 月 11 日，如图 3.24（a）所示，大小为 400×400 像素，影像的 4 个多光谱波段都用于分类。研究区域土地覆盖类别为：房屋和裸地、种植大棚、水体和植被，如图 3.24（b）所示。地面参考数据的获取方法如下：首先将经过几何精纠正的全色波段作为参考，对多光谱影像进行纠正，其次通过目视解译的方法得到初步的研究区域的地面覆盖情况，最后通过现场调绘对解译得到的初始地面地类进行修正，将地面可信度高的地面覆盖区域作为最终的地面参考数据。本实验涉及的 5 个算法的相关参数设置如下：$c=4$，$m=2$，$\varepsilon=10^{-5}$，$L=2$ 且 $N_R=8$，FCM_S1 和 FCM_S2 中的参数 α 通过反复实验（区间为 [0.2，8]）得到，$\alpha=3.9$。

图 3.24（c）～（g）给出了基于 ZY-3 卫星影像的利用 FCM、FCM_S1、FCM_S2、FLICM 和 ADFLICM 得到的分类结果。在视觉上，图 3.24（c）中存在着大量的椒盐噪声，而 FCM_S1、FCM_S2 和 FLICM 获得了较好的分类结果，但分类效果要低于 ADFLICM。

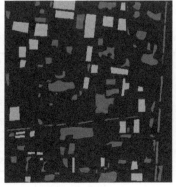
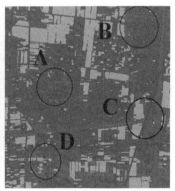

　　　　　（a）　　　　　　　　　　　　　　　（b）　　　　　　　　　　　　　　　（c）

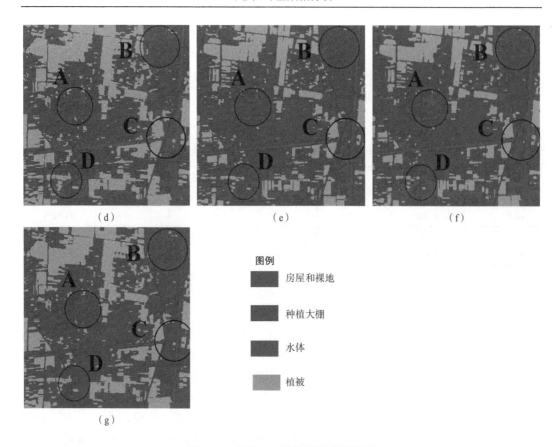

图 3.24　实验 2 中的数据及分类结果
(a)徐州 ZY-3 影像(波段 3, 2, 1 合成)；(b)地面参考数据；(c)~(g)基于 FCM, FCM_S1,
FCM_S2，FLICM 和 ADFLICM 的分类结果

这些可以从区域 A~D 中看出，FCM_S1、FCM_S2 和 FLICM 将许多房屋和裸地的像元被误分为水体，而 ADFLICM 得到了较为正确分类。主要原因为空间信息没有引入分类中，且在 FCM_S1 和 FCM_S2 中，参数 α 的确定是通过实验获取的，不合适的 α 值会导致分类结果的不正确。而在 ADFLICM 中，中心像元的类别是由它本身及其邻域像元共同决定的，这点对于保留地物边界及细节较为重要。表 3.11 给出了这 5 种方法分类结果的定量评价结果，进一步说明了 ADFLICM 获得了最好的分类效果。

表 3.11　实验 2 中各种方法的生产精度、总体精度和 Kappa 系数对比

类别	测试样本数	FCM	FCM_S1	FCM_S2	FLICM	ADFLICM
房屋和裸地	6 289	43.01%	49.80%	52.74%	43.01%	77.77%
种植大棚	8 029	90.66%	93.70%	99.35%	99.48%	99.81%
水体	2 697	99.89%	99.93%	99.85%	100.00%	98.85%
植被	12 048	93.19%	98.46%	92.73%	92.54%	98.56%
总体精度		82.26%	86.75%	86.57%	84.43%	94.43%
Kappa 系数		0.752 5	0.813 3	0.810 2	0.781 6	0.919 9

3）实验 3

实验中采用了空间分辨率为 0.61m 的徐州 QuickBird 影像用于测试，影像获取时间是 2015 年 8 月，如图 3.25（a）所示，大小为 400×400 像素，影像的红、绿、蓝三个多光谱波段都用于分类。研究区域土地覆盖类别为道路、裸地、水体、植被 1 及植被 2，

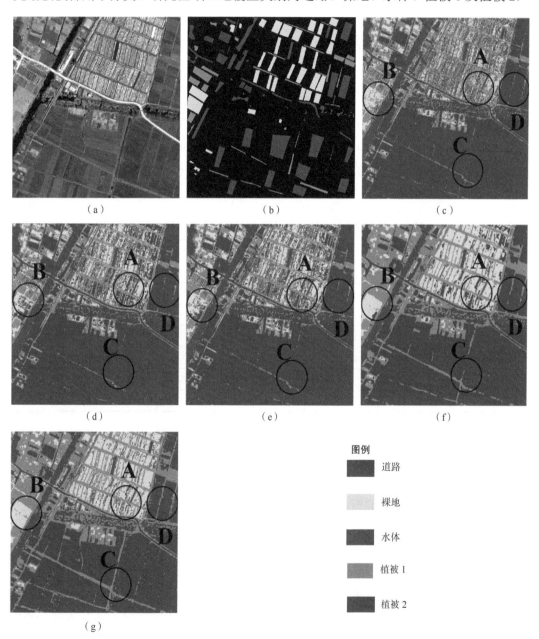

图 3.25　实验 3 中数据及分类结果

(a)徐州 QuickBird 影像(波段 R，G，B 合成)；(b)地面参考数据；(c)～(g)基于 FCM、FCM_S1、FCM_S2、FLICM 和 ADFLICM 的分类结果

如图 3.25(b)所示。地面参考数据的获取方法如下：首先将多光谱影像进行几何纠正，其次通过目视解译的方法得到初步的研究区域的地面覆盖情况，最后通过现场调绘对解译得到的初始地面地类进行修正，将地面可信度高的地面覆盖区域作为最终的地面参考数据。本实验涉及的 5 个算法的相关参数设置如下：$c=5$，$m=2$，$\varepsilon=10^{-5}$，$L=2$ 且 $N_R=8$，FCM_S1 和 FCM_S2 中的参数 α 通过反复实验(区间为[0.2, 8])得到，$\alpha=4.6$。

图 3.25(c)～(g)给出了基于 FCM、FCM_S1、FCM_S2、FLICM 和 ADFLICM 得到的分类结果。FCM 的分类结果图中存在着许多噪声，许多裸地像元被错分为道路像元，从区域 A 和 B 中可以看出 FCM_S1 和 FCM_S2 的分类结果较为相似，许多裸地像元被误分为道路像元。FLICM 和 ADFLICM 获得了较好的分类结果。表 3.12 给出了这 5 种方法分类结果的定量评价结果，FCM、FCM_S1 和 FCM_S2 的分类精度较为相似，都低于 80%，而 FLICM 和 ADFLICM 分别获得了总体精度为 87.5% 和 91.4% 的分类结果，ADFLICM 获得的总体精度分别高于 FCM、FCM_S1、FCM_S2 和 FLICM 12.64%、14.59%、12.56% 和 3.93%。

表 3.12　实验 3 中各种方法的生产精度、总体精度和 Kappa 系数对比

类别	测试样本数	FCM	FCM_S1	FCM_S2	FLICM	ADFLICM
道路	3 405	89.54%	92.01%	**92.54%**	91.51%	83.55%
裸地	17 831	61.67%	52.61%	58.72%	77.28%	**84.75%**
水体	4 322	94.33%	95.53%	95.35%	**98.24%**	96.55%
植被 1	8 013	53.39%	58.87%	58.47%	86.57%	**91.99%**
植被 2	19 288	99.78%	**99.83%**	99.87%	94.22%	97.63%
总体精度		78.79%	76.84%	78.87%	87.50%	91.43%
Kappa 系数		0.711 7	0.690 1	0.715 1	0.830 9	0.882 2

4) 实验 4

实验中采用了空间分辨率为 0.61 m 的 Pavia 大学的高光谱影像用于测试，影像波段数为 103，大小为 610×340 像素。为提高分类算法的执行效率，在不影响分类精度下，对影像进行主成分分析，取前 6 个波段组合成影像用于分类。研究区域土地覆盖类别为草地与树木、裸地、砾石与砖块、沥青、金属板和阴影。本实验涉及的 5 个算法的相关参数设置如下：$c=5$，$m=2$，$\varepsilon=10^{-5}$，$L=2$ 且 $N_R=8$，FCM_S1 和 FCM_S2 中的参数 α 通过反复实验(区间为[0.2, 8])得到，$\alpha=5.3$。

图 3.26(c)～(g)给出了基于 FCM、FCM_S1、FCM_S2、FLICM 和 ADFLICM 得到的分类结果，从区域 A～D 中可以看出 ADFLICM 在视觉上比其他 4 种方法的分类效果要好。从表 3.13 的分类精度定量评价结果可以看出，FLICM 和 ADFLICM 对类别"金属板"的生产精度较低，分别为 0% 和 64.74%，其中的原因为不太适合的空间信息被引入分类中。在 FLICM 和 ADFLICM 中，中心像元受到其邻域像元的影响较大，如果邻

域像元对中心像元的影响权重不准确，那么最终的分类结果将受到较大的影响，导致错误的分类。必须指出的是，虽然对类别"金属板"的生产精度较低，但对于总体精度来说，AFLICM 的精度还是最高的。

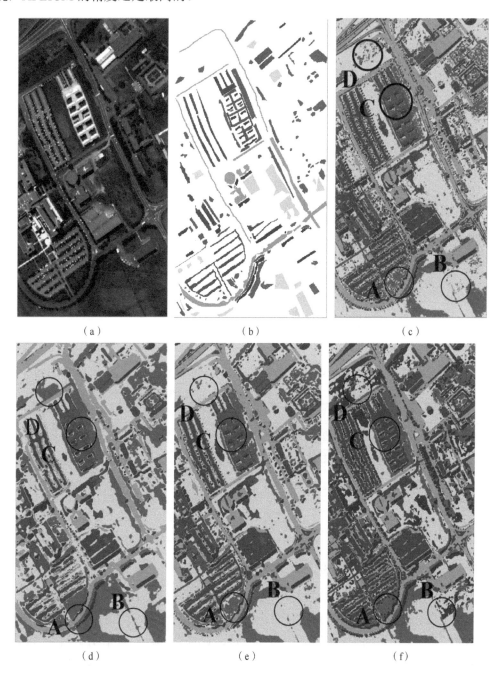

（a）　　　　　　　　　　（b）　　　　　　　　　　（c）

（d）　　　　　　　　　　（e）　　　　　　　　　　（f）

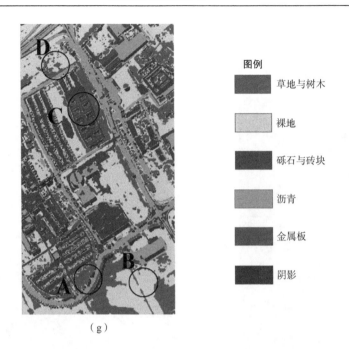

（g）

图 3.26　实验 4 中的数据及分类结果

(a)ROSIS 影像（波段 50，27，17 合成）；(b)地面参考数据；(c)～(g)基于 FCM、FCM_S1、FCM_S2、FLICM 和 ADFLICM 的分类结果

表 3.13　实验 4 中各种方法的生产精度、总体精度和 Kappa 系数对比

类别	测试样本数	FCM	FCM_S1	FCM_S2	FLICM	ADFLICM
草地与树木	10 561	65.93%	94.94%	73.70%	85.36%	91.62%
裸地	7 484	94.45%	91.86%	95.14%	85.31%	92.61%
砾石与砖块	8 311	81.76%	67.844%	84.50%	92.24%	95.88%
沥青	8 325	87.72%	73.43%	91.92%	92.00%	88.67%
金属板	3 253	90.01%	92.62%	93.21%	0.00%	64.74%
阴影	3 374	93.42%	92.26%	94.43%	93.21%	92.68%
总体精度		82.85%	84.19%	86.66%	81.67%	89.95%
Kappa 系数		0.789 6	0.805 1	0.836 3	0.772 2	0.875 2

5) 邻域大小对 ADFLICM 分类的影响分析

在 AFLICM 算法中，邻域窗口的大小 L 对它的分类结果有一定的影响。这里将采用两个数据集来分析其影响，L 的取值为 1～5，分类结果如图 3.27 和图 3.28 所示，表 3.14 和表 3.15 也给出了相应的精度评价结果。图 3.27(a)～(e) 给出了当 $L=1$，2，3，4，5 时，ADFLICM 对 TM 影像的分类结果，分类结果都受到了影像中噪声的影响。当 L 增大时，分类结果越来越平滑，而且更多的噪声被去除，但细节信息丢失也越来越严重。当 $L=2$ 时，大部分的噪声都没有了，而且细节信息保留得也不错。从表 3.14 可以看出，当 $L=2$ 时，分类精度最高，而且计算量适中。表 3.15 也给出了类似的结果。

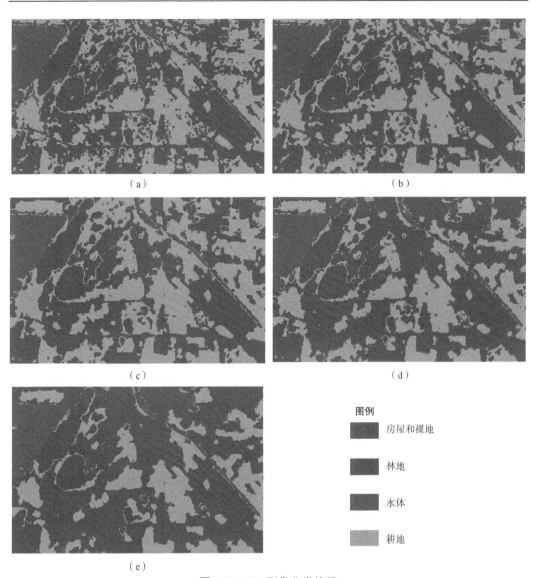

（a）　　　　　　　　　　　　　　　　（b）

（c）　　　　　　　　　　　　　　　　（d）

图例

　房屋和裸地

　林地

　水体

　耕地

（e）

图 3.27　TM 影像分类结果

(a)～(e)当 L=1，2，3，4，5 时不同邻域窗口 ADFLICM 分类结果

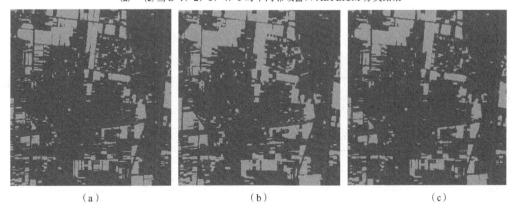

（a）　　　　　　　　　　　　（b）　　　　　　　　　　　　（c）

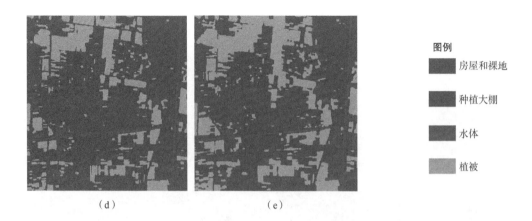

（d）　　　　　　　　　　　　　（e）

图 3.28　资源 3 影像分类结果

（a）～（e）当 L=1，2，3，4，5 时的不同邻域窗口 ADFLICM 分类结果

虽然当 L=3 时分类精度要略高于 L=2 时的分类精度，综合考虑分类精度和计算效率，ADFLICM 中采用了 L=2。

表 3.14　对不同的 L 值，利用 ADFLICM 对 TM 影像分类得到的总体精度、
Kappa 系数和计算消耗时间

邻域 L	1	2	3	4	5
总体精度/%	92.54	94.47	92.74	91.18	89.20
Kappa 系数	0.891 6	0.919 6	0.893 0	0.873 9	0.846 8
计算消耗时间/s	8.04	18.77	37.00	59.31	71.00

表 3.15　对不同的 L 值，利用 ADFLICM 对 ZY-3 影像分类得到的总体精度、
Kappa 系数和计算消耗时间

邻域 L	1	2	3	4	5
总体精度/%	89.95	94.43	94.86	93.68	92.49
Kappa 系数	0.856 3	0.919 9	0.922 5	0.924 2	0.915 6
计算消耗时间/s	65	100	142	254	348

6）计算复杂性分析

　　实验中的 4 幅影像都被用于测试 5 种分类算法的复杂度，算法运行环境为：Intel Xeon® CPU X5675 at 3.06-GHz，对于每一幅影像，每种算法都重复运行了 10 次，表 3.16 给出了 5 种算法的平均耗时。可以发现 ADFLICM 的耗时最大，因为每次循环都需要计算来自邻域像元的约束，但分类精度最高。

表 3.16　5 种算法对不同影像分类的复杂性分析　　　　　　（单位：s）

序号	类别数	图形尺寸	FCM	FCM_S1	FCM_S2	FLICM	ADFLICM
1	4	165×272×6	1.68	4.75	5.01	18.43	18.77
2	4	400×400×4	3.26	11.07	10.75	60.02	84.77

续表

序号	类别数	图形尺寸	FCM	FCM_S1	FCM_S2	FLICM	ADFLICM
3	5	512×512×3	7.01	21.86	20.35	118.75	126.50
4	6	610×340×6	19.45	29.20	29.03	190.38	211.97

3.4.3 基于空间邻域信息和多分类器集成的半监督高光谱影像分类方法

高光谱遥感影像以其多光谱通道、高光谱反射率的特点为精确识别地物类型提供了方便，在地物识别中得到了广泛的应用。然而对高光谱影像的研究常面临以下问题：①高维数据中含有大量的冗余信息，对数据的处理需要消耗大量的时间，且数据易受到噪声的影响，同时伴随数据维数的增加将产生 Hughes 现象；②影像分类中标记训练样本的代价较高。目前针对高光谱影像分类的研究主要集中于以下方面：一是根据高光谱影像的特点，采用新的分类器模型对影像进行分类；二是通过数据的降维，采用结合集成学习的方法使用已有分类器模型对高光谱影像进行分类；三是利用半监督学习的方式，研究如何使用少量标记样本和大量未标记样本的信息以提升训练模型的泛化能力，提高分类器的性能。

高光谱影像半监督分类存在的问题有：多数半监督分类在初次对模型进行训练时仅利用少量标记样本，缺少对标记样本邻域信息的考虑；在模型迭代训练过程中，多数将新选择样本全部参与模型的训练，对参与训练样本量的研究较少。针对上述问题本节提出一种新的基于空间邻域信息和多分类器集成的半监督高光谱影像分类方法，算法首先以标记样本为中心进行样本邻域生长，得到初始训练样本；其次结合 SVM 和最大似然分类(MLC)对未标记样本进行预测，留下邻域内预测正确的未标记样本，加入标记样本中作为新标记样本；最后从新标记的样本中随机抽取部分样本作为训练集，采用 SVM 和 MLC 分类法多次对影像进行投票训练，取票数多者作为最终训练结果，并再次对非标记样本进行选择，依此迭代继承，进行模型训练，直到满足终止条件，具体流程图如图 3.29。

1. 分类算法

1)邻域生长

地理学第一定律指出：地理事物或属性在空间分布上互为相关，因此样本邻域信息在半监督分类中得到了广泛应用。其中较常用的有四邻域和八邻域，但四邻域由于只采用样本四个方向的信息，代表性不如八邻域，所以本节采用标记样本的八邻域对未标记样本进行选择。选择策略为：以标记样本点为中心，对样本点进行八邻域生长。

邻域生长的关键因素在于阈值的设定，为合理设定阈值，本节选择标记样本点八邻域内的未标记样本点的像元值与该标记样本点的像元值之差的绝对值的中值作为阈值，进行标记样本点邻域生长。由于自然环境的复杂性，以及影响遥感光谱仪成像因素的不确定性，传感器记录像元的光谱信号有时会包含不同地物类型的信息，即影像中存在不少混合像元，这类像元在地物的边缘处存在较多。因此为保证邻域生长的精确性，在对样本点进行邻域生长时，加入边缘限制，以使邻域生长的结果不包含地物的边缘点。现有边缘检测算子可以很好地提取影像边缘信息，其中 Canny 算子具有良好的抗噪、抑制虚假边缘的效果，且检测的边缘具有较好的闭合性，被认为是一种较好的边缘检测算子。

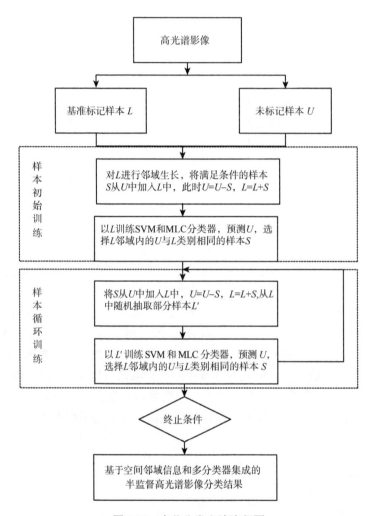

图 3.29　本节分类方法流程图

高光谱影像含有几十甚至几百个波段，且各波段穿透能力不同，每个波段都会在不同程度上代表着地物对象的不同光谱信息，因此利用不同的波段对标记样本点进行邻域生长将会得到不同的结果。为使得同一地物标记样本点邻域生长的结果光谱信息符合真实地物情况，本节选择近似真彩色三波段的光谱影像作为邻域生长和提取边缘影像，这样邻域生长的结果不仅符合人眼观测地物类型的准则、减少边缘混合像元加入初始训练样本，而且可以改善数据处理的冗余问题，具体流程如图 3.30 所示。

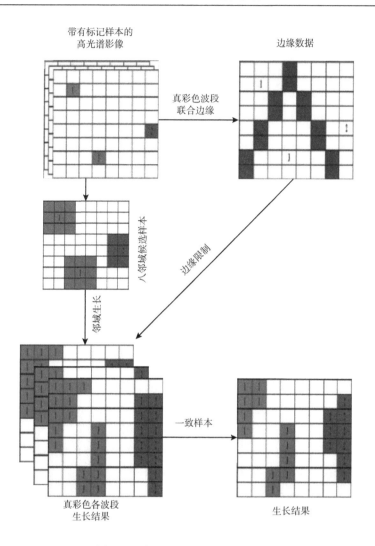

图 3.30　标记样本邻域生长流程图

2) 多分类器集成训练

选择采用多种分类器集成的方式对样本进行训练，训练的准则主要是以不同分类器在确定样本时采用不同假设理论为根据，可以更全面地对样本进行训练，能够弥补单一分类器的局限性，减少样本对单一分类器的依赖性[36]。

SVM 是建立在 VC 维和结构风险最小化原理基础上的机器学习方法，该方法最早由 Vapnik 提出[37]，在影像分类中是一种较新颖的分类方法[38]，且已得到广泛应用[39-41]。研究表明：将 SVM 应用在高光谱影像分类中能够较好地解决小样本、高维数据的分类问题，具有良好的泛化能力[42]。但由于已有的标记样本数量有限，单使用 SVM 对未标记样本进行训练，将使得训练的结果与真实地物情况存在较大差异，难以保证分类器能够正确预测非标记样本，若错误的结果加入新的训练样本中，将直接影响下次分类器的训练，造成错误的累积。最大似然分类法是根据贝叶斯准则对遥感影像进行分类的一种方法，被认为是一种稳定性、鲁棒性好的分类方法，因此本节将最大似然分类与 SVM 分类相结合进行半监督高光谱影像分类，处理流程如图 3.31 所示。

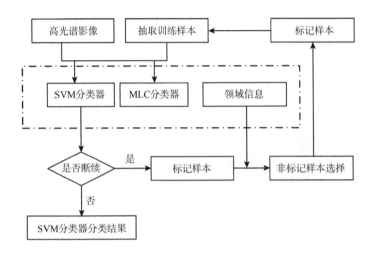

图 3.31　多分类器集成训练处理流程

如图 3.31 所示，首先从标记样本中随机抽取部分样本作为训练样本，分别采用 SVM 和 MLC 对高光谱影像进行分类；其次将标记样本邻域内的非标记样本作为候选标记样本，当两种分类器分类结果一致且与标记样本类别相同时则留下该样本点作为标记样本，否则不标记该样本点；最后从新的标记样本中再次抽取部分样本作为新的训练样本，再次进行样本训练，依此迭代，直到满足终止条件。

3）非标记样本选择

采用少量标记样本对高光谱影像进行的分类效果很难满足精度要求，需要选择合适的非标记样本加入标记样本中逐步对分类模型进行训练，提高分类精度。地理学定律指出：地理事物或属性在空间分布上互为相关，因此恰当地利用标记样本的邻域信息，对非标记样本进行选择标记，可以增加标记样本的数量，提升分类模型的分类性能，从而提高分类精度。本节的非标记样本选择策略如图 3.32 所示。

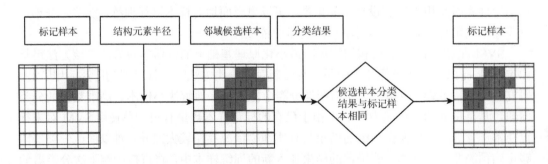

图 3.32　非标记样本选择策略

如图 3.32 所示，首先选择一定半径的结构元素，将标记样本半径内的非标记样本作为候选样本，其次判断候选样本的预测结果与标记样本是否相同，将预测结果与标记样本相同的样本点加入标记样本，形成新的标记样本。由于本节是采用 SVM 和 MLC 两种分类器对高光谱影像进行分类训练，所以新的标记样本是留取两种分类器训练标记一致的样本作为新标记样本。

2. 实验结果与分析

1) 实验数据

选择两组实验数据，分别是萨利纳斯山谷 AVIRIS 和帕维亚 ROSIS 高光谱影像。其中帕维亚 ROSIS 影像区域位于意大利帕维亚大学城，是由 ROSIS 传感器于 2002 年获取，原始影像有 115 个波段，波长为 0.43～0.86 μm，包括可见光和红外光波段，但实验中一些受噪声影响严重的波段被剔除，仅利用了 103 个波段。影像大小为 610 行、340 列，分辨率为 1.3m，图 3.33 (a) 显示的是帕维亚 ROSIS 真彩色影像，图 3.33 (b) 显示的是包含 9 种地物覆盖类型测试数据影像。

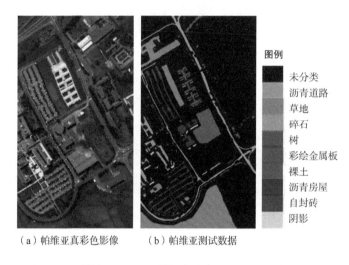

图例

未分类
沥青道路
草地
碎石
树
彩绘金属板
裸土
沥青房屋
自封砖
阴影

（a）帕维亚真彩色影像　　（b）帕维亚测试数据

图 3.33　帕维亚 ROSIS 数据真彩色影像和测试数据影像

萨利纳斯山谷 AVIRIS 影像区域位于美国加利福尼亚州萨利纳斯山谷，由 AVIRIS 传感器获取，原影像含有 224 个波段，在实验中剔除了 20 个受水汽吸收影响严重的波段，仅利用了 204 个波段。影像大小为 512 行、217 列，分辨率为 3.7 m，图 3.34 (a) 显示的是萨利纳斯山谷的 AVIRIS 真彩色影像，图 3.34 (b) 显示的是包含 16 种地物覆盖类型测试数据影像。

2) 结构元素半径的确定

从上述理论可以发现：形态学结构元素的半径是算法的关键因素，合理的结构元素半径决定着被选入非标记样本的数量，影响着整个实验的运算效率。本节通过大量实验来确定初始标记样本数为 10 个、15 个、20 个标记样本点的帕维亚 ROSIS 和萨利纳斯山谷 AVIRIS 数据的最优半径。图 3.35(a)～(f)显示帕维亚 ROSIS 和萨利纳斯山谷 AVIRIS 数据结构元素半径对实验结果的影响,可以看出,对于帕维亚 ROSIS 数据,结构元素的半径定为 6 时,实验的结果可以接受,而对于萨利纳斯山谷 AVIRIS 数据,结构元素的半径定为 3 时,实验的结果可以接受。

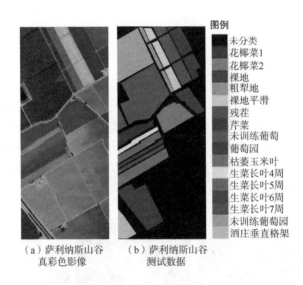

（a）萨利纳斯山谷　　　（b）萨利纳斯山谷
真彩色影像　　　　　　测试数据

图 3.34　萨利纳斯山谷 AVIRIS 数据真彩色影像和测试数据影像

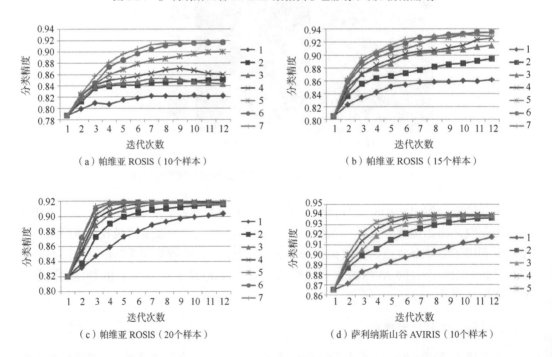

（a）帕维亚 ROSIS（10个样本）　　　　　　（b）帕维亚 ROSIS（15个样本）

（c）帕维亚 ROSIS（20个样本）　　　　　　（d）萨利纳斯山谷 AVIRIS（10个样本）

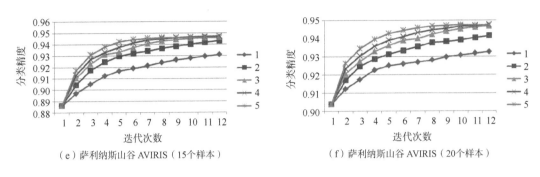

图 3.35　不同半径的实验结果图

3）抽取样本量的确定

合理选择参与模型训练的样本量是本节算法的另一关键因素，合理的训练样本量不仅可以减少数据冗余、提高实验运算效率，而且可以减少错误样本对分类模型的影响。上小节 2）中已经对采用的结构元素半径进行了研究，所以本小节利用 2）中的结论对含有 10、15、20 个初始标记样本点的帕维亚 ROSIS 数据采用半径为 6、萨利纳斯山谷 AVIRIS 数据采用半径为 3 的结构元素进行训练样本量的确定。实验结果如图 3.36所示。

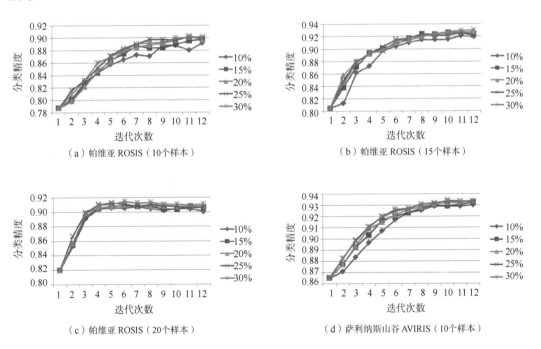

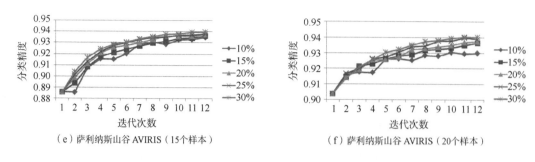

（e）萨利纳斯山谷 AVIRIS（15个样本）　　　　　（f）萨利纳斯山谷 AVIRIS（20个样本）

图3.36　不同抽取样本量的实验结果图

从图 3.36（a）～（f）可以看出：①各组实验中，随着样本抽取量的增加，实验结果的精度曲线平稳性越来越好；②当抽取的样本量增加到一定程度后，再增加样本量对实验结果的精度未有明显提升；③各实验中抽取样本量为25%和30%的结果无明显差异。所以在不影响实验精度的条件下，对于帕维亚 ROSIS 和萨利纳斯山谷 AVIRIS 数据，本节选择在每次迭代继承的过程中抽取标记样本的 25%作为模型训练的样本集对模型进行训练。

4）投票次数的确定

由于本节选择从标记样本中随机抽取部分作为模型的训练样本集，为使得到的结果稳定性较高，对影像进行基于不同训练集的多次投票分类（每次抽取的训练集为新标记样本的25%，帕维亚 ROSIS 数据的结构元素半径为6、萨利纳斯山谷 AVIRIS 数据的结构元素半径为3），取票数较多的分类结果作为最终结果，研究投票次数对分类模型的影响。图 3.37（a）～（f）显示：对于帕维亚 ROSIS 数据来说，随着初始标记样本数量的增加，投票次数对帕维亚 ROSIS 数据分类精度的影响越来越小；但由于萨利纳斯山谷 AVIRIS 数据各相同地物的分布比较集中，各实验中除 20 个初始标记样本条件下抽取 1 次的结果外，各实验中投票次数对分类结果的影响均不明显；各组实验中抽取 3 次的分类精度在迭代过程中均可接受，且与更多次抽取的分类结果无明显差距，所以为合理地进行模型的训练，减弱实验的偶然性，本节选择抽取 3 次对训练模型进行投票。

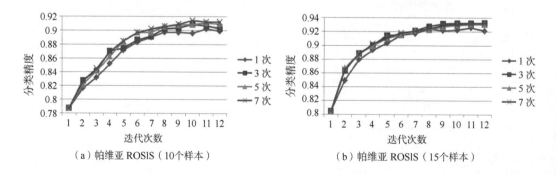

（a）帕维亚 ROSIS（10个样本）　　　　　　　（b）帕维亚 ROSIS（15个样本）

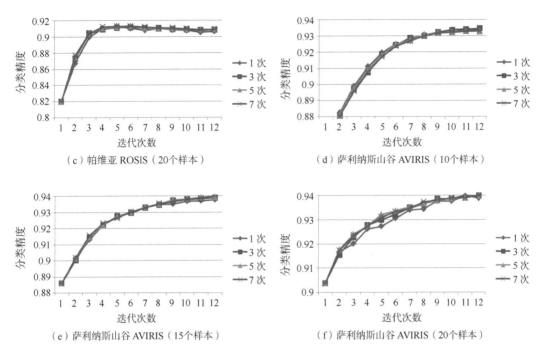

（c）帕维亚 ROSIS（20个样本）　　　　　（d）萨利纳斯山谷 AVIRIS（10个样本）

（e）萨利纳斯山谷 AVIRIS（15个样本）　　　（f）萨利纳斯山谷 AVIRIS（20个样本）

图 3.37　不同投票次数的实验结果图

5）分类器融合对实验结果的影响

通过上述讨论，本节选择抽取标记样本的 25%，帕维亚 ROSIS 数据结构元素半径为 6，萨利纳斯山谷 AVIRIS 数据结构元素半径为 3，采用不同分类方法（仅利用 SVM 分类、仅利用 MLC 分类、SVM 与 MLC 两种分类相结合）分别进行 3 次投票实验，研究分类器融合对实验结果的影响。

其中图 3.38（a）~（c）显示了分别以每类 10 个、15 个、20 个初始标记样本的条件下利用 3 种不同分类方法对帕维亚 ROSIS 数据进行分类的精度结果曲线图。通过曲线图可以得到如下结论：①在每类初始标记样本与迭代次数一定的情况下，仅利用一种分类方法的分类精度随着迭代次数的增加会存在下降趋势；②单独使用 MLC 分类法对帕维亚 ROSIS 数据适用性较差，在 20 个初始标记样本的条件下，单独使用 SVM 分类法的一些结果要优于两种分类方法相结合的结果；③但各组实验中，采用 SVM 和 MLC 相结合得到的分类精度随着迭代次数的增加，在升高到一定程度后，精度值较为稳定，未有明显下降。

为了更直观地表现 3 种算法的分类效果，图 3.39 显示了分别在每类 10 个、15 个、20 个初始标记样本的条件下循环迭代 12 次，每次抽取样本的 25%，结构元素半径为 6 得到的帕维亚 ROSIS 数据分类结果图，从图中可以看出，在少样本的条件下，MLC 和 SVM 相结合的分类结果要明显优于单独使用 MLC 或 SVM 的分类结果。

图 3.40（a）~（c）显示了分别在每类 10、15、20 个初始标记样本的条件下利用 3 种不同分类方法对萨利纳斯山谷 AVIRIS 数据进行分类的精度结果曲线图。通过曲线图可

以得到如下结论：①单独使用 MLC 分类法对萨利纳斯山谷 AVIRIS 数据的适用性同样较差；②随着迭代次数的增加，采用 SVM、MLC 相结合的分类精度和单独采用 SVM 的分类精度逐渐增大，但增长趋势逐渐平缓；③各实验中单独采用 SVM 的分类精度要略高于采用 SVM、MLC 相结合的分类精度。

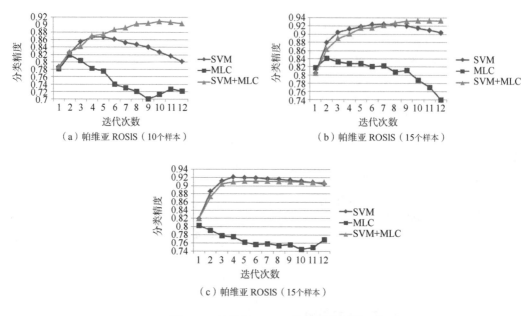

（a）帕维亚 ROSIS（10 个样本）　　　　　（b）帕维亚 ROSIS（15 个样本）

（c）帕维亚 ROSIS（15 个样本）

图 3.38　帕维亚 ROSIS 的实验结果图

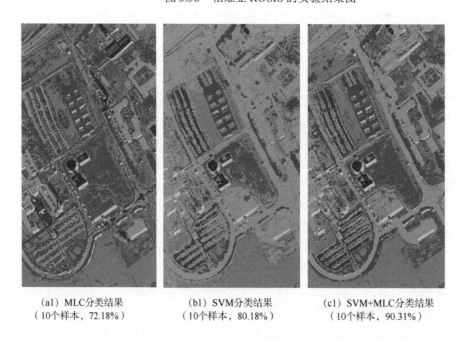

（a1）MLC分类结果　　　　（b1）SVM分类结果　　　　（c1）SVM+MLC分类结果
（10个样本，72.18%）　　　（10个样本，80.18%）　　　（10个样本，90.31%）

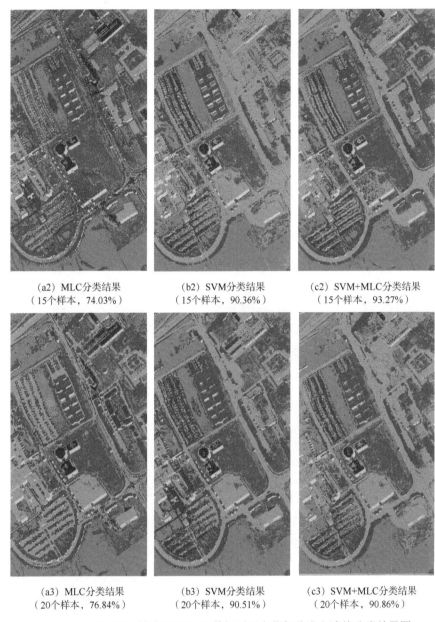

(a2) MLC分类结果　　　　　（b2) SVM分类结果　　　　　（c2) SVM+MLC分类结果
（15个样本，74.03%）　　　　（15个样本，90.36%）　　　　（15个样本，93.27%）

(a3) MLC分类结果　　　　　（b3) SVM分类结果　　　　　（c3) SVM+MLC分类结果
（20个样本，76.84%）　　　　（20个样本，90.51%）　　　　（20个样本，90.86%）

图 3.39　帕维亚 ROSIS 数据不同半监督分类方法的分类结果图

（彩图见书后）

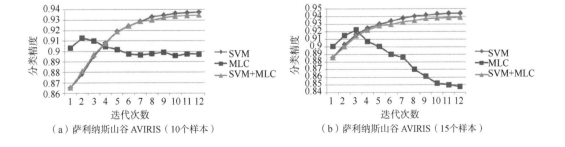

（a）萨利纳斯山谷 AVIRIS（10个样本）　　　　（b）萨利纳斯山谷 AVIRIS（15个样本）

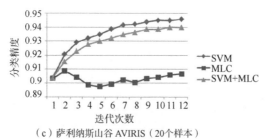

（c）萨利纳斯山谷 AVIRIS（20个样本）

图 3.40 萨利纳斯山谷 AVIRIS 数据的实验结果图

为了更直观地表现 3 种算法的分类效果，图 3.41 显示了分别在每类 10 个、15 个、20 个初始标记样本的条件下循环迭代 12 次，每次抽取样本的 25%，结构元素半径为 3

（a1）MLC分类结果
（10个样本，89.73%）

（b1）SVM分类结果
（10个样本，93.75%）

（c1）SVM+MLC分类结果
（10个样本，93.46%）

（a2）MLC分类结果
（15个样本，84.75%）

（b2）SVM分类结果
（15个样本，94.40%）

（c2）SVM+MLC分类结果
（15个样本，93.90%）

(a3) MLC分类结果 　　　　(b3) SVM分类结果 　　　　(c3) SVM+MLC分类结果
（20 个样本，90.68%） 　　　（20 个样本，94.59%） 　　　（20 个样本，93.99%）

图 3.41 萨利纳斯山谷 AVIRIS 数据不同半监督分类方法的分类结果图

得到的萨利纳斯山谷 AVIRIS 数据分类结果图，从图中可以看出：①单独采用 MLC 分类法的分类效果明显差于其他 2 类方法；②虽然各组实验中单独采用 SVM 分类法获得的分类精度要明显优于单独采用 MLC 分类法获得的结果，稍优于采用 SVM、MLC 相结合方法获得的结果，但单独采用 SVM 分类法获得的 3 组结果图的差异性要明显大于单独采用 MLC 分类法和采用 SVM、MLC 相结合方法获得 3 组结果图。

为了更直观地表现 3 组影像分类结果的差异性，图 3.42(a)～(c)显示了分别在每类 10 个、15 个、20 个初始标记样本的条件下 3 组影像分类结果差异图，将 3 幅影像中分类结果不同的点占总影像的百分比定义为图像分类的相异程度。从图 3.42 可以看出：①单独采用 SVM 分类法获得 3 组影像的相异性明显高于其他 2 类方法；②相比 SVM 相异图，采用 SVM、MLC 相结合方法获得的边缘信息有较大改善。

3.4.4 基于形态学的高空间分辨率影像分类方法

基于 SEs(structuring elements)的空间形态特征 MPs(morphological profiles)可提取用于高分辨率影像的分类[43]。基于空间形态特征 MPs 的高光谱影像分类系统主要由图像分解、构建 MPs、波段合成和影像分类几个阶段构成，如图 3.43 所示为该方法的基本原理和过程。

为了验证 MPs 提取结构信息的有效性，并探索 MPs 空间特征和光谱特征相结合进行高分辨率影像分类的效果，本节使用了高光谱影像进行实验。高光谱影像是利用 ROSIS-03 传感器获取的意大利北部普维拉地区帕维亚大学的影像(图 3.44)。ROSIS-03 传感器能够获取 115 个数据通道，覆盖了 0.43～0.86μm 的光谱范围，且具有 1.3m 的空间分辨率。

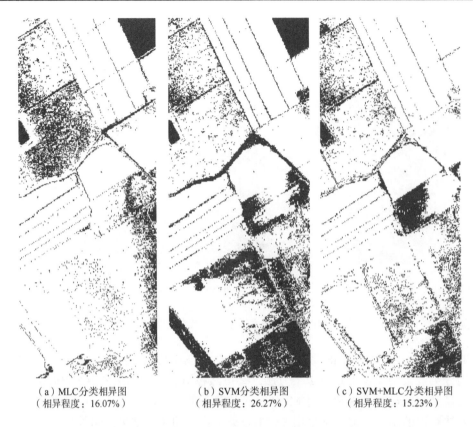

（a）MLC分类相异图　　　　　（b）SVM分类相异图　　　　　（c）SVM+MLC分类相异图
（相异程度：16.07%）　　　　　（相异程度：26.27%）　　　　　（相异程度：15.23%）

图 3.42　萨利纳斯山谷 AVIRIS 数据不同半监督分类方法的分类相异图

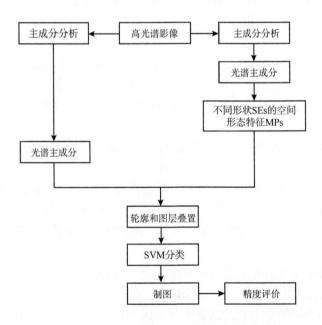

图 3.43　基于空间形态特征 MPs 的高光谱分类系统

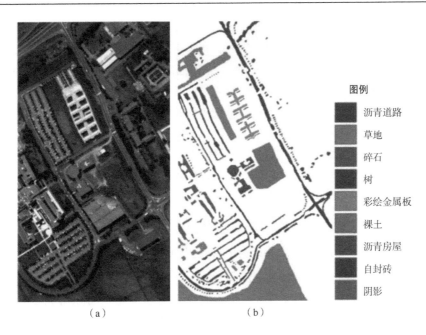

图例
沥青道路
草地
碎石
树
彩绘金属板
裸土
沥青房屋
自封砖
阴影

　　　　　　　　（a）　　　　　　　　　　　　　　　（b）

图 3.44　帕维亚大学地区原始影像（a）（RGB 通道分别为 60，27，17）和地面参考数据（b）

1. 特征影像分解

　　特征影像分解在高分辨率影像和高光谱影像分类中是十分重要的。对于全色或单波段影像，形态特征 MPs 可直接应用。但要将形态特征 MPs 应用在高光谱影像上，就需要用原始影像分解出特征影像，特征影像分解方法主要有 PCA、独立成分分析法（independent component analysis，ICA）。本节使用 PCA 来提取图像的主成分，结果为 $\mathbf{PC} = \{\mathrm{pc}_1, \mathrm{pc}_2, \mathrm{pc}_3, \cdots, \mathrm{pc}_i\}$，$i$ 表示主成分的数量。主成分分析可确定在构建形态特征 MPs 时从 **PC** 中所选择的主成分的数量。

　　由于本节是利用高光谱影像进行分类，所以，首先需要从原始数据中通过特征影像分解减少光谱维度，才能用数学形态学的方法进行数据处理。在本节的实验中用 PCA 从 103 个波段中选出前三个主成分（p_1，p_2，p_3），这三个成分占整个影像方差的 98.86%。

2. MPs 特征构建与光谱主成分整合

　　在图像处理中应用数学形态学的任何算子，都必须采用已知形状的结构元素（structuring elements，SE）来从图像中提取结构信息。SE 是一个由小的像素矩阵构成的模板，每个像素的值为 0 或 1，矩阵的维度即为 SE 大小。矩阵中"1"和"0"的分布表示 SE 的形状。

　　数学形态学的基本运算是膨胀和腐蚀。开运算和闭运算是两个基于膨胀和腐蚀的重要运算。其中开运算是先腐蚀后膨胀的过程，可以消除图像上细小的噪声，并平滑物体边界；闭运算是先膨胀后腐蚀的过程，可以填充物体内细小的空洞，并平滑物体边界。

　　数学形态学用来提取图像的结构特征，而对于给定 SE 的响应取决于 SE 的形状和大小与目标结构之间的相互作用。物体结构的形状在实际应用中很难探测。换句话说,事先不可能准确地给定 SE。物体的形状通常是基于地理学中相关和不相关结构的先验知识来选择的,因此,基于很多不同 SE 形状的 MPs 应该能够在空间域更好地表示不同的结构,在图像处理中获得最佳的结构响应。

参照形态学特征的概念,本节提出包含不同形状的 SE 的形态特征 MPs 的概念。MPs 的定义是基于开运算和闭运算的。$S=\{S_1, S_2, \cdots, S_n; n=1, 2, 3, \cdots\}$ 表示含有 n 个形状的形状集合,S_n 表示 SE 的第 n 个给定大小的形状。假设有影像 X,则包含不同形状的 SE 的形态特征 MP 可定义为经过开运算和闭运算的图像轮廓的组合。这种结构是通过使用形状不同但尺寸相同的 SEs 构建的。

$$MP^{(2n+1)}(X) = \left[\emptyset_{S_n}^{(n)}(X), \cdots, \emptyset_{S_1}^{(1)}(X), X, \gamma_{S_1}^{(n)}(X), \gamma_{S_n}^{(n)}(X) \right] \tag{3.24}$$

式中,$\emptyset_{S_i}$,$i=1, 2, \cdots$ 为用第 i 个 SE 对图像进行闭运算后得到的结果;γ_{S_n},$i=1, 2, 3, \cdots$ 为用第 i 个 SE 对图像进行开运算后得到的结果。

对于一个单波段影像,MPs 包含 n 个不同形状的 SE,最后可以得到 $2n+1$ 个波段的影像。图 3.45 是一个单波段影像的形态特征 MPs,其中 MPs 包含 3 个不同形状的 SE。

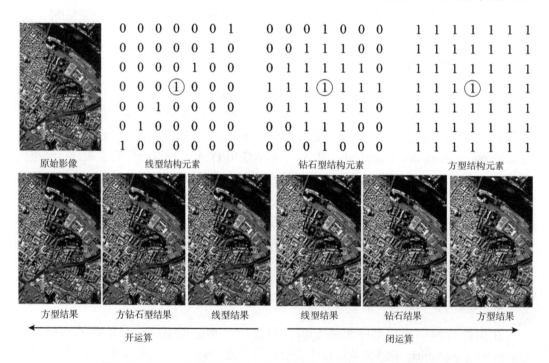

图 3.45　基于不同形状的 SE 的 MPs 结果(3 个开运算和 3 个闭运算)

本节对图像 X 的每个像素(x_i)进行开闭运算处理,来提取图像的结构。不同形状的 SE 大小是固定的,并以像素 x_i 为中心进行运算,来提高 SE 与图像中的结构相匹配的可能性。从理论上讲,几何特征的空间信息可以用一组 MPs 来分析。MPs 表示一组用不同形状的 SEs 重复进行开闭运算的图像。图 3.45 中 MPs 是用原始灰度图像与三种形状

(线、正方形和菱形)的 SEs 进行开闭运算得到的结果。

形态特征 MPs 和选出的光谱主成分用 ENVI4.8 软件做波段合成,整合为一幅影像。

3. 高分影像分类

用 SVM 分类器对 MPs 的光谱和结构特征进行分类。最后,评价影像的分类精度。

在本节中,为了便于比较,每幅影像均采用 SVM 分类方法,内核函数是径向基函数(RBF)。RBF 核函数有两个参数,分别为核参数 γ 和惩罚因子 C。对于任意一幅影像,这两个参数是未知的,因此需要对参数进行估计。本节探讨了对于任意一幅影像,用 SVM 进行精确分类时 RBF 的两个参数(γ 和 C)的估计方法。本节使用交叉验证(cross-validation,CV)的方法。在 v 折交叉验证中,训练集被分成 v 个相同大小的子集。每次将其中一个包作为测试集,剩下 $v-1$ 个包作为训练集进行训练,最后每个子集都会被预测一遍,因此 CV 的精度就是正确分类数据的百分比。CV 可以防止过度拟合,在下面的实验中,使用 CV 来进行参数选择,默认设置为 5。

为了验证 MPs 和光谱信息共同作用于影像分类的有效性,影像的光谱特征和其他 3 个空间特征使用相同的训练数据进行影像分类,并和前面的分类结果进行比较。表 3.17 列出了影像的训练样本和检测样本。每种方法的参数设置如下:

表 3.17　帕维亚大学影像训练和测试样本

类别		样本数	
编号.	名称	训练	测试
1	沥青道路	96	663 1
2	草地	100	186 49
3	碎石	45	209 9
4	树	46	306 4
5	彩绘金属板	46	134 5
6	裸土	97	502 9
7	沥青房屋	24	133 0
8	自封砖	51	368 2
9	阴影	36	947
总数		541	427 76

1) 光谱特征

将前 3 个主成分作为影像的光谱特征使用 SVM 分类器进行分类。RBF 核函数参数使用交叉验证的方式设置, $\gamma=0.33$,$C=100$。

2) PSI

PSI(pixel shape index)[29]空间特征提取的参数设置为 $T_1=50$,$T_2=100$,$D=20$。融合 PSI 特征和光谱特征的分类参数设置为 $\gamma=0.5$,$C=100$。

3) GLCM

GLCM [48]在前三个主成分中使用 3×3 的窗口计算 MC, 融合纹理和光谱特征的 SVM 分类参数设置为 $\gamma=0.2$, $C=100$。

4) EMPs

EMPs(extended MPs)[22]参数设置选择圆盘形的结构元素, SE 大小分别为 2×2, 4×4, 6×6, 8×8。EMPs 就是通过用不同大小的 SEs 重复做开闭运算得到的。影像分类的参数为 $\gamma=0.143$, $C=100$。

5) MPs

MPs 是通过不同形状的 SEs 构建的。构建 MPs 时使用的 SE 形状集有 $S=\{s: s=$ '圆盘形', '线形', '正方形', '菱形'}, 大小均为 4×4 个像素。提取结构信息时, 每个 SE 的形状均使用了两次, 一次用于开运算, 一次用于闭运算。MPs 就是通过用固定大小不同形状的 SE 不断地做开闭运算得到的。之后融合 MPs 特征和光谱特征进行分类, 参数设置为 $\gamma=0.111$, $C=100$。

表 3.18 列出了基于不同特征分类的每一类别的精度, 图 3.46 是影像分类的结果。如表 3.18 所示, 融合光谱特征和 MPs 影像特征的分类总精度(OA)达到了 84.9%, 平均精度(AA)达到了 83.6%, Kappa 系数为 0.799。而只使用光谱特征进行分类的 OA 只有 67.6%, AA 为 17%, Kappa 系数为 0.58。与 PSI, GLCM 相比, MPs 的 OA, AA 和 Kappa 系数也要高一些。草地、碎石和沥青使用 MPs 特征可达到最好的分类效果。而这几类(草地、碎石、沥青)在高分辨率影像中的形状都很模糊。因为 MP 使用了更多不同形状的 SE, 所以 MPs 提高了 "SE 吻合影像形状" 的概率。

表 3.18　帕维亚大学影像不同特征的 SVM 分类精度

类别	Spectral Feature Only	PSI	GLCM	EMPs	Proposed MPs
沥青道路	79.9	86.4	89.5	87.0	89.9
草地	69.9	81.2	74.5	91.3	92.5
碎石	63.1	54.1	56.2	74.3	76.0
树	78.8	85.3	94.5	97.8	93.9
彩绘金属板	99.5	99.4	98.4	99.8	99.7
裸土	37.7	49.7	59.5	68.6	54.8
沥青房屋	45.2	45.1	67.6	63.4	78.0
自封砖	56.1	65.3	74.1	93.5	69.4
阴影	99.8	99.6	93.5	98.6	98.6
OA	67.6	75.8	76.5	87.3	84.9
AA	70.0	74.9	77.5	86.0	83.6
Kappa 系数	0.58	0.682	0.697	0.832	0.799

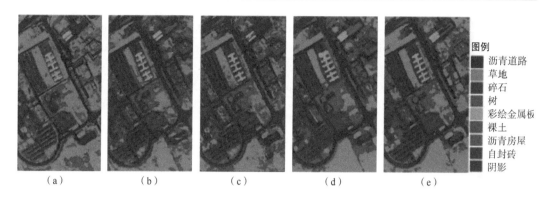

图 3.46　帕维亚大学影像选取不同特征的分类结果
(a) 只选取光谱特征；(b) PSI 特征；(c) GLCM 均值，方差，均匀性和相关性；(d) EMPs 特征；
(e) MPs 特征(吕志勇等，2014)

　　实验结果表明，MPs 对影像结构信息的提取是有效的。相比于 PSI 和 GLCM，MPs
可有效地提高影像分类的精度。如图 3.46 所示，只使用光谱特征进行分类，不能很好地
区分光谱相似的物体，如草地和树木。

3.5　本 章 小 结

　　本章首先从面向对象遥感影像分类、分类器及其组合的遥感影像分类和多特征遥感
影像分类三个方面简单论述了遥感数据分类的现状及发展，并指出影响遥感影像分类结
果可靠性的主要因素包括遥感影像本身的精确性和完整性、分类特征提取与表达的精确
性和完整性，以及分类器的鲁棒性及过程的一致性等。其次系统地给出了遥感影像分类
的可靠性基础及可靠性控制原理与体系。最后结合上述研究问题及提出的可靠性基础与
控制理论讨论了相应的可靠性遥感影像分类方法，具体方法如下：①针对分类特征的精
确性和完整性及分类判据的鲁棒性和一致性，提出了基于对象相关指数的高分辨率遥感影
像分类方法，算法充分利用了分类对象的空间信息，提高了分类结果的可靠性；②针对分
类过程一致性和鲁棒性的改善方面，提出了基于空间邻域信息和多分类器集成的半监督分
类方法、基于形态学的高空间分辨率影像分类方法，这些方法充分利用已有数据及其空间
上下文信息及多分类器优势，大大加速了算法的速度，提高了适用性和分类过程的一致性；
③针对分类数据的精确性和完整性及分类器的鲁棒性，提出了基于自适应局部信息 FCM
聚类的自动分类方法，该方法充分利用了像元的邻域信息，提高了分类数据的完整性和分
类算法的鲁棒性；④针对分类结果的不确定性，提出了基于邻域信息约束的高空间分辨率
影像的分类后处理，该方法充分利用并考虑了像元本身及其邻域像元的空间及光谱特性，
即数据的完整性和一致性。

参 考 文 献

[1] TARABALKA Y, CHANUSSOT J, BENEDIKTSSON J A. Segmentation and classification of
　　hyperspectral images using watershed transformation. Pattern Recognition, 2010, 43 (7)：2367-2379.

[2] FANG L, LI S, DUAN W, et al. Classification of hyperspectral images by exploiting spectral-spatial information of superpixel via multiple kernels. IEEE Transactions on Geoscience and Remote Sensing, 2015, 53(12): 6663-674.

[3] LI J, ZHANG H, ZHANG L. Efficient superpixel-level multitask joint sparse representation for hyperspectral image classification. IEEE Transactions on Geoscience and Remote Sensing, 2015, 53(10): 1-14.

[4] 李祚泳. 用 BP 神经网络实现多波段遥感图像的监督分类. 红外与毫米波学报, 1998, 17(2): 153-156.

[5] PAOLA J D, SCHOWENGER R A. A detailed comparison of back propagation neural network and maximum likelihood classifiers for urban land use classification. IEEE Transactions on Geoscience and Remote Sensing, 1995, 33(4): 981-996.

[6] 李强, 王正志. 基于人工神经网络和经验知识的遥感信息分类综合方法. 自动化学报, 2000, 26(2): 233-238.

[7] 骆剑承, 周成虎, 杨艳. 基于径向基函数(RBF)映射理论的遥感影像分类模型研究. 中国图象图形学报, 2000, 5(2): 94-994.

[8] 王耀南. 小波神经网络的遥感图像分类. 中国图象图形学报, 1999, 4(5): 368-371.

[9] BENEDIKTSSON J A, SWAIN P H, ERSOY O K. Neural network approaches versus statistical methods in classification of multisource remote sensing data. IEEE Transactions on Geoscience and Remote Sensing, 1990, 28(4): 540-552.

[10] 张利, 吴华玉, 卢秀颖. 基于粗糙集的改进 BP 神经网络算法研究. 大连理工大学学报, 2009, 49(6): 971-976.

[11] HUANG C, DAVIS L S, TOWNSHEND J R G. An assessment of support vector machines for land cover classification. International Journal of Remote Sensing, 2002, 23(4): 725-749.

[12] HSU C W, LIN C J. A comparison of methods for multiclass support vector machines. IEEE Transactions on Neural Networks, 2002, 13(2): 415-425.

[13] PLATT J C, CRISTIANINI N, SHAWE-TAYLOR J. Large margin DAG's for multi-class classification. Advances in Neural Information Processing Systems, 2000, 12: 547-553.

[14] QUINLAN J. Induction of decision trees. Machine Learning, 1986, 1(1): 81-106.

[15] Friedl M, Brodley C. Decision tree classification of land cover from remotely sensed data. Remote Sensing of Environment, 1997, 61(3): 399-409.

[16] HANSEN M, DUBAYAH R, DEFRIES R. Classification trees: an alternative to traditional land cover classifiers. International Journal of Remote Sensing, 1996, 17(5): 1075-1081.

[17] ASIT K D, JAYA S. An efficient classifier design integrating rough set and set oriented database operations. Applied Soft Computing, 2011, 11(2): 2279-2285.

[18] KITTLER J. Improving recognition rates by classifier combination: a theoretical Framework. Progress in Handwriting Recognition. Singapore: World Scientific Publishing, 1997: 231-248.

[19] ZHAO W, DU S. Spectral-spatial feature extraction for hyperspectral image classification: a dimension reduction and deep learning approach. IEEE Transactions on Geoscience and Remote Sensing, 2016, 54(8): 4544-4554.

[20] ZHANG Y. Texture-integrated classification of urban treed areas in high-resolution color-Infrared imagery. Photogrammetric Engineering and Remote Sensing, 2001, 67(12): 1359-1365.

[21] 吴昊. 综合纹理特征的高光谱遥感图像分类方法. 计算机工程与设计, 2012, 33(5): 1993-2006.

[22] BENEDIKTSSON J A, PALMASON J A, SVEINSSON J R. Classification of hyperspectral data from urban areas based on extended morphological profiles. IEEE Transactions on Geoscience and Remote Sensing, 2005, 43(3): 480-491.

[23] SEGL K, REOSSNER S, HEIDEN U, et al. Fusion of spectral and shape features for identification of urban surface cover types using reflective and thermal hyperspectral data. ISPRS Journal of Photogrammetry and Remote Sensing, 2003, 58(1-2): 99-112.

[24] SHACKELFORD A, DAVIS X H. Hierarchical fuzzy classification approach for high-resolution multispectral data over urban areas. IEEE Transactions on Geoscience and Remote Sensing, 2003, 41(9): 1920-1932.

[25] ZHANG L P, HUANG X, HUANG B, et al. A pixel shape index coupled with spectral information for classification of high spatial resolution remotely sensed imagery. IEEE Transactions on Geoscience and Remote Sensing, 2006, 44(10): 2950-2961.

[26] 史文中, 陈江平, 詹庆明, 等. 可靠性空间分析初探. 武汉大学学报(信息科学版), 2012, 37(8): 883-887+991.

[27] ZHANG P, SHI W, MAN S W, et al. A reliability-based multi-algorithm fusion technique in detecting changes in land cover. Remote Sensing, 2013, 5(3): 1134-1151.

[28] ZHANG P, LV Z, SHI W. Object-based spatial feature for classification of very high resolution remote sensing images. IEEE Geoscience and Remote Sensing Letters, 2013, 10(6): 1572-1576.

[29] LU D, WENG Q. A survey of image classification methods and techniques for improving classification performance. International Journal of Remote Sensing, 2007, 28(5): 823-870.

[30] CAI W, CHEN S, ZHANG D. Fast and robust fuzzy C-means clustering algorithms incorporating local information for image segmentation. Pattern Recognition, 2007, 40(3): 825-838.

[31] AHMED M N, et al. A modified fuzzy C-means algorithm for bias field estimation and segmentation of MRI data. IEEE Transactions on Medical Imaging, 2002, 21: 193-199.

[32] CHEN S, ZHANG D. Robust image segmentation using FCM with spatial constraints based on new kernel-induced distance measure. IEEE Transactions on Systems, Man, and Cybernetics: Systems, 2004, 34: 1907-1916.

[33] KRINIDIS S, CHATZIS V. A robust fuzzy local information C-means clustering algorithm. IEEE Transactions on Image Processing, 2010, 19(5): 1328-1337.

[34] SUN G Y. A novel approach for edge detection based on the theory of universal gravity. Pattern Recognition, 2007, 40(10): 2766-2775.

[35] FOODY G M, BOYD D S, SANCHEZ-HERNANDEZ C. Mapping a specific class with an ensemble of classifiers. International Journal of Remote Sensing, 2007, 28(7): 1733-1746.

[36] VAPNIK V. The nature of statistical learning theory, 1995.

[37] LIU Y, ZHANG B, WANG L M, et al. A self-trained semisupervised SVM approach to the remote sensing land cover classification. Computers & Geosciences, 2013, 59(9): 98-107.

[38] TUIA D, PACIFICI F, KANEVSKI M, et al. Classification of Very High Spatial Resolution Imagery Using Mathematical Morphology and Support Vector Machines. IEEE Transactions on Geoscience and Remote Sensing, 2009, 47(11): 3866-3879.

[39] PETROPOULOS G P, KALAITZIDIS C, Prasad V K. Support vector machines and object-based

classification for obtaining land-use/cover cartography from Hyperion hyperspectral imagery. Computers and Geosciences, 2012, 41 (2) : 99-107.

[40] YU L, PORWAL A, HOLDEN E J, et al. Towards automatic lithological classification from remote sensing data using support vector machines. Computers and Geosciences, 2012, 45 (6) : 229-239.

[41] BRUZZONE L, MARCONCINI M. An advanced semi-supervised SVM classifier for the analysis of hyperspectral remote sensing data. Proc Spie, 2006, 6365: 63650Y.

[42] LÜ Z, ZHANG P, ATLI BENEDIKTSSON J. Automatic object-oriented, spectral-spatial feature extraction driven by tobler's first law of geography for very high resolution aerial imagery classification. Remote Sensing. 2017, 9, 285.

[43] LÜ Z Y, ZHANG P, BENEDIKTSSON J A, et al. Morphological profiles based on differently shaped structuring elements for classification of images with very high spatial resolution. IEEE Journal of Selected Topics in Applied Earth Observ ations and Remote Sensing, 2017, 7 (12) : 4644-4652.

[44] HUANG X, LU Q, ZHANG L, et al. New postprocessing methods for remote sensing image classification: a systematic study. IEEE Transactions on Geoscience and Remote Sensing, 2014, 52 (11) : 7140-7159.

[45] TARABALKA Y, FAUVEL M, CHANUSSOT J. SVM- and MRF-based method for accurate classification of hyperspectral images. IEEE Geoscience and Remote Sensing Letters, 2010, 7 (4) : 736-740.

[46] WANG, HUANG X, ZHENG C, et al. A Markov random field integrating spectral dissimilarity and class co-occurrence dependency for remote sensing image classification optimization. ISPRS Journal of Photogrammetry and Remote Sensing, 2017, 128: 223-239.

[47] LI S Z. Markov Random Field Modeling in Image Analysis. New York: Springer-Verlag, 2010.

[48] HUANG X, ZHANG L, WANG L. Evaluation of morphological texture features for mangove forest mapping and species discrimination using multispectral IKONOS imagery. IEEE Geoscience and Remote Sensing Letters, 2009, 6 (3) : 393-397.

第4章　可靠性空间关联分析方法

4.1　可靠性空间关联分析方法

4.1.1　空间关联分析概述

空间关联分析是利用空间关联规则提取算法发现空间对象或者现象间的关联程度，从空间数据集合中抽取隐含知识、空间关系或非显式的有意义的特征或模式，挖掘空间数据集合的空间特性，如空间位置、空间方位、空间距离、空间几何拓扑关系、空间属性(长度、面积等)等。挖掘和发现日常生活中接触到的空间对象之间的空间关联模式或相互关系是目前空间关联规则挖掘的主要目的。在空间分析中，除了传统要素之间的关联(简单、时序和因果等关系)规则的发现，关联规则分析还可用于探索存在空间环境中上下文不同事件之间的关联性，如某地的气候异常与该地或者其他地方的灾害之间在空间分布上的关联关系，或者多种事件/现象在某个空间上成群出现，都是关联规则的例子。

与一般关联规则相同，研究和实践中普遍使用兴趣度指标来衡量空间关联规则的价值。支持度(support)和置信度(confidence)是两个基本的兴趣度指标[1]，后续研究又提出了近百种关联规则兴趣度指标[2]，如 leverage[3]、R-interest[4]、lift[5]、interestingness[6]、improvement[7]等。这些指标绝大多数同样适用于空间关联规则。每条规则的指标值一般是由该规则及其相关模式在数据库中的数量计算得来，若指标值符合用户要求，一般是高于给定的阈值，则将该规则呈现给用户，否则认为该规则兴趣度不足，并将其删除。

可靠性空间关联规则挖掘是从海量的空间数据库中挖掘出有效的、可信的、可理解的和用户感兴趣的空间关联规则来帮助人们进行分析和决策。对关联规则的可靠性进行评价的意义十分重要，它直接影响着对关联规则挖掘输出规则的可靠程度度量[8]。

目前，对空间关联规则的研究主要集中在提高挖掘算法的效率和性能方面。在输出规则的可靠性评价和提升方面，研究虽然也取得了相当的进展，但还存在很多有待提升的方向，主要如下。

(1)不确定性数据中的关联规则分析。

现有研究中，不确定性数据中的关联规则挖掘方法多针对不确定性数据库的数据结构，虽具有重要价值，但其数学模型不同于数据中随机误差的实际表现，因此不适用于解决一些数据误差导致的输出规则可靠性关键问题。

(2)关联规则的统计检验。

统计假设检验是滤除虚假规则、提升输出规则可靠性的一类重要方法。但是，面对数据误差等普遍存在的数据不确定性，规则的统计检验很可能同时导致大量正确规则的丢失。对此,本章将分析数据误差在规则挖掘过程中的实际表现,建立规则统计检验阶段的误差传播模型,并据此提出新的规则检验方法,降低误差影响,增加正确规则。

(3)对关联规则(包括空间关联规则)挖掘结果评价方法的研究相对较少[9]。

目前,空间关联规则挖掘的算法研究已有很多,相关的应用也有很多,但真正能利用空间关联规则挖掘的结果进行辅助决策的应用并不多。主要原因是空间关联规则挖掘结果的可靠性问题。

本章将通过分析空间关联分析中存在的不确定性因素,根据不确定性传播机理,建立空间关联分析过程的不确定性传播模型,提出空间关联分析的可靠性方法,主要包括以下内容。

(1)建立空间关联分析预处理阶段连续属性数据离散化的不确定性对空间关联规则的可靠性的影响,通过系统分析空间关联分析中不确定性产生的来源,构建此过程中从数据源到预处理的方法、过程到挖掘结果的不确定性传播数学模型。

(2)提出顾及数据不确定性的空间关联规则统计检验方法,系统描述数据误差在规则统计检验中的传播规律,并据此进一步提出规则的修正统计检验法。通过弥补因数据误差而丢失的真实规则,增加真实输出规则的数量,并能有效滤除虚假规则,从而提高规则挖掘结果的可靠性。

(3)在综合研究关联规则的方法原理与可靠性度量的评价指标的基础上,采用可靠性领域中结果可靠性度量的三个评价指标,即准确性、完整性和一致性[10],提出一种空间关联规则可靠性评价的方法,以供在不同应用领域中对规则结果进行评价时参考和使用。构建可靠性空间关联分析的评价指标和可靠性空间关联分析模型。根据空间关联分析的数据来源和应用的可靠性需求,建立评价空间数据关联分析的指标体系和质量模型,为可靠性空间关联分析奠定基础。

4.1.2 空间关联分析的可靠性基础

空间关联分析的可靠性受多种因素的影响。其中数据、数据处理和关联挖掘过程的不确定性会对空间关联分析的可靠性产生重要的影响。

1. 不确定性数据对关联分析可靠性的影响

规则挖掘所用数据中普遍存在的误差,是数据不确定性的一大来源。误差从源数据传播到关联规则挖掘的每一个阶段,最终可能导致正确规则的丢失和虚假规则的增加。近十几年,研究者提出了诸多不确定性数据中的关联规则挖掘方法[11-16]。这些方法多针对基于概率值的不确定性数据结构,这类数据结构的基本思路为:对每一记录或数据项赋以概率值,以表示该记录或项目的不确定程度。例如医学实验中,患者甲10天中有7天头痛,则记录甲的“头痛”属性值为“有”,其概率值为0.7。这些研究在不确定性数据中关联规则挖掘的性能提升方面,取得了长足的进展。但是,这些研究虽然将误差列为不确定性数据的一大来源,但对数据项赋以固定概率值的模型,经常并不适用于描述数据误差在规则挖掘过程中的随机化特征,或处理相关的输出规则可靠性问题。例如,将在第 4.3.2 节中描述的关联规则统计检验中,当数据有误差时,检验所导致的正确规则丢失也会明显增加,而现有的不确定性数据中的关联规则挖掘方法尚不能解决这一问题。

2. 数据预处理(连续数据的离散化)和过程对关联分析可靠性的影响

在量化关联规则中,属性值的离散映射是挖掘规则的一个重要环节。在实际数据库中存在较多的连续数据属性,而现有的很多数据挖掘算法只能处理离散型的属性,因此连续数据属性离散化是应用这些算法的前提[19, 20]。连续数据属性的离散化问题是一个不确定性问题。在保证离散化结果性能要求的前提下,用尽可能少的断点将属性空间划分成尽可能少的子空间。对连续数据离散化结果进行评价可分为监督评估、非监督评估以及相对评估三类[18]。其中监督评估需要获取某种外部结构的标号信息,非监督评估主要考虑离散化区间的优良性度量,相对度量则表现为不同离散化结果的比较。离散化过程中的不确定性会在关联规则挖掘过程中不断传播和积累,从而直接影响挖掘获取的知识的可靠性及适用性。而传统的空间数据挖掘并未将属性离散化的不确定性考虑进去,并且一般认为挖掘出来的知识都是有用的和确定的,所以研究量化关联挖掘过程中属性离散化所带来的不确定性及其传播规律显得尤为重要。

4.2　空间关联分析的可靠性量化

可靠性空间关联分析是一个系统工程,包括可靠的数据源、可靠的数据处理方法、可靠的数据概化过程和可靠的关联分析方法。如图 4.1 所示为可靠性空间关联分析整体框架。

在这一过程中,从数据源的获取、到数据预处理、数据概化、空间关联分析每一步中都存在着不确定性,既有数据源的不确定性,也有不同分析方法导致的不确定性,综合考虑这些不确定性,本章基于贝叶斯网络模型建立了整个空间关联分析过程的可靠性模型。

空间关联分析的可靠性贝叶斯网络模型定义:

令 $G=(I, E)$ 表示一个有向无环图(DAG),其中 I 代表图形中所有的节点的集合,而 E 代表有向连接线段的集合,且令 $X=(X_i)$,$i \in I$,为其有向无环图中的某一节点 i 所代表之随机变量,若节点 X 的联合概率分配可以表示成

$$p(x) = \prod_{i \in I} P(x_i | X_{\mathrm{Pa}(i)}) \tag{4.1}$$

则称 X 为相对于一有向无环图 G 的贝叶斯网络,其中 $\mathrm{Pa}(i)$ 表示节点 i 之“因”。

图 4.1 是一个有向无环图,每一步过程的可靠性是空间关联分析结果的可靠性的因。

本章采用可靠性领域中结果可靠性度量的三个评价指标,即准确性、完整性和一致性[10],提出了关联规则可靠性评价的方法,以供在不同应用领域中对规则结果进行评价时参考和使用。

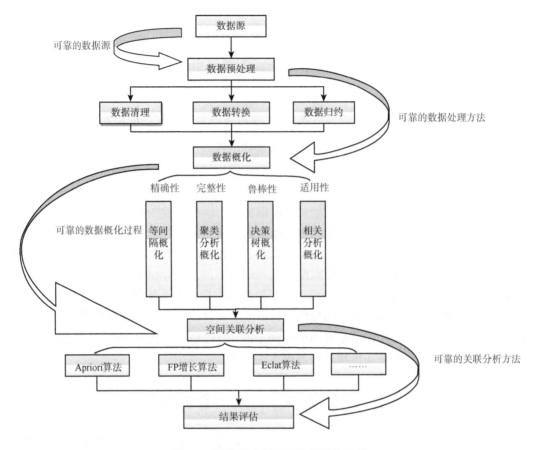

图 4.1　可靠性空间关联分析整体框架

4.2.1　准　确　性

关联规则的准确性表示关联规则描述事务数据库中各属性间存在关联的准确程度,由规则的具体结构和在数据挖掘过程中所依赖的数据决定。关联规则的准确性评价主要是在研究对象规则集中应用统计学方法,用定量的数值来判定规则的准确性[10]。一般用支持度、置信度、作用度三个指标来进行度量。

定义 1　准确性

$$\text{Accuracy} = k_1 \times \text{Support} + k_2 \times \text{Confidence} + k_3 \times \text{Lift} \tag{4.2}$$

式中,Accuracy 为准确性;k_1、k_2、k_3 分别为支持度(Support)、置信度(Confidence)和作用度(Lift)三项指标在准确性度量中所占的权重,应有 $k_1+k_2+k_3=1$,缺省条件下 $k_1=k_2=k_3=1/3$。根据具体应用领域及数据特点,可对三者的取值做相应调整。

例如,某超市的 500 名顾客购物记录统计表如表 4.1 所示,其中 1 代表顾客购买了该商品,0 代表没有购买该商品。

表 4.1　某超市 500 名顾客购物记录统计

顾客编号	苹果	洋蓟	牛油果	法棍面包	红酒	...
1	1	1	1	0	1	...
2	1	0	0	1	1	...
...	...	...	...	...	...	...
500	1	1	1	1	1	...

采用 Apriori 算法对 500 名顾客购买记录数据集进行挖掘，设置最小支持度（Sup_{Min}）为 50%，最小置信度（$Conf_{Min}$）为 80%，Lift>1，得到研究对象的关联规则集及每条规则的支持度、置信度、作用度取值。根据式(4.2)计算每条规则的准确性，结果如表 4.2 所示。

表 4.2　研究对象关联规则集及准确性计算结果

规则	规则前件	规则后件	支持度	置信度	作用度	准确性
1	可乐_1	红酒_1	0.66	0.93	1.01	0.87
2	冰激凌_1	可乐_1	0.62	0.89	1.25	0.92
3	可乐_1	冰激凌_1	0.62	0.87	1.25	0.91
4	苹果_1	牛排_1	0.58	0.86	1.12	0.85
5	冰激凌_1	沙丁鱼_1	0.55	0.80	1.12	0.82
6	啤酒_0	牛排_1	0.51	0.86	1.12	0.83

以第一条规则为例，表明同时购买了可乐和红酒的顾客在 500 名顾客中所占比例为 0.66，购买可乐的顾客中同时买了红酒的比例为 0.93，购买可乐与购买红酒是正相关关系，因此，"购买可乐的顾客往往会购买红酒"这条规则的准确性为 0.87。计算规则准确性均值，得到研究对象规则集的准确度为 0.87。

4.2.2　完　整　性

关联规则的完整性指关联规则表达事物数据库中存在关联的完整程度。完整性度量的关键在于判断关联规则挖掘结果中是否存在遗漏的规则。可用新颖度的概念判断挖掘得到的关联规则集中是否存在遗漏的规则。

定义 2　新颖度

新颖度反映新出现的规则与初始关联规则集中规则的相悖程度[21]。通过计算新出现的规则的新颖度 W，判断该规则与已知规则集的差异程度，若新颖度值较高，则认为该规则是在初始挖掘中遗漏的，感兴趣的，具有补漏意义的规则，并把它充实进结果规则集中去。

新颖度的衡量主要从规则的形式上进行，分别表现在规则前件的差异和后件各项的差异程度上。设新发现的规则集合为 E，E 中包含的规则数为 $|E|$，研究对象规则集合记为 K，K 中包含的规则数为 $|K|$。设 W_i 为 E 中的规则 E_i 与对象规则集 K 相比的新颖度，

$W_{(i,j)}$ 是规则 E_i 与 K_i 相比的新颖度，$W_{(i,j)}$ 又包括规则前件的新颖度 $L_{(i,j)}$ 和规则后件的新颖度 $Z_{(i,j)}$。

例如，在上述超市购物篮数据中，新增 500 名顾客的购物记录，统计列表如表 4.3 所示。

表 4.3 新增 500 名顾客购物记录统计

顾客编号	苹果	洋蓟	牛油果	法棍面包	红酒	...
501	0	1	1	1	1	...
502	0	1	1	1	1	...
...	...	...	...	...	...	...
1 000	0	1	1	1	1	...

仍用 Apriori 算法对新增的 500 名顾客购买记录数据集进行挖掘，设置 Sup_{Min} 为 50%，Conf_{Min} 为 80%，Lift>1，得到 12 条关联规则及每条规则的支持度、置信度、作用度值。结果如表 4.4 所示。

表 4.4 新增数据集关联规则挖掘结果

规则	规则前件	规则后件	支持度	置信度	作用度
1	冰激凌_1	红酒_1	0.64	0.94	1.01
2	洋蓟_1	红酒_1	0.64	0.94	1.01
3	冰激凌_1	可乐_1	0.63	0.89	1.27
4	可乐_1	冰激凌_1	0.59	0.87	1.27
5	火腿_1	火鸡_1	0.58	0.80	1.10
6	苹果_1	牛排_1	0.56	0.82	1.06
7	腌牛肉_1	牛排_1	0.55	0.85	1.10
8	红酒_1, 火鸡_1	火腿_1	0.54	0.80	1.11
9	牛油果_1	洋蓟_1	0.53	0.81	1.20
10	啤酒_0	火鸡_1	0.52	0.85	1.17
11	啤酒_0	牛排_1	0.50	0.85	1.09
12	啤酒_0	苹果_1	0.50	0.83	1.19

与表 4.2 中的对象规则集 K 进行比较，获取新出现的规则集 E。

1）计算 $L_{(i,j)}$

设 I 为规则 E_i 中所有规则前件所属的语言变量组成的集合，J 为研究对象规则集 K 中规则 K_i 中所有前件的语言变量组成的集合。记 $V_{(i,j)k}$ 为 I 中的任意一项 I_k 与规则 K_i 的差异程度，则有

$$V_{(i,j)k} = \begin{cases} 2, & I_k \notin J \\ 1 + \text{neg}_k, & I_k \in J \end{cases} \tag{4.3}$$

式中，neg_k 为 I 中的第 k 项的语言变量值与 J 中同一语言变量对应语言值之间的差异程度。如比较"降水量_极小"与"降水量_大"间的差异程度，通过查询语言变量的数据字典，可得到其语言值有五个：{降水量_极小，降水量_小，降水量_中，降水量_大，降水量_极大}，则差异程度为 $\text{neg} = \dfrac{|1-4|}{5} = 0.6$。加 1 是为了避免当 I 中语言变量值与 J 中对应语言值完全相同时出现等于 0 的情形。规则的新颖度为前件中各项差异程度的累加和，即

$$L_{(i,j)} = \sum_{k=1}^{|I|} V_{(i,j)k} \qquad (4.4)$$

以 E 中的规则 E_5："红酒_1，火鸡_1⟹火腿_1"为例，计算其相对于对象规则集 K 的新颖度。其中对 K_1："可乐_1⟹红酒_1"，有 $I=\{红酒,火鸡\}$，$J=\{可乐\}$。可知 I_1，$I_2 \notin J$，则 $V_{(5,1)1} = V_{(5,1)2} = 2$，从而得到规则前件的新颖度 $L_{(5,1)} = \sum_{k=1}^{|2|} V_{(5,1)k} = 4$。

2）计算 $Z_{(i,j)}$

经过规则约简后，对象规则集中所有的规则后件项数均为 1，通过数据挖掘算法得到的规则后件的项数也为 1。令新发现的规则 E_i 与对象规则集中的任一条规则在后件上只能有以下两种可能的关系：

(1)两条关联规则的规则后件属于同一个语言变量，则计算两者语言值的差异程度 neg，$Z_{(i,j)} = 1 + \int \text{neg}$。

(2)两条关联规则的规则后件不属于同一个语言变量，则 $Z_{(i,j)} = 2$。

针对上面的关联规则和 E_5 和 K_1，因为两者的规则后件不属于同一语言变量，则规则后件的新颖度 $Z_{(5,1)} = 2$。

3）计算 $w_{(i,j)}$

$$w_{(i,j)} = \frac{L_{(i,j)} \times Z_{(i,j)}}{\max(|I|,|J|)} \qquad (4.5)$$

根据式(4.4)，计算规则 E_5 和 K_1 之间的新颖度：

$$w_{(5,1)} = \frac{L_{(5,1)} \times Z_{(5,1)}}{\max(|I|,|J|)} = \frac{4 \times 2}{\max(2,1)} = 4$$

4）计算 W_i

$$W_i = \frac{\sum_{j=1}^{|K|} w_{(i,j)}}{|K|} \qquad (4.6)$$

计算 E_5 与对象规则集 K 中每条规则之间的新颖度，得到新出现的规则 E_5 的相对规则集 K 的新颖度 W_5。对新增规则集 E 计算新颖度，设置新颖度阈值为 3，删除新颖度较低的规则，保留新颖度较高的规则为在初始挖掘中遗漏的正确规则，得到结果如表 4.5 所示。

表 4.5　遗漏的规则

规则	规则前件	规则后件	支持度	置信度	作用度	新颖度
1	火腿_1	火鸡_1	0.58	0.80	1.10	4
2	红酒_1，火鸡_1	火腿_1	0.54	0.80	1.11	4
3	牛油果_1	洋蓟_1	0.53	0.81	1.20	4
4	洋蓟_1	红酒_1	0.64	0.94	1.01	3.67
5	啤酒_0	火鸡_1	0.52	0.85	1.17	3.67
6	啤酒_0	苹果_1	0.50	0.83	1.19	3.67
7	腌牛肉_1	牛排_1	0.55	0.85	1.10	3.33

定义 3　完整性

根据新颖度判断新出现的规则是否为需要补充进研究对象规则集的遗漏规则，并对初始规则集进行补充。令研究对象规则集为 K，K 中包含的规则数为 $|K|$，补漏后的规则集为 W，W 中包含的规则数为 $|W|$，则规则集的完整性度量方法为

$$\text{Completeness} = \frac{|K|}{|W|} \tag{4.7}$$

例如，根据表 4.4 和表 4.5 可知，对象规则集数目 $|K|$=6，补漏后放入规则集数据 $|W|$=6+7=13。则对象数据集的完整性：

$$\text{Completeness} = \frac{|K|}{|W|} = \frac{6}{13} = 0.46$$

4.2.3　一　致　性

关联规则的一致性是对不同数据集中共同出现的关联规则及其在各数据集中的支持度分布进行评估。若一条规则在研究对象数据集及后续新增的不同数据集挖掘结果中均出现且分布较为平均，则认为该规则的一致性较好。若数据集的一致性结果较差，则认为研究对象在数据集中的分布并不平均，应对数据集进行一定拆分，以获取更加可靠与完整的关联规则结果。对规则集的一致性度量包括结果一致性和数据一致性两部分。

定义 4　结果一致性

令研究对象规则集为 K，K 中包含的规则数为 $|K|$，在不同数据集挖掘结果中共同出现的规则集为 C，C 中包含的规则数为 $|C|$，则规则集的结果一致性度量方法为

$$\text{ResultConsistency} = \frac{|C|}{|K|} \tag{4.8}$$

例如，对表 4.2 中研究对象关联规则集 K 与表 4.4 中新增数据集挖掘结果进行对比，得到在不同数据集中共同出现的规则集 C 及每条规则在对象数据集和新增数据集中的支持度，如表 4.6 所示。

表 4.6　新增数据集的支持度

项目	规则前件	规则后件	支持度	
			对象数据集	新增数据集
1	冰激凌_1	可乐_1	0.62	0.63
2	可乐_1	冰激凌_1	0.62	0.59
3	苹果_1	牛排_1	0.58	0.56
4	啤酒_0	牛排_1	0.51	0.50

可知对象规则集的结果一致性为

$$\text{ResultConsistency} = \frac{|C|}{|K|} = \frac{4}{6} = 0.67$$

定义 5　数据一致性

对共同出现的关联规则的在不同数据集中的支持度分布进行评估。令共同出现的规则集为 C，C 中的规则 C_i 在初始数据集中的支持度为 S_i，在其余不同数据集中的支持度分别为 $S_{i1}, S_{i2}, \cdots, S_{in}$，则

1）计算 $v_i v_{\max}$

$$v_i = |S_{i1} - S_i| + |S_{i2} - S_i| + \cdots + |S_{in} - S_i| \tag{4.9}$$

2）对 v_i 进行标准化，记 C 中每条规则的 v_i 中最大值为 $v_{\max}$，最小值为 $v_{\min}$，则

$$v_i' = \frac{v_i - v_{\min}}{v_{\max} - v_{\min}} \tag{4.10}$$

3）对规则集的一致性度量

$$\text{DataConsistency} = 1 - v_i' \tag{4.11}$$

定义 6　一致性

$$\text{Consistency} = k_1 \times \text{ResultConsistency} + k_2 \times \text{DataConsistency} \tag{4.12}$$

式中，k_1、k_2 分别为结果一致性和数据一致性两项指标在一致性度量中所占的权重，应有 $k_1 + k_2 = 1$，缺省条件下 $k_1 = k_2 = 1/2$。根据应用需求不同，可对结果一致性和数据一致性两项指标的权重进行调整。

例如，根据表 4.6 中列出的在两个购物篮数据集中共同出现的关联规则在每个数据集中的支持度分布，可计算数据一致性，如表 4.7 所示。

表 4.7　共同出现的关联规则的支持度分布

规则	规则前件	规则后件	v_i	v_i'	数据一致性
1	冰激凌_1	可乐_1	0.01	0	1
2	可乐_1	冰激凌_1	0.03	1	0
3	苹果_1	牛排_1	0.02	0.5	0.5
4	啤酒_0	牛排_1	0.01	0	1

计算规则数据一致性均值，得到研究对象规则集的数据一致性为 0.63，一致性为 0.65。

4.2.4　基于确定数据的关联规则统计检验

提升输出规则的可靠性，既要尽量多发现有助于决策的正确规则，也要避免虚假规则，即表达数据中不存在关联的规则。数据库中的项目能组合成数以万计甚至亿计的备选规则，因此规则挖掘结果中通常包含大量的虚假规则。在大数据时代，数据丰富度与算法效率问题已得到很大程度的改善，此时虚假规则就成为空间关联规则挖掘结果可靠性和价值的关键制约因素。

统计假设检验是滤除虚假关联规则的一类重要方法[22-26]，其理论基础为：无论全体或抽样数据，其容量都是有限的，现实世界中各实体之间的关联却有无限次的潜在表达机会。一条关联规则在数据中符合给定的兴趣度指标，可能并非由于该规则在现实中确实符合该指标，而是因为该规则在数据中的有限次表达"偶然"符合该指标，此时该规则为虚假规则。因此，这类检验的零假设就是规则在数据中成立并非因为真实的关联，而是出于偶然。检验的结果为一概率值 p，表示零假设成立时，该规则得到数据中观测到的兴趣度指标值的可能性，也就是该规则为虚假规则的可能性。当 p 小于给定的显著性水平 α，如 0.05 时，则接受该规则为真，反之则将该规则移除。

但是，简单地将检验的显著性水平设为 α，很难将输出规则中虚假规则的比例控制在 $\alpha \times 100\%$，甚至通过检验的虚假规则可能多于真实规则。即使采用基本的 Bonferroni 修正，若总共检验 n 条备选输出规则，则设显著性水平为 $\kappa = \alpha/n$，所得结果中通常仍然包含多条虚假规则。这是因为待检验规则一般已经过支持度等兴趣度指标的初步筛选，因而比其他规则更倾向于通过检验[27]。

Webb[27]提出了一种统计健全的检验法，成功地将族错误率（familywise error rate）控制在很低的水平，如 5%。族错误率为多个统计假设检验中，其中至少一个检验错误地接受事实上不成立，但错误地通过了检验的概率。在对一组关联规则的统计检验中，族错误率即为接受至少一条错误规则的概率。以对规则的高效性（productivity）进行检验为例，对每一条规则 $X \to y$，$X = \{x_1, \cdots, x_n\}$，其符合高效性指标的条件，即检验的备选假设为

$$\forall m = 1, \cdots, n;\ \Pr(y \mid X) > \Pr(y \mid X - \{x_m\}) \tag{4.13}$$

也就是说，X 中没有冗余项目，每个项目都增加了 y 发生的可能性。检验的零假设为 $\Pr(y \mid X) = \Pr(y \mid X - \{x_m\})$，即 $X \to y$ 在数据中具有高效性仅仅出于偶然。费氏精确检验(Fisher exact test)是最适合检验式(4.13)的方法：

$$
\begin{aligned}
a &= s(X \cup \{y\}) \\
b &= s(X \cup \neg\{y\}) \\
c &= s((X - \{x_m\}) \cup \neg\{x_m\} \cup \{y\}) \\
d &= s((X - \{x_m\}) \cup \neg\{x_m\} \cup \neg\{y\})
\end{aligned}
\tag{4.14}
$$

式中，s 为数据中含有括号内模式的记录数；$\neg$ 表示数据中不含此项目，如 b 为包含 X 中所有项目，且不包含 y 的记录数量。该检验的 p 值为

$$
p = \sum_{i=0}^{\min(b,c)} \frac{(a+b)!(c+d)!(a+c)!(b+d)!}{(a+b+c+d)!(a+i)!(b-i)!(c-i)!(d+i)!}
\tag{4.15}
$$

统计健全检验法取显著性水平 $\kappa = a/s$，s 为数据中所有项目排列组合出的潜在规则的总数。如有 20 个数据项，规定 X 中至多有 4 个项目，则 $s = C_{20}^1 \times C_{20-1}^1$（$X$ 包含 1 个项目）$+ C_{20}^2 \times C_{20-2}^1$（$X$ 包含 2 个项目）$+ C_{20}^3 \times C_{20-3}^1$（$X$ 包含 3 个项目）$+ C_{20}^4 \times C_{20-4}^1$（$X$ 包含 4 个项目）$= 100\,700$。实验证明，采用该 κ 值能发现相当大比例的正确规则，而族错误率可低至不到 1%。

就我们所知，统计健全检验法是目前最能有效避免虚假规则的方法。但此法并未考虑到实践中普遍存在的数据误差对检验结果的影响。随机数据误差与数据项没有关联，因此其主要影响为弱化数据项之间的关联，使很多原本能被发现的正确规则无法通过检验而被丢失。第 4.4 节中的实验证明，数据误差能造成正确规则的大量丢失，严重影响规则挖掘结果的可靠性和科学、实用价值。

4.3　空间关联分析的可靠性控制

4.3.1　空间关联分析可靠性控制技术

在航空领域，其可靠性控制主要包括以下内容。

(1) 设备冗余技术，指在系统中有两套硬件设备，以双工或双机方式工作，用冗余的设备来防止万一发生的硬件故障。

(2) 负荷分布技术，指在系统中均衡地将负荷分布到各个设备上，防止某一分支的设备负荷过大而发生故障。

(3) 系统重新组合技术，指在系统中组合多种技术，以提高系统的可靠性。

在本章中空间关联分析的可靠性控制主要包括以下内容。

(1) 数据的可靠性控制技术，指在空间关联分析中应用相关的技术控制原始数据集的可靠性，以防止由于数据源的不确定性而引起空间关联分析结果的不可靠；包括数据采集的可靠性技术和数据预处理的可靠性控制技术。

(2)方法/模型的可靠性控制技术，指在空间关联分析中应用相关的技术提高空间关联分析方法或模型的可靠性；包括可靠性空间关联分析方法、算法和可靠性空间关联规则挖掘过程。

(3)结果的可靠性控制技术，指对空间关联分析的结果的不确定性进行可靠性控制的技术。本章中指对虚假规则的滤除，应用统计检验的方法滤除虚假规则。

在本章的 4.3.2 节和 4.3.3 节将分别从数据、方法/模型和结果的可靠性控制论述空间关联分析的可靠性控制。

4.3.2　基于连续数据离散化不确定控制

1. 不确定性系数的定义

对于给定连续属性 S，假设其离散映射结果由区间 $I_1, I_2, \cdots, I_k$ 组成。对于第 i 个对象 $O_i(O_i \in I_j, j \in [1, \ k])$，其不确定性系数为

$$U_i = \frac{a_i}{\max(a_i, b_i)} \tag{4.16}$$

式中，a_i 为 O_i 到其所属区间 I_j 的质心的距离；b_i 为 O_i 到其邻域区间 I_{j-1}，I_{j+1} 质心的距离的最小值，若 I_j 为边界区间则仅取单邻接区间距离。

不确定性系数的值在 0～1 变化。值为 1 表明该对象到区间内对象的平均距离等于甚至大于到邻域区间的平均距离，不确定性达到最高，值越接近 0 表明该对象不确定性越小。

2. 连续属性的不确定区间与可靠区间的划分

在不确定性系数计算基础上，引入最大类间方差法(Ostu 方法[28])进一步将连续数据离散化区间划分为可靠区间和不确定区间。通过计算得到使离散化结果中可靠区间与不确定区间之间方差最大的不确定阈值，确保可靠区间与不确定区间的差别最大。对于具有 n 个对象的数据集，其每个对象的不确定性系数记为 $u_i(i = 1, 2, \cdots, n)$。设可靠区间与不确定区间的分割阈值记为 t，则有

$$G(t) = \frac{n_1 n_0}{n^2}(U_1^{\text{avg}} - U_0^{\text{avg}})^2 \tag{4.17}$$

式中，$G(t)$ 为该不确定阈值 t 下可靠区间与不确定区间的方差；n_1、n_0 分别为阈值 t 下可靠区间与不确定区间的对象数目；U_1^{avg}、U_0^{avg} 分别为阈值 t 下可靠区间与不确定区间的不确定性系数均值。当 $G(t)$ 取得最大值时，可以认为此时可靠区间与不确定区间的差异最大，此时的阈值 t 即最佳阈值。然后根据此阈值得到该连续属性的可靠区间和不确定区间。

1)空间关联规则可靠区间的计算方法

通过评估关联规则支持度、置信度的可靠区间，对属性离散化不确定性对关联规则

可靠度的影响进行评价。若关联规则的支持度和置信度的变异与原始挖掘结果的差异较大，则连续数据离散化的不确定性对规则挖掘结果不确定性的影响较为显著。对于关联规则 $X \Rightarrow Y$，其事务数据库记为 D，规则的项目数记为 freq，则规则 $X \Rightarrow Y$ 在 D 中的可靠性分布可记为

$$\text{freq}(\{X \cap Y\}_r) = \text{freq}(X \cap Y) \cap \text{freq}(X_r) \cap \text{freq}(Y_r) \tag{4.18}$$

$$\text{freq}(\{X \cap Y\}_u) = \text{freq}(X \cap Y) \cap \left[\text{freq}(X_u) \cup \text{freq}(Y_u)\right] \tag{4.19}$$

$$\text{freq}_{\text{outer}}(X_u) = \text{freq}(X_u^{-1}) + \text{freq}(X_u^{+1}) \tag{4.20}$$

$$\text{freq}_{\text{outer}}(\{X \cap Y\}_u) = \left[\text{freq}(X) + \text{freq}_{\text{outer}}(X_u)\right] \cap$$
$$\left[\text{freq}(Y) + \text{freq}_{\text{outer}}(Y_u)\right] - \text{freq}(X) \cap \text{freq}(Y) \tag{4.21}$$

式中，$\text{freq}(X)$ 为数据库中所有包含规则项 X 的项目数。规则项 X 位于不确定区间及可靠区间的项目数分别记为 $\text{freq}(X_u)$，$\text{freq}(X_r)$。以规则 $X|_2 \Rightarrow Y|_2$ 为例，$\text{freq}(X)$ 为图 4.2 中的③～⑤区域，其中③、⑤为 $\text{freq}(X_u)$，④为 $\text{freq}(X_r)$。

规则成立 $X \cap Y$ 事件出现的项目数记为 $freq(X \cap Y)$，在规则 $X|_2 \Rightarrow Y|_2$ 的示意图中表现为 X 属性的③～⑤与 Y 的❸～❺的重叠区域。

$\text{freq}(\{X \cap Y\}_r)$ 表示关联规则 $X \Rightarrow Y$ 的前后项均位于可靠区间项目数，对于规则 $X|_2 \Rightarrow Y|_2$ 表现为④与❹的重叠区域；$\text{freq}(\{X \cap Y\}_u)$ 表示关联规则 $X \Rightarrow Y$ 的前项或后项位于不确定区间的项目数，表现为③～⑤∩❸～❺中除④∩❹以外的区域。

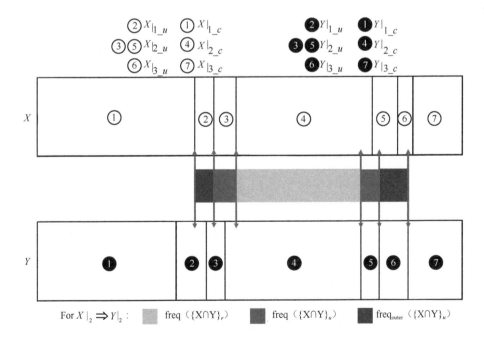

图 4.2　关联规则区间分布示意图[29]
（彩图见书后）

$\text{freq}_{\text{outer}}(X_u)$ 表示规则项 X 在规则语言变量所属区间的上一区间 X^{-1} 及下一区间 X^{+1} 内的项目数，对于规则 $X\big|_2 \Rightarrow Y\big|_2$ 表现为②∪⑥区域；$\text{freq}_{\text{outer}}(\{X\bigcap Y\}_u)$ 表示在规则 $X \Rightarrow Y$ 前后项语言变量的上下区间内的不确定项目数，即 $\text{freq}_{\text{outer}}(X_u)$ 与 $\text{freq}_{\text{outer}}(Y_u)$ 的重叠部分，对于规则 $X\big|_2 \Rightarrow Y\big|_2$ 表现为②～⑥∩❷～❻中除③～⑤∩❸～❺以外的区域。

则计算支持度可靠区间的边界如下所示：

$$\text{Sup}_{\text{Min}} = \frac{\text{freq}(\{X\bigcap Y\}_r)}{D} \tag{4.22}$$

$$\text{Sup}_{\text{Max}} = \frac{\text{freq}(X\bigcap Y) + \text{freq}_{\text{outer}}(\{X\bigcap Y\}_u)}{D} \tag{4.23}$$

对于置信度可靠区间，其边界的计算公式为

$$\text{Conf}_{\text{Min}} = \frac{\text{freq}(\{X\bigcap Y\}_r)}{\text{freq}(X)} \tag{4.24}$$

$$\text{Conf}_{\text{Max}} = \frac{\text{freq}(X\bigcap Y) + \text{freq}_{\text{outer}}(\{X\bigcap Y\}_u)}{\text{freq}(X) + \text{freq}_{\text{outer}}(\{X\bigcap Y\}_u)} \tag{4.25}$$

则对于关联规则 $X \Rightarrow Y\,(\text{Sup}, \text{Conf})$，量化评估其规则项离散化的不确定性对规则的影响为 $\text{IG}(X \Rightarrow Y)$，此时规则应写为 $X \Rightarrow Y\,(\text{Sup}_{\text{Min}} - \text{Sup}_{\text{Max}}, \text{Conf}_{\text{Min}} - \text{Conf}_{\text{Max}})$，从而确保规则更为准确和完备地描述数据集中的关联分布。

2) 空间关联规则不确定性评价指标

为量化评估离散化过程中的不确定性对关联规则的影响，对挖掘数据集中属性的不确定性与关联规则支持度、置信度的可靠区间间的相关性进行分析。

其中，对于每条规则 $X \Rightarrow Y$，其属性离散化不确定程度分别来自属性 X 与 Y 上的不确定性系数的均值 $\text{Uncertainty}_{\text{avg}}$，其离散化不确定性对规则的影响表现为规则支持度、置信度可靠区间极差的大小，运用熵权法对关联规则支持度、置信度的可靠区间极差赋权，得到关联规则的不确定性评价指标。对于某种离散化方法处理后挖掘得到的关联规则集 $\{(X \Rightarrow Y)_1, (X \Rightarrow Y)_2, \cdots, (X \Rightarrow Y)_n\}$，以规则 $(X \Rightarrow Y)_i$ 为例，其不确定性指标的计算如下所示：

(1) 首先计算 $(X \Rightarrow Y)_i$ 规则的支持度极差 SRange_i 和置信度极差 CRange_i：

$$\begin{aligned} \text{SRange}_i &= \text{Sup}_{\text{Max}\_i} - \text{Sup}_{\text{Min}\_i} \\ \text{CRange}_i &= \text{Conf}_{\text{Max}\_i} - \text{Conf}_{\text{Min}\_i} \end{aligned} \tag{4.26}$$

(2) 考虑支持度、置信度极差的量纲差异，对极差进行标准化处理，得到标准化支持度极差及标准化置信度极差 SSRange_i 和 SCRange_i。

$$\text{SSRange}_i = \frac{\text{SRange}_i - \text{Min}(\text{SRange})}{\text{Max}(\text{SRange}) - \text{Min}(\text{SRange})} \tag{4.27}$$

$$SCRange_i = \frac{CRange_i - Min(CRange)}{Max(CRange) - Min(CRange)} \tag{4.28}$$

（3）计算支持度及置信度的信息熵。

$$E_{Sup} = -\ln(n)^{-1} \sum_{i=1}^{n} \frac{SSRange_i}{\sum_{i=1}^{n} SSRange_i} \ln \frac{SSRange_i}{\sum_{i=1}^{n} SSRange_i} \tag{4.29}$$

$$E_{Conf} = -\ln(n)^{-1} \sum_{i=1}^{n} \frac{SCRange_i}{\sum_{i=1}^{n} SCRange_i} \ln \frac{SCRange_i}{\sum_{i=1}^{n} SCRange_i} \tag{4.30}$$

（4）确定支持度与置信度的极差权重，得到每条关联规则不确定性ArU_i。

$$ArU_i = \frac{1 - E_{Sup}}{2 - E_{Sup} - E_{Conf}} SSRange_i + \frac{1 - E_{Conf}}{2 - E_{Sup} - E_{Conf}} SCRange_i \tag{4.31}$$

由离散化不确定性导致的关联规则可靠区间偏移量可由ArU_i表示，其值在 0～1 变化。值越接近 1 表明该条规则的不确定程度越高。通过评价规则项在离散化中的不确定程度$Uncertainty_{avg}$与规则可靠区间$SSRange$、$SCRange$、ArU间的关联，定量的评价离散映射不确定性对关联规则挖掘的影响。

4.3.3　基于关联规则结果的不确定控制

如 4.2.4 节所述，统计健全的关联规则假设检验能够有效滤除虚假规则，但当数据包含误差时，也会造成正确规则的大量丢失。为解决这一问题，本小节首先根据误差传播和多重假设检验理论，建立了数据误差在空间关联规则统计检验中的传播模型。根据所提出的模型，进一步提出规则的修正统计检验法，通过修正统计检验关键参数[如 4.2.4 节中费氏精确检验式（4.14）的参数 a，b，c，d]，降低数据误差对检验结果的影响，获取更准确的检验结果，增加正确规则的数量。本小节所述数学过程的原理及推导细节可见文献[30]。

1. 数据误差传播建模

对分类数据，包括离散化后的连续数据，设数据中属性 a 有 k 个类别，其数据误差矩阵可表示为

$$P = \begin{pmatrix} p_{11} & p_{12} & \cdots & p_{1k} \\ p_{21} & p_{22} & \cdots & p_{2k} \\ \vdots & \vdots & & \vdots \\ p_{k1} & p_{k2} & \cdots & p_{kk} \end{pmatrix} \tag{4.32}$$

式中，p_{ij}（$i, j \in [1, k]$）为 a 的真实分类为 j 时，其在数据中观测值为 i 的概率。除元素 $p_{11}, \cdots, p_{kk}$ 表示正确分类的概率外，其他元素均为各种情形下的数据误差率。这些误差以相应概率随机发生，因此数据中产生相应误差的条数近似服从正态分布。据此，本小

节建立了 a 中误差在计算数据中任意模式支持度(即符合该模式的记录条数)时的传播模型。对包含 a 的任意模式,该模型可以评估其支持度在数据中观测值与真值之间的差异,该差异也近似服从与 P 中元素值有关的正态分布。

2. 统计检验参数值的修正

由于数据误差会造成数据中各模式支持度的误差,而关联规则统计检验中的关键参数往往是由数据模式的支持度计算得出,因此误差也会造成这些关键参数的失准,从而降低检验结果的准确性。反之,如果利用上述数据误差传播模型,对检验参数进行修正,则能提高规则检验结果的准确性。根据上述误差传播模型,可以推导出包含 a 的任意模式的支持度估计真值,记为 $\hat{E}(c_i, I, P, z)$:

$$\hat{E}(c_i, I, P, z) = \sum_{j=1}^{k} \left(p_{ij}^{-1} \left(s(I \cup \{c_j\}) - z \left(\sum_{l=1}^{k} p_{jl}(1-p_{jl}) s(I \cup \{c_l\}) \right)^{1/2} \right) \right) \quad (4.33)$$

式中, c_i, $i \in [1, k]$ 为表示 a 中类别 i 的数据项; I 为该模式除 c_i 以外的数据项集; s 为相应数据模式的观测支持度; p_{ij}^{-1} 为 P 的逆矩阵中 (I, j) 位上的元素。

在关联规则统计检验中,将检验参数的内容代入 $I \cup \{c_i\}$,则可使用式(4.33)获取参数的估计真值,并以估计真值代替参数的观测值来计算检验的 p 值,可使检验结果更加准确。如 4.2.4 节对规则高效性的费氏精确检验中,将 4.2.4 节式(4.13)内四个计算参数 a、b、c、d 的内容代入式(4.33),可得到参数的估计真值 $\hat{a}_0$、$\hat{b}_0$、$\hat{c}_0$、$\hat{d}_0$。为了防止式(4.33)中包含 z 的项目令 a、d 进一步增大或 b、c 进一步减小,导致 p 值减小、虚假规则容易通过检验,应使用非负的 z 值,并用 $\hat{E}(c_i, I, P, z)$ 修正 a、d,用 $\hat{E}(c_i, I, P, -z)$ 修正 b、c。对规则 $X \to y$,误差可能发生在 x_m、y 或 X 中的其他项目 x_m 位置上,三种情况下 $\hat{a}_0 \sim \hat{d}_0$ 有不同的公式化表达,详见文献[30]。

3. 虚假规则风险的控制

使用式(4.33)修正检验参数的关键是设定合理的 z 值: z 值越小,参数修正程度越大,越有可能发现更多正确规则,但产生虚假规则的风险也随之增加。族错误率和 z 值的关系受诸多不确定性因素影响,难以根据用户给定的族错误率上限,直接确定所需的 z 值。因此,本章使用模拟法,将数据中每一属性的所有值随机重新排序,再从随机化数据中提取规则,以修正统计检验法检验,重复多次,以确定一尽量小的合理的 z 值,在族错误率不超过用户给定上限 κ 的前提下,尽可能多地增加正确规则。

4.4 可靠性空间关联分析方法实例

4.4.1 采用修正统计检验法的空间关联规则挖掘

使用 4.3.2 节中修正统计检验法进行关联规则挖掘的流程如图 4.3 所示。首先,使用现有关联规则挖掘算法提取所有待检验的规则，过程中可使用兴趣度指标对规则进行初步筛选。然后，检验每一条备选规则是否符合给定的兴趣度标准，如在是否为高效规则。如果符合标准，则使用修正统计检验法，评估规则对兴趣度标准的符合情况是否具有统计显著性。将被检验接受的规则作为最终结果呈现给用户，并将其余规则从备选规则中滤除。

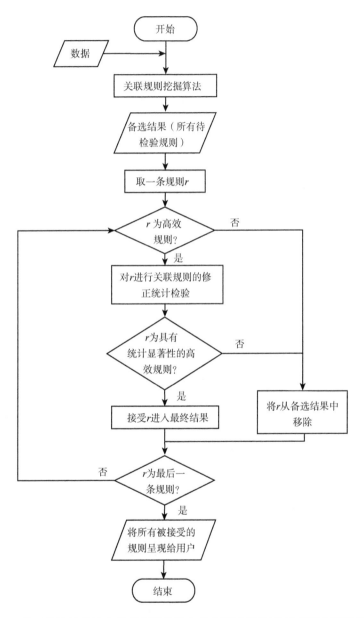

图 4.3 修正统计检验法在关联规则挖掘中的应用流程(以检验规则高效性为例)

合成和真实数据实验证明，修正统计检验法可以有效增加输出规则中正确规则的数量，同时可以严格控制虚假规则，从而提高空间关联规则挖掘结果的可靠性。

合成数据实验中，数据为计算机根据预先设计的、已知的正确规则生成，因此可以明确判断检验结果中的真实与虚假规则。在低至 2%，高至 36% 记录包含误差的多种误差水平，以及多种数据量的情况下，修正统计检验法均比文献[27]中的原始统计健全检验法发现更多的正确规则(图 4.4)。修正统计检验法的效果可以用恢复率来表示：

$$恢复率 = \frac{修正方法发现的正确规则数 - 原始方法发现的正确规则数}{无误差数据中发现的正确规则数 - 原始方法发现的正确规则数} \times 100\% \quad (4.34)$$

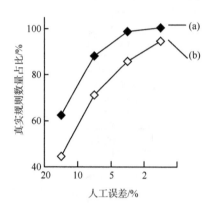

图 4.4　合成数据实验所得正确规则数

(a)使用修正统计检验法；(b)使用原始统计健全检验法。图像纵轴 100%表示无误差数据中所得规则数量占比

原始和修正方法均指应用于有误差数据的情况。在各误差水平下，修正统计检验法的平均恢复率约为 50%。同时，面对数据挖掘实践中的种种不理想状况，如数据误差估计不准、误差水平与数据值存在相关性等，修正统计检验法具有较高的鲁棒性，能维持大部分的真实规则恢复能力(图 4.5)[30]。

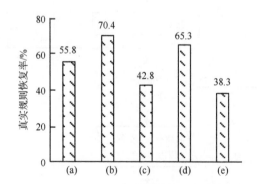

图 4.5　误差水平 10%时各情况下的真实规则恢复率

(a)误差估计准确；(b)误差被高估为 20%；(c)误差部分被高估为 20%，部分被低估为 5%；
(d)误差水平与另一属性误差相关；(e)误差水平与另一属性属性值相关

修正统计检验法基本保留了统计健全检验法在控制虚假规则方面的显著优势，所得虚假规则虽高于原始统计健全检验法，但当用户给定族错误率上限为 5%时，所得平均族错误率仅为 2%，在最高误差水平下也不超过 5%，虚假规则的比例则仅约 0.1%。若不使用修正统计检验法或原始统计健全检验法，输出规则的族错误率则高于 50%。

真实数据实验的研究区域为美国马萨诸塞州，探讨了区内 1985～1999 年土地利用变化与人口、收入等社会经济指标变化之间的关系。在多种误差水平下，修正统计检验法均比原始统计健全检验法发现更多的真实规则。其中，包含两个年份土地利用变化(利用类型不同)的规则最有实际意义，但仅有约 100 条，且对误差非常敏感。当数据有误差时，原始统计健全检验法可导致 45%～85%此类真实规则的丢失，而修正统计检验发现的正确规则为原始检验的 2～4 倍(表 4.8)。空间关联规则挖掘的实践中，经常出现与本实验类似的情况，即最重要的规则数量稀少，且对误差敏感，因此修正统计检验法具有相当的潜在实用价值[30]。

表 4.8　真实数据实验结果　　　(单位：%)

项目	真实规则发现率		
人工误差	20	10	5
修正统计检验法	53	82	90
原始统计健全检验法	13	10	54

注：100%表示数据无误差时发现规则的数量。

4.4.2　关联规则的可靠性度量指标评价方法

关联规则的可靠性评估方法可应用于多个领域数据挖掘结果的可靠性评估。以雷击数据为例，已知夏季是雷电活动最频繁的时期，也是一年中防雷减灾工作最重要的时段。

选取 2014 年 7 月和 8 月湖北 4 个城市(黄石、武汉、咸宁、宜昌)输电线路走廊的雷击监测数据，结合地形(高程、坡度、坡向)、气象(降水量、气温、气压、相对湿度等)、植被数据对雷电活动的相关规律进行挖掘，筛选规则后件为电流幅值的规则，得到 4 个城市夏季输电线路走廊雷电活动的关联规则集，并对规则集的可靠性进行评估。

1. 可靠性度量结果

设置关联规则挖掘的支持度阈值为 20%，置信度为 80%，研究对象规则集由规则后件为"电流幅值"的关联规则构成。分别挖掘各城市 7 月、8 月，以及 7、8 两个月总和的雷电活动相关规则，对雷电规则在不同数据集中挖掘结果进行可靠性度量。

其中，准确性与一致性的计算采取默认设置，完整性度量的新颖度计算中，将阈值设置为 4/3，并对新出现的关联规则进行筛选，得到湖北 4 个城市夏季雷电活动规则的可靠性度量结果如表 4.9 所示。

表 4.9   湖北 4 个城市夏季雷电活动规则的可靠性度量结果

城市	可靠性度量		
	准确性	完整性	一致性
黄石	0.72	0.80	0
武汉	0.76	0.64	0.40
咸宁	0.77	0.75	0.44
宜昌	0.73	0.62	0.38

对湖北 4 个城市的夏季雷电活动规则集的可靠性度量结果展示如图 4.6 所示。

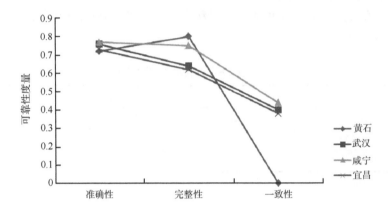

图 4.6   湖北 4 个城市的夏季雷电活动规则集的可靠性度量结果图

2. 发现与分析

对图 4.6 中得到的湖北 4 个城市夏季雷电活动关联规则的可靠性度量结果进行分析，可得出以下结论。

(1) 4 个城市的夏季雷电活动规则挖掘结果的准确性均处于较高水平。结合地形、气象与植被等多源数据，对雷电数据的关联规则挖掘能够较为准确地反映夏季雷电活动的相关规律，为夏季雷击灾害的预测与防护工作提供辅助，降低雷灾事故对生产生活的威胁。

(2) 4 个城市关联规则结果的一致性均较差。在考虑夏季雷电活动的相关特点时，选取雷击集中发生的 7 月和 8 月作为研究对象。分别对 7 月和 8 月的总雷击数据集，以及 7 月雷击、8 月雷击数据集的挖掘结果进行比较分析，计算规则的一致性。由于 7 月和 8 月的气象特点存在一定差异，气象数据在不同数据集中分布的不均匀导致了气象相关规则的一致性较差。根据一致性度量结果，可知对于夏季雷电活动的规则挖掘，应拆分为 7 月和 8 月两个数据集，分别分析不同月份中雷击发生的相关规律，在结果中增加针对 7 月和 8 月不同气象特点下的雷击规则，为制定针对性的雷害防治措施提供决策支持。

(3) 对 4 个城市的关联规则可靠性结果进行比较，可知咸宁的准确性、完整性、一致性水平均较高，整体来说规则可靠性最高，武汉次之。黄石完整性最高，但一致性为0。可知黄石7月、8月与7、8两个月总和中雷电活动的影响因子(语言变量)相似性较大，但语言变量取值的差异最为明显。

4.5　本 章 小 结

本章从空间关联分析的可靠性基础、来源与控制等方面阐述了可靠性空间关联分析的相关理论、技术和方法，并具体从基于确定数据的关联规则统计检验和关联规则的可靠性评价两个方面论述了可靠性空间关联分析。

参 考 文 献

[1] AGRAWAL R, IMIELINSKI T, SWAMI A. Mining associations between sets of items in massive databases. Proceedings of 1993 ACM-SIGMOD International Conference on Management of Data, 1993, 207-216.

[2] TEW C, GIRAUD-CARRIER C, TANNER K, et al. Behavior-based clustering and analysis of interestingness measures for association rule mining. Data Mining and Knowledge Discovery, 2014, 28(4): 1004-1045.

[3] PIATETSKY-SHAPIRO G. Discovery, analysis, and presentation of strong rules// Piatetsky-Shapiro G, Frawley J. Knowledge Discovery in Databases. Menlo Park: AAAI/MIT Press, 1991, 229-248.

[4] SRIKANT R, AGRAWAL R. Mining generalized association rules. Proceedings of 21st International Conference on Very Large Data Bases, 1995, 407-419.

[5] INTERNATIONAL BUSINESS MACHINES. IBM Intelligent Miner User's Guide. version 1, release 1, 1996.

[6] GRAY B, ORLOWSKA M. CCAIIA: clustering categorical attributes into interesting association rules. Proceedings of 2nd Pacific-Asia Conference on Knowledge Discovery and Data Mining(PAKDD'98), 1998: 132-143.

[7] BAYARDO R J Jr, AGRAWAl R, GUNOPULOS D. Constraint-based rule mining in large, dense databases. Data Mining and Knowledge Discovery, 2000, 4(2/3): 217-240.

[8] KANTARDZIC M. Data Mining: Concepts, Models, Methods, and Algorithms. Second Edition. Hoboken: John Wiley & Sons, Inc., 2004.

[9] KAISER M. A conceptional approach to unify completeness, consistency, and accuracy as quality dimensions of data values. Turopean, Mediterranean & Miolclle Eastern Conference on Information Information, 2010.

[10] 史文中, 陈江平, 詹庆明, 等. 可靠性空间分析初探. 武汉大学学报(信息科学版), 2012, 37(8): 883-887.

[11] CHUI C K, KAO B, HUNG E. Mining frequent itemsets from uncertain data. Proceedings of 11th Pacific-Asia Conference on Knowledge Discovery and Data Mining(PAKDD 2007), 2007, 47-58.

[12] CHUI C K, KAO B. A decremental approach for mining frequent itemsets from uncertain data. Proceedings of 12th Pacific-Asia Conference on Knowledge Discovery and Data Mining(PAKDD 2008), 2008, 64-75.

[13] AGGARWAL C C, LI Y, WANG J J, et al. Frequent pattern mining with uncertain data. Proceedings of 17th International Conference on Knowledge Discovery and Data Mining (KDD 2009), 2009, 29-38.

[14] SUN L, CHENG R, CHEUNG D W, CHENG J. Mining uncertain data with probabilistic guarantees. Proceedings of 17th International Conference on Knowledge Discovery and Data Mining (KDD 2010), 2010: 273-282.

[15] CALDERS T, GARBONI C, GOETHALS B. Approximation of frequentness probability of itemsets in uncertain data. Proceedings of IEEE International Conference on Data Mining (ICDM 2010), 2010: 749-754.

[16] TONG Y, CHEN L, DING B. Discovering threshold-based frequent closed itemsets over probabilistic data. Proceedings of 28th International Conference on Data Engineering, 2012: 270-281.

[17] CHAVES R, RAMIRE J, GÓRRIZ J M. Integrating Discretization and Association Rule-Based classification for Alzheimer's Disease Diagmosis. Expert Systems With Applications, 2013, 40(5): 1571-1578.

[18] AUGASTA M G, KATHIRVATA VAKLLMAR T. A new discretization algorithm based on range coefficient of dispersion and skewness for net works classifier. Applied Sofl Computing, 2012, 12(2): 619-625.

[19] SRIKANT R, AGRAWAL R. Mining quantitative association rules in large relational tables. ACM SIGMOD Record, 1996, 25(2): 1-12.

[20] MENNIS J, GUO D. Spatial data mining and geographic knowledge discovery—an introduction. Computers Environment & Urban Systems, 2009, 33(6): 403-408.

[21] 綦艳霞. 新颖度——关联规则的评价指标. 计算机应用研究, 2004, (1): 17-19.

[22] BRIN S, MOTWANI R, SILVERSTEIN C. Beyond market baskets: generalizing association rules to correlations. Proceedings of ACM SIGMOD International Conference on Management of Data, 1997, 265-276.

[23] LIU B, HSU W, MA Y. Pruning and summarizing the discovered associations. Proceedings of 5th ACM SIGKDD International Conference on Knowledge Discovery and Data Mining (KDD '99), 1999, 125-134.

[24] MEGIDDO N, SRIKANT R. Discovering predictive association rules. Proceedings of 4th International Conference on Knowledge Discovery and Data Mining (KDD '98), 1998, 27-78.

[25] BAY S D, PAZZANI M J. Detecting group differences: Mining contrast sets. Data Mining and Knowledge Discovery, 2001, 5(3): 213-246.

[26] ZHANG H, PADMANABHAN B, TUZHILIN A. On the discovery of significant statistical quantitative rules. Proceedings of 10th International Conference on Knowledge Discovery and Data Mining (KDD 2004), 2004: 374-383.

[27] WEBB G I. Discovering significant patterns. Machine Learning, 2007, 68, 1-33.

[28] OTSU N. A threshold selection method from gray-level histogram. Transaction on Systems, Man and Cybernetics: Systems, 1979, 9: 62-66.

[29] 冯莞舒. 离散化不确定性评估及其在关联规则挖掘中的应用研究. 武汉: 武汉大学硕士学位论文, 2018.

[30] ZHANG A, SHI W, WEBB G I. Mining significant association rules from uncertain data. Data Mining and Knowledge Discovery, 2016, 30(4): 928-963.

第 5 章　可靠性地理加权回归分析

5.1　地理加权回归分析方法概述

在早期的空间分析技术发展过程中，几乎所有技术均从"全局假设"的角度出发，认为在研究区域内变量关系是固定的，不随空间位置的变化而改变[1]。《晏子春秋·杂下之十》曾曰："橘生淮南则为橘，生于淮北则为枳，叶徒相似，其实味不同。所以然者何？水土异也"。而现实地理空间中不确定性或异质性无处不在，这个前提假设的适用性不断受到挑战。例如，在对某一地区内商品房的价格进行描述时传统的分析方法往往仅用单一的数值（如平均价格）进行描述，而事实上由于区域内房型、小区环境、学区、楼层等多方面因素的不同，均可能造成不同位置的房屋单价存在较大差异。因此，区别于展示"单一普适关系"的传统空间分析方法，研究如何对空间异质性进行精确描述的局部空间分析方法越来越多地受到重视[2]。尤其在空间统计分析方法的研究过程中，出现了多种用于估计空间关系异质性的局部空间统计方法，如 Casetti 提出的展开法（expansion method）[3]、Duncan 和 Jones 提出的多层模型（multilevel modelling）[4]、Swamy 等提出的随机系数模型（random coefficient modelling）[5, 6]、Cleveland 提出的局部加权回归分析模型（locally weighted regression）[7] 和 Assunção 提出的贝叶斯空间变参数模型（Bayesian space varying parameter model）[8]。这些方法的参数估计均随位置或空间范围变化而改变的，通过"因地制宜"的参数解算量化反映研究区域内空间关系的异质性特征。

1970 年，Tobler 提出了地理学第一定律"Everything is related to everything else，but near things are more related than distant things"[9]，指出了地理事物及其空间属性在空间分布上的关联性，尤其是随着空间距离增大，其关联程度衰减的规律。通过将第一定律融合到局部空间统计方法的研究中，Brunsdon 等和 Fotheringham 等提出地理加权回归分析技术（geograpnically weighted regression，GWR）[10, 11]，在研究区域中抽样回归分析点，针对每个位置分别进行回归模型解算，得到与空间位置一一对应的空间回归系数。同时，在模型解算过程中考虑回归分析点与周围数据点之间的空间距离进行权重赋值，距离越近，那么赋予的权重值也就越高；反之，权重值越低。GWR 提供了直观、实用的空间异质性和多相性分析手段[12]，已发展成为重要的局部空间统计分析方法之一。这项技术在房地产市场建模[13]、区域经济学[14]、城市区域规划[15]、社会学[16]、生态学[17]和环境科学[18]等多个学科研究领域得到了广泛地应用。

基础 GWR 模型一般可表达如下：

$$y_i = \beta_0(u_i, v_i) + \sum_{k=1}^{m} \beta_k(u_i, v_i) x_{ik} + \varepsilon_i \tag{5.1}$$

式中，y_i 为在位置 i 处的因变量值；$x_{ik}(k=1,2,\cdots,m)$ 为位置 i 处第 k 个自变量的自变量值；(u_i,v_i) 为位置 i 点的坐标；$\beta_0(u_i,v_i)$ 为截距项；$\beta_k(u_i,v_i)$ $(k=1,2,\cdots,m)$ 为位置 i 处第 k 个自变量对应的回归分析系数。

针对上述 GWR 模型，在指定空间位置 i 采用加权线性最小二乘方法对模型进行求解，其公式如下所示：

$$\hat{\boldsymbol{\beta}}(u_i,v_i)=(\boldsymbol{X}^{\mathrm{T}}W(u_i,v_i)X)^{-1}\boldsymbol{X}^{\mathrm{T}}W(u_i,v_i)y \tag{5.2}$$

式中，$\boldsymbol{X}$ 为自变量抽样矩阵，第一列全为 1（用以估计截距项）；y 为因变量抽样值向量，$\hat{\boldsymbol{\beta}}(u_i,v_i)=[\beta_0(u_i,v_i),\cdots,\beta_m(u_i,v_i)]^{\mathrm{T}}$ 为在位置点 (u_i,v_i) 处的回归分析系数向量；$\boldsymbol{W}(u_i,v_i)$ 为对角矩阵，定义如下：

$$\boldsymbol{W}(u_i,v_i)=\begin{bmatrix} w_{i1} & 0 & \cdots & 0 \\ 0 & w_{i2} & \cdots & 0 \\ 0 & 0 & \cdots & w_{in} \end{bmatrix} \tag{5.3}$$

式中，$W(u_i,v_i)$ 的对角线值 $w_{ij}(j=1,2,\cdots,n)$ 表示第 j 个数据点到回归分析点的权重值，可通过关于两个位置之间的空间邻近度量的核函数计算得到。核函数一般是值域为 $0\sim1$ 的距离衰减函数，两点之间距离越大，权重值越小[19, 20]。在 GWR 模型的解算过程中，常用核函数包括 Gaussian（高斯）函数（5.4）、Exponential（指数）函数（5.5）、Box-car 函数（5.6）、Bi-square（双平方）函数（5.7）和 Tri-cube 函数（5.8）。

Gaussian 函数：
$$W_{ij}=\mathrm{e}^{\frac{(d_{ij}/b)^2}{2}} \tag{5.4}$$

Exponential 函数：
$$W_{ij}=\exp\left(-\frac{|d_{ij}|}{b}\right) \tag{5.5}$$

Box-car 函数：
$$W_{ij}=\begin{cases} 1, & \text{当 } d_{ij}\leqslant b \\ 0, & \text{其他} \end{cases} \tag{5.6}$$

Bi-square 函数：
$$W_{ij}=\begin{cases} \left[1-(d_{ij}/b)^2\right]^2, & \text{当 } d_{ij}\leqslant b \\ 0, & \text{其他} \end{cases} \tag{5.7}$$

Tri-cube 函数：
$$W_{ij}=\begin{cases} \left[1-(d_{ij}/b)^3\right]^3, & \text{当 } d_{ij}\leqslant b \\ 0, & \text{其他} \end{cases} \tag{5.8}$$

式中，d_{ij} 为位置 i 与位置 j 之间的空间距离度量；b 为带宽（bandwidth）值。

从上面可以看出，核函数是关于空间距离的函数。但是针对多样的核函数选择，在 GWR 模型的实际应用过程中，并未明确指出需要使用哪一种核函数，一般较为常用的是 Gaussian 函数和 Bi-square 函数。根据核函数的值域分布特征，又可分为两种：连续型（如 Gaussian 函数、Exponential 函数）和截断型（Box-car 函数、Bi-square 函数和

Tri-cube 函数)。

核函数的定义涉及另一个重要参数,带宽(b)。带宽是控制核函数形状的重要参数,决定了权重随距离衰减的速率,带宽越小,权重衰减越快,反之亦然。而针对截断型核函数,带宽的大小则直接决定了 GWR 模型解算过程中围绕回归分析点的有效数据点范围,即距离回归分析点在带宽之外的点权重值均为 0。

5.2　地理加权回归分析技术可靠性

尽管基础 GWR 模型得到了不断应用与推广,其技术本身仍存在着诸多问题,尤其是作为统计解释工具时,模型在相关理论假设方面存在的可靠性缺陷一直饱受诟病。因此,本节将围绕 GWR 技术,从其鲁棒性、准确性和适用性三个方面的可靠性评价指标出发,分别针对空间数据质量、参数估计和尺度所造成的可靠性质疑与挑战进行阐述。

5.2.1　空间数据质量

数据质量问题是空间统计过程中不确定性出现的首要原因。在线性回归分析模型求解的过程中,异常值对结果往往存在较大影响,如图 5.1 所示,红线(异常值去除前)与蓝线(异常值去除后)差异非常明显。而空间数据中异常值对 GWR 模型求解的影响也是主要的不确定性问题之一。如果空间数据中包含非正常的观测值,将会导致回归模型参数估计的精度下降,进而造成其鲁棒性缺陷。

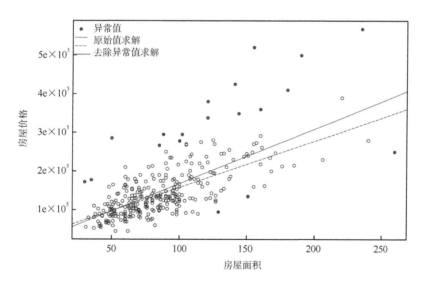

图 5.1　线性回归分析中的异常值影响

图 5.1 展示了在一元线性回归分析模型中异常值对结果的影响,而有效去除异常值的影响是改善模型精度的关键。但不同于全局模式下的求解过程,GWR 模型是针对不

同位置进行窗口式求解，同时每个回归分析点周边的数据点不同程度（权重）地参与到模型求解，因此 GWR 模型中的异常值情形更为复杂，准确探测数据中的异常值也更加困难。在任意一个位置处对 GWR 模型求解有非正常影响的数据点均可被认为是异常值，而这其中的部分异常值在全局角度下并不一定呈现"异常"。因此，如何避免数据中异常值对 GWR 模型解算带来的影响是增强 GWR 技术可靠性的关键条件之一。本章 5.3.1节中将介绍的鲁棒性地理加权回归分析技术（robust geographically weighted regression，RGWR）就会从这一角度入手，进一步提高 GWR 技术的可靠性。

5.2.2　参数估计准确性

过去十年来，GWR 技术得到不断发展和完善，但在参数估计的解释有效性和统计推断方面仍然存在一些问题，其中有代表性的包括模型解算过程中所面临的局部多重共线性和相关性问题。

共线性和相关性问题是 GWR 技术一直以来存在的难点，也是众多学者一直所批评的 GWR 模型参数估计过程中的不可靠性问题之一[21-25]。由于 GWR 模型的求解原理是针对每一个独立回归分析点，分别采用加权线性最小二乘方法进行局部范围内的回归分析模型求解，即有效参与模型求解的数据点数量更少，更加容易导致共线性问题的出现。即使数据生成过程中潜在的解释变量不存在显著相关性，局部回归系数也可能共线或高度相关。而通过局部数据点加权估计出的系数之间，即使一般程度的共线性也可能导致较强的相关性和依赖性。而这种系数之间的强相关和依赖性会影响部分估计系数的解释可靠性，甚至会造成严重的误导[23]。如果空间数据关系的异质性体现在其相关性结构方面，则会出现部分位置的模型求解出现共线性问题。

此外，如果 GWR 模型变量选择过程中存在不合适或强相关的解释变量，进而由于模型变量选择错误或强相关系数之间的交互作用导致模型结果出现空间变化或异质性假象[26, 27]，进而导致 GWR 作为统计分析模型在进行空间统计推论时的不可靠性。甚至一定意义上，GWR 模型估计系数呈现出空间变化是由于解释变量的不合理选择，进而呈现出的一种"假象"[28]。

因此，一定程度上讲，在使用 GWR 技术时需要检验自变量数据之间是否存在共线性特征。检验的方法主要包含以下几种方式。

（1）从局部相关关系的角度判断是否存在共线性特征，计算自变量之间的地理加权相关系数（geographically weighted correlation coefficient，GWCC），如果 GWCC 的绝对值大于 0.8，则认为在该位置处变量间可能存在局部共线性问题；

（2）计算每一个自变量对应的局部方差膨胀因子（variance inflation factors，VIFs），如果 VIFs 的值大于 10，则可认为该变量在对应位置存在局部共线性特征；

（3）计算局部方差分解比例（variance decomposition proportions，VDPs），如果 VDPs大于 0.5，则表示变量在对应位置可能存在局部共线性特征；

（4）计算局部设计的矩阵条件数（condition numbers，CNs），如果 CNs 大于 30，则可认为对应变量可能存在局部共线性特征。

总的来说，在局部数据求解的情况下，如何有效减少解释变量间的相关性和共线性对参数估计造成的不确定性影响，是增强地理加权回归分析技术可靠性的关键之一。本章将在 5.3.2 节介绍岭参数局部补偿地理加权回归分析(GWR with a locally-compensated ridge，GWR-LCR)技术，对诊断出的参数共线性问题进行处理。

5.2.3　尺度适用性

可塑性面积单元问题(modifiable areal unit problem，MAUP)是对空间数据分析结果产生不确定性的主要原因之一[29]。而针对 GWR 模型的求解来说，MAUP 问题的影响也非常明显，主要体现在两个方面：回归分析点采样尺度和带宽选择所导致的参数估计值变化的尺度特征。

理论意义上，GWR 模型可以在研究区域范围内的任意一个位置进行求解，从而表征连续空间过程的变化规律。而在实际求解的过程中，首先需要对研究区域进行空间抽样，对离散的、有限的回归分析点分别执行 GWR 模型的求解过程。一般情况下，其回归分析点抽样有三种情形或方法。

(1)如图 5.2(a)所示，采用数据点本身的位置作为回归分析点，这是最常用的情形，也是 GWR 技术的默认方法；

(2)如图 5.2(b)所示，对研究范围进行规则格网划分，将格网单元的中心点位置作为 GWR 的回归分析点；

(3)如图 5.2(c)所示，根据研究范围内对应的区域分割，如行政区划等，将每个区域分割单元的中心点作为 GWR 的回归分析点。

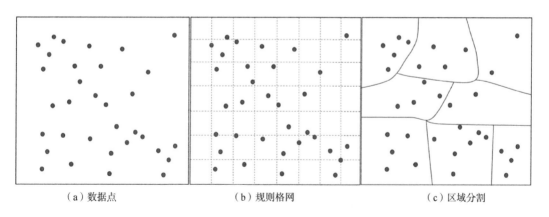

　　　　(a)数据点　　　　　　　　　　(b)规则格网　　　　　　　　(c)区域分割

图 5.2　GWR 模型回归分析点抽样方法

在情形(2)和(3)中，规则格网和区域分割都需要重新划分研究区域，而不同大小、不同层级下的划分所得到的结果必然在尺度上存在较大不同。总的来说，回归分析点的位置抽样特征一定程度上决定了参数估计表达的尺度特征。如图 5.3(a)～(c)所示，分别采用数据点、规则网格和行政区划作为回归分析位置点对同一数据、同样变量和同样带宽进行 GWR 模型解算，得到结果仍然存在较大区别，其中随着回归分析点抽样密度的变化，得到的参数估计变化在空间上体现了细节的差异，即反映为 GWR 模型参数估计所对应的尺度适用性问题。

另外，在 GWR 模型解算过程中，带宽的大小直接决定了参数估计空间变化的尺度特征。在 GWR 技术的实际应用过程中，有两种基本类型的带宽可供选择：固定型带宽（fixed bandwidth）和可变型带宽（adaptive bandwidth）。固定型带宽，顾名思义是指定义一个固定的距离阈值（b）作为在每一个回归分析点处计算权重的带宽值，如图 5.4(a) 所示；可变型带宽是指先定义一个正整数 N，在每一个回归分析点处寻找与当前位置距离

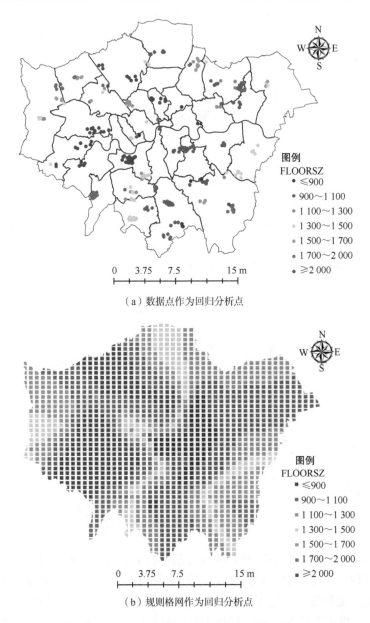

（a）数据点作为回归分析点

（b）规则格网作为回归分析点

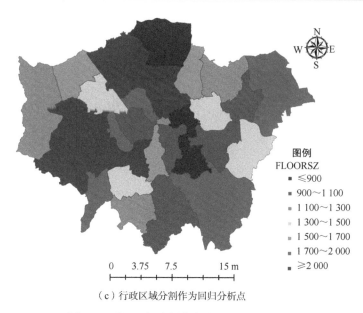

（c）行政区域分割作为回归分析点

图 5.3　不同回归分析点生成不同 GWR 结果

（彩图见书后）

第 N 近的数据点，将该数据点与回归分析点之间的距离作为当前位置处权重计算的带宽值，如图 5.4（b）所示。由此可见，固定型带宽简单、直接，但在数据点分布不均匀的情况下易造成每个位置处参与局部加权回归分析的数据点个数差距较大，增大了模型求解的不确定性影响；而可变型带宽的定义能够确保在任意回归分析点处有效参与加权回归分析的数据点个数是一致的，但算法复杂度较高，增大了系数估计的尺度不确定性。针对特定的 GWR 模型，可通过两种方法选择带宽：交叉验证（cross validation，CV）和赤池信息量准则（Corrected Akaike information criterion，AICc）。

$$CV_{min}(b) = \sum_{i=1}^{n} \left[y_i - \hat{y}_{\neq i}(b) \right]^2 \tag{5.9}$$

$$AICc(b)_{min} = 2n \log_e (\hat{\sigma}) + n \log_e (2\pi) + n \left\{ \frac{n + tr(S)}{n - 2 - tr(S)} \right\} \tag{5.10}$$

式中，$\hat{y}_{\neq i}(b)$ 为在位置 i 处，将该点处对应的数据点排除后进行模型求解所得到的因变量预测值；$\hat{\sigma}$ 为模型误差项标准差；$tr(S)$ 为帽子矩阵 S 的迹。

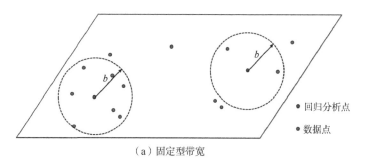

（a）固定型带宽

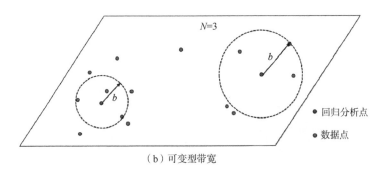

（b）可变型带宽

图 5.4　GWR 模型带宽类型

　　带宽大小对 GWR 模型参数估计所呈现的空间变化尺度至关重要。如图 5.5（a）～（c）所示，针对同样的数据和 GWR 模型，采用不同带宽分别进行解算，可发现得到的参数估计在变化的尺度特征上有明显差异：带宽越小，参数变化越剧烈，能从更小尺度下观察空间关系异质性规律；而带宽越大，参数估计的变化会趋于平滑，从而在较大尺度上观察空间关系的值域分布和变化特征。

　　值得注意的是，在传统的 GWR 技术中，针对特定模型，确定单一的距离阈值或最优邻域数据点个数作为带宽值。但是对于不同类型、抽样方式下的解释变量对应的回归系数，它们表现的空间变化尺度特征理论上是不同的。综上，在同一个 GWR 模型中不同系数的空间变化趋势和梯度也应当是不同的。因此，这也体现了多元 GWR 模型中尺度特征的复杂性和多样性，是传统 GWR 技术参数估计的尺度适用性的主要问题之一。围绕 GWR 技术尺度适用性问题，5.3.3 节将继续介绍距离-变量对应的地理加权回归分析技术（GWR with parameter-specific distance metrics，PSDM GWR）。

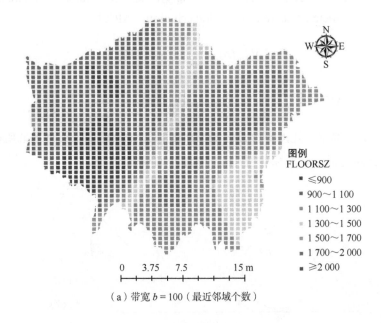

（a）带宽 $b = 100$（最近邻域个数）

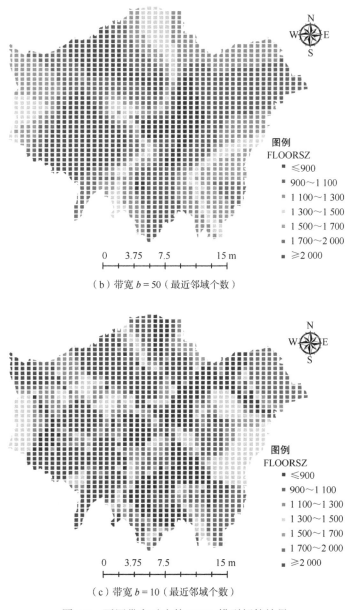

（b）带宽 $b = 50$（最近邻域个数）

（c）带宽 $b = 10$（最近邻域个数）

图 5.5　不同带宽对应的 GWR 模型解算结果

（彩图见书后）

5.3　可靠性地理加权回归分析方法

在 5.2 节中，本书从空间数据质量、参数估计准确性和尺度适用性三个角度分析了传统 GWR 技术存在的不确定性问题。随着技术的不断发展，不同因素导致不同的不确定性问题，出现了 GWR 技术的多个扩展，如鲁棒性地理加权回归分析方法、局部共线性岭回归补偿的 GWR 技术和距离-变量对应的地理加权回归分析技术。

5.3.1　鲁棒性地理加权回归分析

为了识别和减少空间数据中异常值对 GWR 模型求解的影响，多种鲁棒性的扩展方法被陆续提出，其中 Fotheringham 等[30]提出了两个版本的 RGWR 方法扩展，RGWR 方法(一)的步骤如下。

(1)首先采用全部给定数据进行 GWR 模型求解，计算模型 student 残差：

$$r_i = \frac{e_i}{\hat{\sigma}_{-i}\sqrt{q_{ii}}} \tag{5.11}$$

式中，e_i 为 GWR 模型在位置 i 处的残差；$\hat{\sigma}_{-i}$ 为去除当前点后的误差项标准差 $\hat{\sigma}$ 估计值；$\sqrt{q_{ii}}$ 为矩阵 $(I-S)(I-S)^{\mathrm{T}}$ 的第 i 个对角线元素。

(2)设置一个阈值(一般经验值为 3)，将 student 残差超过阈值的数据点($|r_i| > 3$)作为异常点从原有数据中去除。

(3)利用去除异常点后的数据重新进行 GWR 模型的解算，得到最终的结果。

通过上述步骤，寻找 GWR 模型求解过程中潜在的异常值，通过对去除异常值后的模型进行重新求解，降低其对结果的异常影响。如图 5.6(a)和(b)所示，在异常值去除前后，能够看到 GWR 模型的解算结果存在明显不同，特别在异常值点附近。

RGWR 方法(二)是通过迭代的方式，在 GWR 模型解算时根据每个数据点处得到残差 e_i 的大小，进行二次赋权 $w_r(e_i)$：

$$w_r(e_i) = \begin{cases} 1, & \text{当 } |e_i| \leqslant 2\hat{\sigma} \\ (1-(|e_i|-2)^2)^2, & \text{当 } 2\hat{\sigma} < |e_i| < 3\hat{\sigma} \\ 0, & \text{其他} \end{cases} \tag{5.12}$$

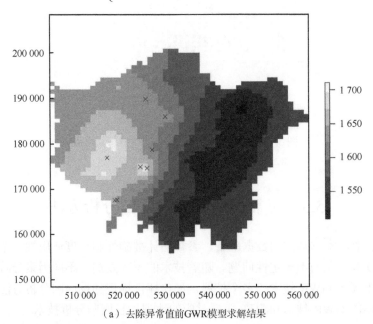

(a) 去除异常值前GWR模型求解结果

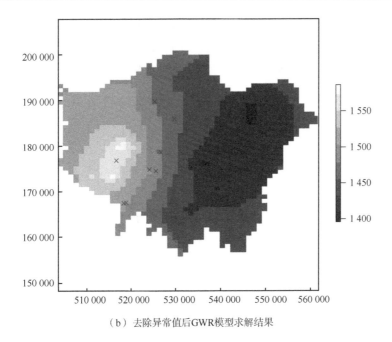

（b）去除异常值后GWR模型求解结果

图 5.6　RGWR 方法(一)异常值点去除求解结果
（彩图见书后）

　　这种方式使得对应较大残差的数据点在模型解算过程中的权重不断降低,以减少潜在异常值对 GWR 模型解算结果的影响。如图 5.7 所示，采用迭代算法对同一数据和 GWR 模型进行求解，可得到与图 5.6(b)类似的结果。

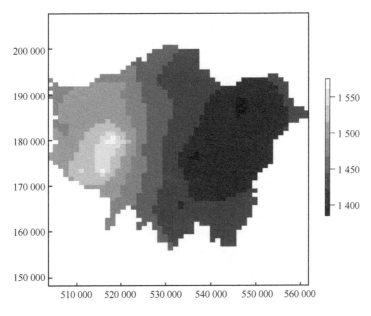

图 5.7　RGWR 方法(二)迭代求解结果
（彩图见书后）

但是，这两种方法均是从经验角度对潜在异常值进行检测，第一种方法需要设置一个阈值(这里为 3)，而第二种方法也是设置了两个较为关键的区间截断值，$2\hat{\sigma}$ 和 $3\hat{\sigma}$。但在实践过程中异常值会更为复杂，也需要学者们不断探索，针对潜在的异常值影响寻求更加可靠的 GWR 技术。

5.3.2　岭参数局部补偿地理加权回归分析

岭回归分析是减少线性回归分析模型中自变量间共线性不利影响的一种常用技术[31, 32]，模型求解公式如下：

$$\hat{\beta} = (\boldsymbol{X}^{\mathrm{T}}\boldsymbol{X} + \gamma\boldsymbol{I})^{-1}\boldsymbol{X}^{\mathrm{T}}\boldsymbol{Y} \tag{5.13}$$

式中，$\boldsymbol{I}$ 为单位矩阵，它通过在自变量矩阵十字交叉相乘项中加入对角线扰动值，即岭参数 γ(ridge)。通过人为地增加对角线元素与 $\boldsymbol{X}^{\mathrm{T}}\boldsymbol{X}$ 矩阵中其他元素之间的差异，从而减弱自变量之间的共线性影响。当 γ 等于 0 时，对应的解为线性回归分析解，即最小线性二乘解；而当 γ 值越大，参数估计值 $\hat{\beta}$ 越趋近于 0。由此看出，岭参数 γ 会导致 $\hat{\beta}$ 有偏估计。因此，选择合适的岭参数是岭回归分析模型解算的关键。

一般来说，可通过 $\boldsymbol{X}^{\mathrm{T}}\boldsymbol{X}$ 矩阵的条件数控制岭参数 γ 的大小。其推导过程如下。

(1)假设 $\boldsymbol{X}^{\mathrm{T}}\boldsymbol{X}$ 矩阵的特征值(按照降序)分别为 $\varepsilon_1 + \gamma, \varepsilon_2 + \gamma, \cdots, \varepsilon_m + \gamma$，其对应条件数 $\mathrm{CN} = \dfrac{\varepsilon_1}{\varepsilon_m}$。

(2)而 $\boldsymbol{X}^{\mathrm{T}}\boldsymbol{X} + \gamma\boldsymbol{I}$ 的特征值为 $\varepsilon_1 + \gamma, \varepsilon_2 + \gamma, \cdots, \varepsilon_m + \gamma$，其对应条件数 $\mathrm{CN} = \dfrac{\varepsilon_1 + \gamma}{\varepsilon_m + \gamma}$，如果需要控制条件数 CN 为 δ，则岭参数 γ 需要满足 $\gamma = \dfrac{\varepsilon_1 + \varepsilon_m\delta}{\delta - 1}$。

(3)通过上述公式，可选择合适的岭参数以控制矩阵条件数值(如小于 30)，减弱共线性带来的影响。

而针对地理加权回归分析技术，其解算方法是在每一个位置分别采用加权线性最小二乘方法[如式(5.2)]进行求解，因此需要通过岭参数对任意位置的求解进行补偿，即得到 GWR-LCR 技术，其参数估计表达式如下：

$$\hat{\beta}(u_i, v_i) = [\boldsymbol{X}^{\mathrm{T}}\boldsymbol{W}(u_i, v_i)\boldsymbol{X} + \gamma\boldsymbol{I}(u_i, v_i)]^{-1}\boldsymbol{X}^{\mathrm{T}}\boldsymbol{W}(u_i, v_i)y \tag{5.14}$$

式中，$\gamma\boldsymbol{I}(u_i, v_i)$ 为位置 (u_i, v_i) 处的岭参数局部补偿值。

如图 5.8 所示，同样针对伦敦市房地产数据，当 GWR 模型中包含多个自变量时，基础 GWR 模型求解可能出现潜在的局部共线性风险，即局部条件数明显大于 30。因此，利用 GWmodel 函数包[33, 34]中的 GWR-LCR 函数，设置局部条件数阈值为 30，其对应岭参数局部补偿值如图 5.9 所示。

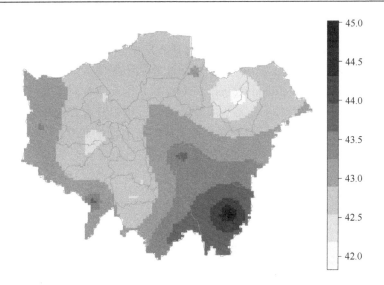

图 5.8　基础 GWR 模型求解局部条件数(Local CN)
(彩图见书后)

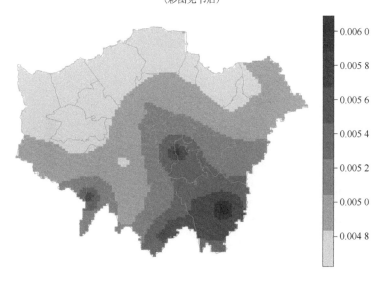

图 5.9　GWR-LCR 模型求解岭参数局部补偿值
(彩图见书后)

而通过 GWR-LCR 技术调整后的参数估计相较于基础 GWR 技术也有较大不同。以两个模型结果中的 FLOORSZ(房屋面积)参数估计为例,通过 GWR-LCR 技术调整后的参数相对于基础 GWR 模型估计结果一定程度上偏小,如图 5.10(a)和(b)所示。

5.3.3　距离–变量对应的地理加权回归分析

在应对空间数据尺度多样性问题上,以往的 GWR 技术研究集中在带宽选择、模型选择和距离度量等几个方面。例如,Brunsdon 等[35]提出了混合 GWR 模型,在模型估计过程中将参数分为全局和局部两种尺度特征，但这种对尺度的区分相对较为单一，缺乏对不同尺度特征的细节反映。在单一带宽选择方法的基础上，Yang[36]和 Fotheringham 等[37]提出了针对多元 GWR 模型中不同参数估计分别选择使用个性化带宽值对其进行求解的技术（GWR with flexible bandwidths，FBGWR），以反映不同参数异质性对应的尺度特征。此外，Lu 等[38, 39]探讨了在 GWR 模型求解过程中开放式选择空间距离度量，采用灵活多样的距离度量反映空间数据异质性尺度特征方面的研究。

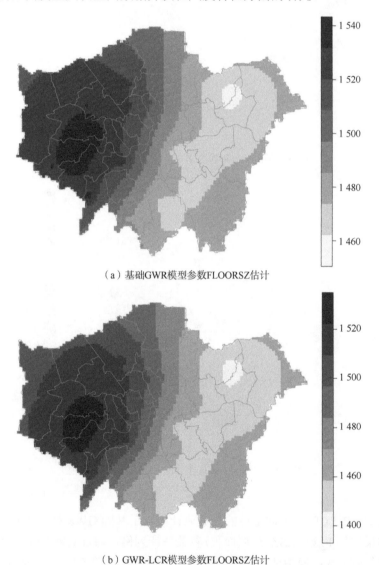

（a）基础GWR模型参数FLOORSZ估计

（b）GWR-LCR模型参数FLOORSZ估计

图 5.10　基础 GWR 与 GWR-LCR 模型参数估计对比

综合以上几方面的 GWR 技术扩展，Lu 等[40, 41]提出了针对多元 GWR 模型中不同参数采用各异的距离度量和优选带宽的求解算法，即距离-变量对应的地理加权回归分析（GWR with parameter-specific distance metrics，PSDM GWR），从而更加精细地对参数估计过程中空间权重进行控制，以反映空间数据中不同参数的异质性尺度特征差异。

$$y_i = \beta_{0i}^{(\mathrm{DM}_0, \mathrm{bw}_0)} + \sum_{j=1}^{m} \beta_{ji}^{(\mathrm{DM}_j, \mathrm{bw}_j)} x_{ij} + \varepsilon_i \tag{5.15}$$

式中，DM_j 和 $\mathrm{bw}_j (j = 0, 1, \cdots, m)$ 分别为参数估计对应的距离度量和带宽。但是，由于非单一的权重矩阵，传统 GWR 模型加权线性最小二乘方法[如式(5.2)]将不再适用，而需要采用后向迭代算法(back-fitting algorithms)[41, 42]，其过程如下。

(1) 对模型系数赋初始值，$\hat{\beta}^{(0)} = \left\{ \hat{\beta}_0^{(0)}, \hat{\beta}_2^{(0)}, \cdots, \hat{\beta}_m^{(0)} \right\}$，计算所有单项估计值 $\hat{y}_0^{(0)} = \hat{\beta}_0^{(0)} \cdot X_0, \cdots, \hat{y}_m^{(0)} = \hat{\beta}_m^{(0)} \cdot X_m$，其中 X_j 表示自变量矩阵 $\boldsymbol{X}$ 的第 j 列 $(j = 1, 2, \cdots, m)$，符号"$\cdot$"表示向量的对应元素乘积。

(2) 求初始的残差平方和(residual sum of squares，RSS)$\mathrm{RSS}^{(0)}$，设置后向迭代过程最大循环数 N 和迭代收敛阈值 τ，开始后向迭代过程，设置循环序号 $k = 1$。

(3) 针对每一个自变量 $x_l (l = 0, 1, \cdots, m)$，进行以下操作。

计算 $\xi_1^{(k)} = y - \sum_{j \neq 1}^{m} \mathrm{Latestyhat} \left(\hat{y}_j^{(k-1)}, \hat{y}_j^{(k)} \right)$，此处 Latestyhat 为条件函数：

$$\mathrm{Latestyhat}(\hat{y}_j^{(k-1)}, \hat{y}_j^{(k)}) = \begin{cases} \hat{y}_j^{(k)}, & \text{当 } \hat{y}_j^{(k)} \text{ 存在} \\ \hat{y}_j^{(k-1)}, & \text{其他} \end{cases} \tag{5.16}$$

a) 对向量 $\xi_1^{(k)}$ 和 x_l 进行加权回归分析，利用对应的距离矩阵 DM_1 和带宽 bw_1 计算权重矩阵，可得到一组新的系数 $\hat{\beta}_l^{(k)}$；

b) 更新单项估计 $\hat{y}_l^{(k)} = \hat{\beta}_l^{(k)} \cdot X_l$；

(4) 利用新的参数估计值 $\hat{\beta}^{(k)} = \left\{ \hat{\beta}_0^{(k)}, \hat{\beta}_2^{(k)}, \cdots, \hat{\beta}_m^{(k)} \right\}$ 得到因变量估计值 $\hat{y}^{(k)}$，并计算最新的 RSS 值 $\mathrm{RSS}^{(k)}$。

(5) 计算 RSS 值的绝对或相对变化值 CVR。

绝对值变化：
$$\mathrm{CVR}^{(k)} = \mathrm{RSS}^{(k)} - \mathrm{RSS}^{(k-1)} \tag{5.17}$$

相对变化值：
$$\mathrm{CVR}^{(k)} = \frac{\mathrm{RSS}^{(k)} - \mathrm{RSS}^{(k-1)}}{\mathrm{RSS}^{(k-1)}} \tag{5.18}$$

(6) 当 $\mathrm{CVR}^{(k)}$ 值小于 τ 或者循环次数超过 N 时，终止迭代过程。

注意，在后向迭代过程中，不断对每个变量对应的带宽进行优化，直至带宽值不再变化(即收敛状态)。

同样以伦敦市房地产数据为例，采用房屋面积(FLOORSZ)、高收入人口占比(PROF)和卫生间数量(BATH2)作为分析房屋价格(PURCHASE)的回归分析自变量，则模型如下：

$$\mathrm{PURCHASE}_i = \beta_{0i} + \beta_{1i} \mathrm{FLOORSZ}_i + \beta_{2i} \mathrm{PROF}_i + \beta_{3i} \mathrm{BATH2}_i \tag{5.19}$$

为了区分 PSDM GWR 模型参数求解过程，本例采用曼哈顿距离(Manhattan distance)对 β_1 和 β_3 进行估计，而采用欧式距离(Euclidean distance)对 β_0 和 β_2 进行求解，其主要参数如表 5.1 所示。与传统的 OLS 模型和 GWR 模型对比，PSDM GWR 模型在预测精度(RSS 值明显小于 OLS 模型和 GWR 模型)和拟合优度(AICc 值显著小于 OLS 模型和 GWR 模型)方面得到显著改善；同时 PSDM GWR 模型和 GWR 模型的结果又远远优于 OLS 模型结果，说明伦敦市房地产数据由此模型呈现出的关系具有显著的空间异质性特征。

表 5.1　PSDM GWR、GWR 和 OLS 模型求解信息

项目	OLS	GWR	PSDM GWR			
	所有参数	所有参数	β_0	β_1	β_2	β_3
距离度量	无	欧式距离	欧式距离	曼哈顿距离	欧式距离	曼哈顿距离
带宽	无	1 914.498	51 160.62	867.615 9	58 684	278.497 7
AICc	38 205.29	37 382.97	最小值：36 287.37			
R^2 值	0.708 5	0.864 2	0.911 7			
RSS	2 152 454 183 559	1 002 638 180 095	652 028 503 214			

GWR 模型和 PSDM GWR 模型的系数估计如图 5.11 所示，可发现 GWR 模型所得到系数[图 5.11(a)、(c)、(e)]具有相似的空间异质性(变化)尺度特征，而 PSDM GWR 模型系数估计[图 5.11(b)、(d)、(f)]的变化尺度特点存在明显不同。如图 5.11(a)和(b)所示，两个 FLOORSZ 系数估计存在相似的值域高低趋势，但 GWR 模型所得到的估计结果相对较大；FLOORSZ 和 BATH2 系数估计结果具有典型的局部变化特点，而 PROF系数几乎为一个 1 016.2 左右的常量，即在空间上没有变化。针对同样的系数，GWR 和PSDM GWR 模型估计所得 FLOORSZ 系数具有相似的空间变化特征，而 PSDM GWR 模型所得到 BATH2 系数估计相对于 GWR 模型求解结果具有更明显的空间变化特征，体现了更多空间异质性细节。总的来说，PSDM GWR 模型通过变量对应的距离度量和带宽要素控制，精确体现多元回归分析模型中不同系数估计的空间异质性尺度差异，从而实现模型估计在预测精度和拟合优度方面的提高与改善。

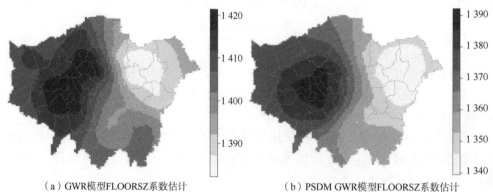

　　　　(a) GWR模型FLOORSZ系数估计　　　　　　　　(b) PSDM GWR模型FLOORSZ系数估计

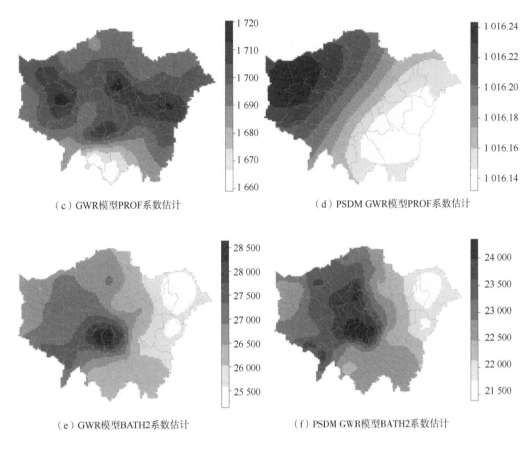

（c）GWR模型PROF系数估计　　　　　　　（d）PSDM GWR模型PROF系数估计

（e）GWR模型BATH2系数估计　　　　　　（f）PSDM GWR模型BATH2系数估计

图 5.11　基础 GWR 与 PSDM GWR 模型参数估计对比
（彩图见书后）

5.4　本 章 小 结

GWR 技术已经成为了探索空间异质性关系的重要技术手段之一，但在其应用过程中，空间数据质量、参数估计过程和异质性关系尺度等方面仍存在问题，直接导致了GWR 模型求解结果不确定性。本章从空间数据异常值检测、局部共线性问题和尺度多样性三个方面，分别介绍了鲁棒性地理加权回归分析、岭参数局部补偿地理加权回归分析和距离-变量对应的地理加权回归分析三种 GWR 技术扩展，并根据简单示例对比了模型表现，一定程度上对 GWR 结果中潜在的不确定性问题进行了针对性解释和技术介绍。

本章是第一次专门从结果不确定性角度对 GWR 技术进行了相关论述，仍然存在较多不足之处，如针对回归分析点抽样方法、带宽选择、距离度量选择和核函数选择等方面所带来的不确定问题，本章并未过多涉及，而且其中介绍的鲁棒性地理加权回归分析、岭参数局部补偿地理加权回归分析和距离-变量对应的地理加权回归分析三种方法，也相对较为片面，有待于针对不确定性问题和每类技术进一步改进，探讨客观、有效的可靠地理加权回归分析方法。

此外，时空地理加权回归分析技术[43, 44]将 GWR 技术从传统的空间维推广至时空维度，其也同样面临本章所面临的可靠性问题，乃至更加复杂与严峻的挑战，虽在多尺度时空地理加权回归分析模型[45]方面进行了初步探索，但未来仍然值得更加深入地研究。

参 考 文 献

[1] FOTHERINGHAM A S, BRUNSDON C. Local forms of spatial analysis. Geographical Analysis, 1999, 31(4): 340-358.

[2] PÁEZ A. Local analysis of spatial relationships: A comparison of GWR and the expansion method// Gervasi O, Gavrilova M L, Kumar V, et al. Computational Science and Its Applications–ICCSA 2005. Berlin: Springer, 2005.

[3] CASETTI E. Generating models by the expansion method: applications to geographical research. Geographical Analysis, 1972, 4(1): 81-91.

[4] DUNCAN C, JONES K. Using multilevel models to model heterogeneity: potential and pitfalls. Geographical Analysis, 2000, 32(4): 279-305.

[5] SWAMY P A V B, CONWAY R K, LEBLANC M R. The stochastic coefficients approach to econometric modeling, part 1: A critique of fixed coefficients models. Journal of Agricultural Economics Research, 1988, 2.

[6] SWAMY P A V B, ROGER K C, MICHAEL R L. The stochastic coefficients approach to econometric modeling, part II: Description and motivation. Journal of Agricultural Economics Research, 1988, 2.

[7] CLEVELAND W S. Robust locally weighted regression and smoothing scatterplots. Journal of the American Statistical Association, 1979, 74(368): 829-836.

[8] ASSUNÇÃO R M. Space varying coefficient models for small area data. Environmetrics, 2003, 14(5): 453-473.

[9] TOBLER W R. A computer movie simulating urban growth in the detroit region. Economic Geography, 1970, 46: 234-240.

[10] BRUNSDON C, FOTHERINGHAM A S, CHARLTON M E. Geographically weighted regression: A method for exploring spatial nonstationarity. Geographical Analysis, 1996, 28(4): 281-298.

[11] FOTHERINGHAM A S, CHARLTON M E, BRUNSDON C. Geographically weighted regression: A natural evolution of the expansion method for spatial data analysis. Environment and Planning A, 1998, 30(11): 1905-1927.

[12] PÁEZ A, WHEELER D. Geographically weighted regression//Kitchin R, Thrift N. International Encyclopedia of Human Geography. Oxford: Elsevier. 2009.

[13] PÁEZ A, FEI L, FARBER S. Moving window approaches for hedonic price estimation: an empirical comparison of modelling techniques. Urban Studies, 2008, 45(8): 1565-1581.

[14] ÖCAL N, YILDIRIM J. Regional effects of terrorism on economic growth in turkey: A geographically weighted regression approach. Journal of Peace Research, 2010, 47(4): 477-489.

[15] NORESAH M S, RUSLAN R. Modelling urban spatial structure using geographically weighted regression. 18th World IMACS/MODSIM Congress, Cairns, Australia, 2009.

[16] FOTHERINGHAM A S, CHARLTON M, BRUNSDON C. Spatial variations in school performance: a local analysis using geographically weighted regression. Geographical and Environmental Modelling,

2001, 5(1): 43- 66.

[17] HARRIS P, JUGGINS S. Estimating freshwater acidification critical load exceedance data for great britain using space-varying relationship models. Mathematical Geosciences, 2011, 43(3): 265-292.

[18] KIM S, CHO S-H, LAMBERT D, et al. Measuring the value of air quality: application of the spatial hedonic model. Air Quality, Atmosphere and Health, 2010, 3(1): 41-51.

[19] CAMERON A C, TRIVEDI P K. Microeconometrics: Methods and Applications. New York: Cambridge University Press, 2005.

[20] CHO S-H, LAMBERT D M, CHEN Z. Geographically weighted regression bandwidth selection and spatial autocorrelation: An empirical example using chinese agriculture data. Applied Economics Letters, 2010, 17(8): 767 - 772.

[21] GRIFFITH D A. Spatial-filtering-based contributions to a critique of geographically weighted regression(GWR). Environment and Planning A, 2008, 40(11): 2751-2769.

[22] WHEELER D, TIEFELSDORF M. Multicollinearity and correlation among local regression coefficients in geographically weighted regression. Journal of Geographical Systems, 2005, 7(2): 161-187.

[23] WHEELER D C. Diagnostic tools and a remedial method for collinearity in geographically weighted regression. Environment and Planning A, 2007, 39(10): 2464-2481.

[24] WHEELER D C. Simultaneous coefficient penalization and model selection in geographically weighted regression: The geographically weighted lasso. Environment and Planning A, 2009, 41(3): 722-742.

[25] WHEELER D, WALLER L. Comparing spatially varying coefficient models: A case study examining violent crime rates and their relationships to alcohol outlets and illegal drug arrests. Journal of Geographical Systems, 2009, 11(1): 1-22.

[26] JETZ W, RAHBEK C, LICHSTEIN J W. Local and global approaches to spatial data analysis in ecology. Anglais, 2005, 14(1): 97-98.

[27] WHEELER D C, P áez A, Geographically weighted regression//Fischer M M, Getis A. Handbook of Applied Spatial Analysis: Software Tools, Methods and Applications. Berlin: Springer-Verlag, 2010: 461-486.

[28] Páez A, FARBER S, WHEELER D. A simulation-based study of geographically weighted regression as a method for investigating spatially varying relationships. Environment and Planning A, 2011, 43(12): 2992-3010.

[29] OPENSHAW S. The Modifiable Areal Unit Problem. Norwich: Geo Abstracts Ltd, 1984.

[30] FOTHERINGHAM A S, BRUNSDON C, CHARLTON M. Geographically Weighted Regression: The Analysis of Spatially Varying Relationships. Chichester: Wiley, 2002.

[31] HOERL A E. Application of ridge analysis to regression problems. Chemical Engineering Progress, 1962, 58(3): 54-59.

[32] HOERL A E, KENNARD R W. Ridge regression: Biased estimation for nonorthogonal problems. Technometrics, 1970, 12(1): 55-67.

[33] LU B, HARRIS P, CHARLTON M, et al. The gwmodel r package: further topics for exploring spatial heterogeneity using geographically weighted models. Geo-spatial Information Science, 2014, 17(2): 85-101.

[34] GOLLINI I, LU B, CHARLTON M, et al. Gwmodel: An r package for exploring spatial heterogeneity

using geographically weighted models. Journal of Statistical Software, 2015, 63 (17): 1-50.

[35] BRUNSDON C, FOTHERINGHAM A S, CHARLTON M. Some notes on parametric significance tests for geographically weighted regression. Journal of Regional Science, 1999, 39 (3): 497-524.

[36] YANG W. An extension of geographically weighted regression with flexible bandwidths. St Andrews: St AndrewsCentre for GeoInformatics, 2014.

[37] FOTHERINGHAM A S, YANG W, KANG W. Multiscale geographically weighted regression (mgwr). Annals of the American Association of Geographers, 2017, 107 (6): 1247-1265.

[38] LU B, CHARLTON M, HARRIS P, et al. Geographically weighted regression with a non-euclidean distance metric: A case study using hedonic house price data. International Journal of Geographical Information Science, 2014, 28 (4): 660-681.

[39] LU B, CHARLTON M, BRUNSDON C, et al. The minkowski approach for choosing the distance metric in geographically weighted regression. International Journal of Geographical Information Science, 2016, 30 (2): 351-368.

[40] LU B, HARRIS P, CHARLTON M, et al. Calibrating a geographically weighted regression model with parameter-specific distance metrics. Procedia Environmental Sciences, 2015, 26: 109-114.

[41] LU B, BRUNSDON C, CHARLTON M, et al. Geographically weighted regression with parameter-specific distance metrics. International Journal of Geographical Information Science, 2017, 31 (5): 982-998.

[42] HASTIE T, TIBSHIRANI R. Generalized additive models. Statistical Science, 1986, 1 (3): 297-310.

[43] HUANG B, WU B, BARRY M. Geographically and temporally weighted regression for modeling spatio- temporal variation in house prices. International Journal of Geographical Information Science, 2010, 24 (3): 383-401.

[44] FOTHERINGHAM A S, CRESPO R, Yao J. Geographical and Temporal Weighted Regression (GTWR). Geographical Analysis, 2015, 47 (4): 431-452.

[45] WU C, REN F, HU W, et al. Multiscale geographically and temporally weighted regression: exploring the spatiotemporal determinants of housing prices. International Journal of Geographical Information Science, 2019, 33 (3): 489-511.

第 6 章 空间大数据可靠性分析

本章围绕空间大数据可靠性分析，首先，提出空间大数据的分类体系，指出大数据可靠性分析的必要性。其次，通过构建可靠性量化评价指标，从数据获取过程的可靠性、数据自身的可靠性，以及数据建模、处理与挖掘方法的可靠性等方面进行分析。然后，提出降低不确定性的技术方法及控制流程，提高空间大数据分析的可靠性。最后，分别针对轨迹数据和社交媒体签到数据，通过实例分析，具体介绍空间大数据处理技术的可靠性与控制、空间大数据分析方法的可靠性与控制，以及空间大数据挖掘结果的可靠性与控制。

6.1 空间大数据概述

空间大数据是指数据规模巨大到无法通过人工进行处理和解读的地理数据。除了数据量大以外，空间大数据还有数据处理速度迅速、数据来源和构成复杂、数据真实感强、数据使用价值高等特点。空间大数据是伴随着人类观测获取数据能力的提高而出现的，在一定程度上解决了过去长期存在的数据源短缺问题，从而使得以前一些因为数据短缺而无法进行的空间分析计算和决策变得可行。需要注意的是，空间大数据的定义并没有统一的标准，而是随着研究应用的背景不同而有所侧重[1]。尽管如此，具有明显或者潜在的位置信息仍是空间大数据的内涵所在。目前，随着传感器、通信及空间定位技术的发展，在地理信息空间领域，我们可以获得的空间数据量急剧增长，数据结构日益复杂，数据类型不断丰富，数据来源更加多样。

空间大数据一般可以分为五种类型：第一种类型是基础地理信息类数据，即按照国家标准精准测绘所形成的政府数据；第二种类型是专题地理信息类数据，如地理国情普查所获取的大量与经济、社会有关的数据；第三种类型是部门地理信息类数据，如农业部门、自然资源部门等专业部门的数据；第四种类型是传感地理信息类数据，也是空间大数据里重要且有活力的部分，并涵盖很多领域，例如浮动车采集的车辆轨迹数据、环境监测网所采集的实时污染数据等；第五种类型是网络媒体地理信息类数据，除了时空信息之外，也含有丰富的文本及图片，例如互联网公司采集的新浪微博、腾讯微信、百度搜索、Twitter、Flickr 等数据。其中，第四、五种空间大数据的增长速度最快、结构最复杂、种类来源最多，且应用价值最大，这两种类型的空间大数据也称为众源地理大数据，是本章所关注的重点，也是亟须可靠性理论支撑的数据。表 6.1 从不同侧面对空间大数据的分类体系做了详尽的描述。

空间大数据的兴起给我们带来的不只是位置信息和时间信息，更重要的是带来了丰富的内容信息。深入挖掘隐藏在数据内容中的知识，可以为城市的智慧化和个人的位置服务提供非常好的机遇，也同时带来前所未有的挑战，例如根据被追踪设备发送位置信息的频率，空间数据的大体量和高速度特征使其成为有效利用空间大数据的一个障碍，这是因为纵向扩展的传统关系型数据库不能满足空间大数据存储的规模；众源地理大数据与传统地理信息数据在数据量、时空尺度、采集精度等方面的不一致性，也是影响其进行深入融合分析的一个障碍；此外，从传感和各种感知设备产生的空间大数据，无法采用现有的地理信息系统进行存储、管理、处理、分析与应用，而能够支撑实时数据采集、处理、分析与应用模拟的实时地理信息系统将成为空间大数据分析应用的重要平台。

表 6.1 空间大数据的分类体系

数据类型	数据表达	空间操作方式	数据量	更新频率	数据结构	数据精度
基础地理信息类数据	矢量、栅格、三维等数据	传统空间操作，如空间叠加、地图代数、地图投影等	可获得数量的矢量、栅格、三维模型数据	数据变化较慢	结构规则	精度最高
专题地理信息类数据	文本表格、矢量、栅格、三维等数据	统计汇总、地统计、空间回归、可视化等	可获得数量的文本、矢量、栅格、三维模型数据	数据变化较慢	结构规则	精度较高
部门地理信息类数据	文本表格、矢量、栅格、三维等数据	专业领域模型、传统空间操作、空间统计等	可获得数量的文本、矢量、栅格、三维模型数据	数据变化较慢	结构规则	精度较高
传感地理信息类数据	轨迹数据、传感器数据等	空间统计、时间序列分析、深度学习、探索性空间分析等	海量的卫星影像、轨迹数据、传感器监测数据	数据变化较快	结构半规则	精度较低
网络媒体地理信息类数据	文本、图像、视频、音频、网络等数据	空间统计、机器学习、深度学习、探索性空间分析等	海量的互联网文本、视频、图像、社交媒体数据	数据实时性	结构不规则	精度最低

尽管如此，空间大数据在存储、处理、分析挖掘、领域应用等方面已经取得了巨大的进展。在空间大数据存储上，横向扩展的数据库越来越多地被用于追踪大体量、高速度的空间数据流，例如 NoSQL 数据库可以用来存储和处理非结构化的空间大数据，Redis 键值数据库非常擅于存储和处理地理空间计算所需的坐标信息；在空间大数据的处理上，伴随着高性能计算机等硬件技术的发展，Apache Hadoop 作为一种处理大数据常见的方法和框架，以批处理的方式运行数据处理任务，但是对于实时大数据，则需要采用来自 Twitter 公司的 STORM 开源框架，可以可靠地处理无限的数据流并实时处理 Hadoop 的批任务；在空间大数据的分析挖掘上，以机器学习和人工智能为代表的知识挖掘方法已经与经典的地理模型深入融合，并用以解决不同尺度的地理问题，例如基于深度学习技术可以快速提取遥感影像中的地物目标信息，并可以用于图像内容检索等方面，而本体论方法则可以针对深入的行业应用建立各个应用行业领域中的不同尺度与粒度的对象、过程和关系，构建信息集成的基础。

空间大数据的应用领域比较广泛，例如在物流领域，美国邮政服务公司利用地理空间大数据分析来优化邮寄路线和减少投递时间；在金融领域，投资者把卫星和无人机拍摄的图像作为数据来源，为决策提供信息支持，例如对商品交易进行估价和预测消费者需求；在商品零售领域，梅西百货连锁店利用位置感测技术为顾客提供更好的店内体验，从而与电商网站进行竞争；在交通运输领域，追踪 10 万艘海轮上大约 2 100 万个集装箱的运输情况，利用机器学习算法来优化集装箱的运输路线，可以为承运商节省成百上千万美元；在广告推荐领域，基于 Foursquare 的地理标签解决方案，美国运通公司根据购买记录和位置向客户发送促销信息；在娱乐领域，G. O. Pokerman 将虚拟空间叠加到现实世界中，可以带来引人入胜的增强现实(augmented reality，AR)体验；在新闻媒体领域，记者和媒体人员可以利用 OpenStreetMap 等众源地理数据来帮助他们报道引人注目的故事等。

毫无疑问，空间大数据为各个领域的应用决策提供了重要的信息，并产生了巨大的社会经济效益，但是空间大数据的质量是不可靠的，基于传统挖掘方法所产生的知识也会受到影响。这些不可靠性不仅影响应用问题决策分析的质量，更会产生意想不到的严重后果。因此，迫切需要针对空间大数据的可靠性进行研究，从而提高应用问题决策分析的水平。

6.2　空间大数据分析的可靠性基础

空间大数据除了具有时空性、语义性之外，还含有"5V"特性，即数据容量大(volume)、实时性(velocity)、多样性(variety)、真实性(veracity)、价值性(value)，这些特性在一定程度上显示了隐含在空间大数据及其分析中的不确定性。其中，数据容量大意味着数据中含有较高概率的不规范数据，对这些不规范数据的处理往往会带来不确定性，如同有学者指出数据规模的增大并不等同于数据不确定性的减小；实时性意味着数据的获取速度快，采用不同的时空粒度来处理这些数据往往会带来不确定性；多样性意味着数据类型繁多，采用多源数据融合处理或者高维分析的过程也会带来不确定性；真实性最能反映空间大数据的不确定性，这是因为空间大数据中含有多源的用户生成数据(如手机信令数据、网络搜索数据等)，这些众源用户数据与传统的规范数据相比，带来了更大的不确定性，需要对其真实性进行评估；价值性意味着隐含在空间大数据之内的知识需要采用深度挖掘的方法才可以揭示，需要对其可靠性进行验证。

因此，针对空间大数据，亟须进行可靠性分析。空间大数据的可靠性分析主要是由数据获取过程的可靠性、数据自身的可靠性，以及数据建模、处理与挖掘方法的可靠性构成，且会在分析过程中对这种不确定性进行传播与累积。因此，为了达到空间大数据可靠性分析的目的，需要从空间大数据的特性入手，需要从空间分析过程的各个组成部分入手，全面揭示隐含在空间大数据分析中的不确定性因素，进而提出对不确定性进行控制、对可靠性进行提高的处理方法与分析模型。

与传统的地理信息数据相比，空间大数据的质量相对来说不高，这主要是由于缺乏统一的采集标准与规范，而事实上，这也正是其区别于传统地理信息数据的特点之一，也就是大数据分析中所提倡的要拥抱混乱。因此，空间大数据的质量体现在数据精度参差不齐上，如果利用这些不够准确的数据，不管预测算法或模型有多高明，预测结果的准确率都会下降。时空大数据的质量也体现在虽然数据基本准确，但完整性不好，用一个较小的样本来代表总体，例如采用一个城市中不足一周的出租车轨迹数据来代表整个城市的出行情况来研究人们的出行规律。当然，如果要采集足够多的样本且有较高的准确度是比较困难的。此外，模型算法在没有足够的完整数据样本前提下做出预测，预测结果也具有一定的片面性。

空间大数据在处理及挖掘分析过程之中，也存在很多不确定性。一般通过控制降低挖掘分析过程之中的不确定性，来提高空间大数据的可靠性。当前，众多对地观测技术的发展使得多源数据的融合成为可能，为提高空间大数据的可靠性提供了可靠的方法，例如通过融合夜光遥感大数据与采样社会经济数据，可以提高夜光遥感大数据对社会经济发展水平的估测能力；高性能计算（尤其是并行计算及云计算）技术使得空间分析模型可以处理海量的空间数据，为可靠性的空间分析方法提供可行的计算环境支撑；空间分析理论与技术越来越成为发展地理信息科学和应用的关键推动力；而可靠性空间分析理论与技术将使得在地理学规律框架内建立的分析模型可以更准确地对现实世界进行动态模拟、预测及评估，获得可靠的知识来辅助应用决策。

空间分析通常涉及应用一系列方法模型，一个方法模型的输出可能作为另外一个方法模型的输入，误差在此过程中便进行了传递与积累。空间大数据分析涉及的方法模型更加复杂，因此，除了从机理上探索每个模型方法的不确定性控制策略之外，还应该研究不同模型方法之间的相互关联机理，进一步制定控制其不确定性的策略。这一过程类似于产品生产过程中的质量控制环节，一般可以采用串联模型（所有方法可靠性函数的乘积，串联模型方法个数越多，可靠性越低）、混合模型（所有方法构成一个复杂的串并联结构，用以估计产品在执行任务过程中完成规定功能的概率）等可靠性模型。就挖掘结果而言，还应该研究更加可靠的统计模型检验方法，提出定量的指标（如支持度、可信度、兴趣度等），来评价结果的可靠性，而目前的研究更多集中于这一部分。

6.3　空间大数据分析的可靠性量化评价

本节主要通过现势性、精确性、完整性、一致性、适用性、设计可靠性、鲁棒性等可靠性量化指标，从空间大数据获取过程、空间大数据本身，以及空间大数据建模、处理与挖掘三个方面来探索空间大数据的可靠性分析，如表 6.2 所示。

空间大数据的获取可以产生不确定性，能够用精确性、完整性、一致性、设计可靠性等指标进行评价，例如社交媒体签到数据中既包括通过全球定位系统（global positioning system，GPS）技术获取的点位坐标，也包括用户输入的文本内容，这两种来源的数据可以用一致性对其可靠性进行评价；空间大数据能够用现势性、精确性、完整性、一致性等可靠性指标进行评价，例如社交媒体签到数据的现势性可以用记录点的采集时间来反映，而空间轨迹数据的精确性可以用记录点位坐标与真实点位坐标的平均偏差程度来表示；空间大数据的建模、处理与挖掘会产生不确定性，主要用一致性、适用性、鲁棒性等可靠性指标进行评价，例如采用不同的建模方式对人类移动的时空过程进行表达，可以产生人类移动性研究成果的一致性问题，而采用卡尔曼滤波器不适用于对时间间隔较大的签到轨迹数据的点位坐标进行纠正，否则会降低其可靠性，同理，采用不同的时空粒度对离散点进行时空统计也会产生不一致的结果。

表 6.2　空间大数据分析的可靠性评价指标矩阵

项目	现势性	精确性	完整性	一致性	适用性	设计可靠性	鲁棒性
空间大数据获取过程	○	●	●	●	○	○	○
空间大数据本身	●	●	●	●	○	○	○
空间大数据建模、处理与挖掘	○	○	○	●	●	○	●

注：●为完全相关；○为部分相关。

6.4　空间大数据分析的可靠性控制

空间大数据分析的可靠性控制主要针对分析过程中不确定性产生的来源，通过提出降低不确定性的技术方法及控制流程，从而达到提高空间大数据分析的可靠性。

具体而言，主要包括以下几个方面。

首先，分析空间大数据的特性，重点研究隐含在其中的粗差。针对具体的数据类型，研究粗差的清理办法，如中值滤波剔除异常点、根据业务逻辑剔除不符合要求的记录等。只要方法得当，粗差一般可以完全消除，即可以大幅度提高空间大数据分析的可靠性。

其次，针对具体的数据类型，研究由随机性和模糊性所构成的不确定性的控制方法，例如，基于概率统计研究空间大数据中时空特性的随机性，提出降低数据不确定性的技术方法；基于模糊数学研究空间大数据中语义特性的模糊性，提出降低语义不确定性的技术方法；基于多源空间大数据的融合，提出提高空间大数据时空精度的融合方法。

最后，针对具体的应用目的，研究可靠性的空间分析与挖掘方法。例如，通过多方法融合技术来提高分析结果的可靠性，从而降低只运用单个方法所带来的不确定性。常用的方法包括加权平均融合、卡尔曼滤波法、贝叶斯估计、统计决策理论、概率论方法、模糊逻辑推理、人工神经网络、D-S（Dempster-Shafer）证据理论等。

下面通过一些实例，具体分析空间大数据获取过程、空间大数据自身，以及空间大数据建模、处理与挖掘三个方面的可靠性控制。

6.4.1　空间大数据获取的可靠性控制

空间大数据获取的不确定性主要来源于数据获取方式的多样性，例如，开放道路网数据（OpenStreetMap，OSM）是一个典型的空间大数据，它是由众多非专业用户利用多种数据采集方式自愿贡献并汇聚而成，主要包括基于遥感影像底图的数字化，基于手机等定位设备所采集的志愿者轨迹，政府部门地理信息数据的直接导入等[1, 2]。因此对来源多样的空间数据的质量进行深入评价，在一定程度上可以降低空间大数据分析的不确定性。这里以一个典型的开放道路网的质量可靠性研究为例进行详细论述。开放道路网项目是由伦敦大学学院的 Steve Coast 在 2004 年创立[2]，最初的目的是对英国进行制图，到目前已经发展成为全球最大的免费获取地理信息数据源。近年来，对于开放道路网数据的质量评价一直是研究的热点和难点。通过对开放道路网数据的质量研究，可以在一定程度上提高空间大数据分析的可靠性。

　　不同于专业制图人员,业余人员在采集数据的过程之中缺乏统一的标准规范,因此,以众源方式获取的空间大数据的质量评估成为一个非常重要的问题。将开放道路网数据和英国官方的军械测量局(Ordnance Survey,OS)测量数据进行对比,从空间位置准确性、道路完整性等方面对开放道路网数据的质量进行了研究[3]。需要说明的是参考数据是英国军械测量局的测量数据,因为在开放道路网项目刚成立不久,它具有较高的可靠性。研究结果表明开放道路网数据在伦敦地区的空间准确性随着位置的不同而发生变化,平均大概是 6 m,这在一定程度上归因于志愿者在数字化的技能、轨迹采集方面的技巧以及个人耐心等方面存在差异;开放道路网数据在伦敦地区的道路总长度的完整性为69%,而就英国总体而言的完整性只有 29%,在短短的四年时间内取得这样的成果是非常了不起的。

　　开放道路网空间大数据除了含有道路网数据之外,也包括其他类型的空间数据,如建筑物、土地利用等。建筑物的平面轮廓线及其高度属性对于快速构建三维城市模型具有重要的应用价值,因此对于开放道路网中的建筑物数据进行质量评估非常重要。以德国官方地形制图信息系统(ATKIS)中的建筑物数据作为参考数据,从完整性、语义准确性、位置准确性、形状准确性等方面对开放道路网中慕尼黑的建筑物数据进行了质量评价[4]。研究结果认为建筑物平面面积覆盖的完整性高达 99%,而属性信息的完整性则比较差;建筑物在不唯一匹配情况下的语义准确性为 100%(OSM 中的一个建筑物对应多个 AKTIS 中的建筑物或者 AKTIS 中的一个建筑物对应多个 OSM 中的建筑物),而在唯一匹配情况下的语义准确性为 58.45%(OSM 中的一个建筑物唯一对应 AKTIS 中的一个建筑物);建筑物的位置准确性平均大概为 4.13 m,且这一较高的不确定性主要归因于影像数字化的误差;建筑物在形状相似度方面的准确性高于 70%。

　　可以看到,空间大数据的获取方式多样,误差来源也多样,由此带来的不确定性极其复杂,面对这一挑战,需要更加深入系统的研究可靠性控制方法。

6.4.2　空间大数据自身的可靠性控制

　　空间大数据自身的不确定性主要来源于现实世界地理实体及其关系的不确定性,因此对于隐藏在位置空间中的知识进行深入挖掘分析,在一定程度上可以降低空间大数据分析的不确定性。这里以一个典型的基于众源地理数据的城市功能区挖掘为例进行详细论述。众源地理数据是空间大数据的一种,是由众多非专业用户利用 web 2.0 技术所贡献的海量异构地理数据[1]。这类数据中隐含了大量的人类活动信息,通过数据挖掘的方式,可以揭示城市区域的真实功能,这在一定程度上要比政府部门所规划出来的区域功能更加可靠[5, 6]。

　　基于 Foursquare 位置签到数据,提出了一种自下而上的方式从数据本身构建城市功能本体的方法[7],他们利用潜在狄利克雷分配算法(latent Dirichlet allocation,LDA)从用户签到的兴趣点中挖掘区域的功能类型。在 Foursquare 中,每一个签到位置点都对应一个详细的兴趣点类型,如法国餐馆、电影院等。通过将签到位置点周围一定范围之内的所有兴趣点当成文档，每个兴趣点当成单词，在每个兴趣点上签到的次数当成这个单词出现的频率，就可以应用 LDA 模型来估算每个签到点的城市功能概率向量(兴趣点类型概率向量)。然后利用 k-均值聚类算法在 Delaunay 三角网空间限制下对签到点城市功能概率向量进行聚类，就可以得到城市区域功能。

基于海量出租车轨迹数据，提出了一种从人类活动热点区域的无标度特性出发对其城市功能进行可靠性推断的方法[5]。他们发现了人类活动热点区域中活动停留点与城市兴趣点数量之间的异速增长规律，从中识别出来那些城市功能可能被低估的热点区域，然后构建了一种改进的贝叶斯模型对热点区域中的停留点的活动类型进行预测，从而得到了人类活动热点区域的功能分布。

可以看到，空间大数据自身的不确定性可以通过研制可靠性控制方法进行降低，从而提取出更加可靠的信息知识，这些知识有助于更加可靠的理解城市系统。

6.4.3 空间大数据建模、处理与挖掘方法的可靠性控制

空间大数据建模、处理与挖掘方法的不确定性主要来源于方法模型设计的局限性。同传统的分析挖掘方法相比，深度学习技术在分类及模式识别方面能够取得更高的效率和准确性。深度学习是机器学习中一种基于对数据进行表征学习的方法，它通过组合低层特征形成更加抽象的高层表示属性类别或特征，以发现数据的分布式特征表示[8]。在目前的测绘地理学研究中，深度学习技术主要用于可靠性的数据生产及处理，例如，遥感影像中土地利用类型的分类，视频数据中人类移动轨迹的提取，以及照片中隐含地理位置信息的推断等。深度学习技术在测绘地理领域的应用才刚刚起步，然而有一个令人期待的应用前景。与此同时，我们应该意识到深度学习技术中的不确定性，而在这方面的研究会是一个较大的挑战，可以在一定程度上提高空间大数据分析的可靠性。

同传统的图像分类方法相比，深度学习技术需要更多的具有标注信息的训练样本集来取得更高的分类准确性。然而，要获得大量的具有标注信息的训练样本集不是一件容易的事情，一方面需要耗费大量时间与经济成本；另一方面，随着客观世界的不断变化，势必要求持续不断的对训练样本数据进行重新标注。对于这一问题的解决，可以采用最近提出的弱监督学习思想。弱监督学习是一个比较概括的术语，涵盖了尝试通过较弱的监督来学习并构建预测模型的各种研究，具体包括三个类型：①不完全监督(incomplete supervision)，也就是说训练样本集中只有少数样本是有标注信息的，而大部分样本没有标注。这类情况通常发生在具体的任务中，例如，在图像分类任务中，利用爬虫算法从互联网上获取大量的图片，但是对每个图片做标注，则需要耗费大量的标注成本，于是只有少数图片能够被标注；②不确切监督(inexact supervision)，就是说图像只有较粗粒度的标签，标签信息具有一定的确定性；③不准确的监督(inaccurate supervision)，就是说图像上标签值存在误差，不总是真值，例如标注过程中粗心所造成的。一个典型的应用是采用弱监督深度学习技术从卫星影像上提取出了高质量的地物类型[9]。除此之外，可以采用众源标注的方式来提高训练样本的标注效率，例如，使用志愿者标注的图像数据来训练深度学习模型，从而在卫星影像目标分类的研究中取得了较高的准确性[10]。

　　此外，对深度学习模型所产生的不确定性也很难有效评估，因为我们对深度学习的工作机理知之甚少，这就导致了几乎很难有针对性的定量分析模型不确定性所产生的结果，也就无法对模型的不确定性进行控制。然而，估算模型的可靠性对于用户控制和防范由错误结论所引发的风险和损失却是非常重要的。在这方面，已经有一些开创性的研究，例如，掉队训练是一种在网络进行训练的过程中可以避免过拟合的技术，采用了掉队训练的思路计算了深度神经网络不确定性的贝叶斯概率[11]。值得注意的是，我们应该意识到新的计算分析方法可能带来的不确定性，并且应该不断探索对这些不确定性的控制解决方案。

　　可以看到，空间大数据处理分析方法本身的设计具有局限性，由此带来的分析结果或者知识存在一定的不确定性，面对这一挑战，需要更加深入系统的研究。

6.5　轨迹数据的可靠性分析

6.5.1　轨迹数据概述

　　轨迹大数据作为大数据的一种，其丰富的数据来源与多样化结构符合大数据的"5V"特征。轨迹数据作为轨迹大数据处理的对象，需要在充分了解其来源、特征与处理技术架构的情况下挖掘其中有价值的信息。在移动互联网、卫星定位技术、基于位置服务（location based service，LBS）技术高速发展的背景下，无时无刻不在产生轨迹数据，包括交通数据、人类移动数据、动物迁移轨迹数据和自然现象轨迹数据等。这些海量的轨迹数据具有很大的研究价值，对其进行分析与挖掘已经成为研究人员重点研究的领域之一。现有研究表明，通过对轨迹数据的分析，可以挖掘人类活动和迁移规律，分析车辆、大气环境等的移动特征[12]。例如，基于城市交通的轨迹数据处理能够为优化交通路线、个性化推荐路线、路网预测、城市规划等提供很好的解决方案。

　　常见的轨迹数据包括人类活动轨迹、交通工具活动轨迹、动物活动轨迹和自然规律活动轨迹等。一般来说，轨迹数据在收集过程中由于受设备、采样频率、存储方式等因素的影响，往往具有时空序列性、异频采样性、语义缺失性、数据质量差等特征，具体表现如下。

1. 时空序列性

　　轨迹数据不同于其他数据，轨迹数据是由一系列离散的记录点组成。这些记录点不只包括物体的位置信息，还包括采样时间、速度、方向等信息。换而言之，轨迹数据是具有位置、时间信息的采样序列，轨迹点蕴含了对象的时空动态性，即时空序列性是轨迹数据最基本的特征。考虑到对象连续移动，而其位置只能在离散时间进行更新，从而使运动对象在两个更新之间的位置不确定。为了增强轨迹的实用性，需要建模和减少轨迹的不确定性。

2. 异频采样性

由于活动轨迹的随机性、时间差异较大的特征，轨迹的采样间隔差异显著，轨迹采样精度也与具体的应用场景有关。例如，导航服务的秒级或者分钟级的采样、社交媒体行为轨迹是以小时或者天作为间隔的采样。差异性的轨迹增加了轨迹数据管理、分析、挖掘的难度。从数据的完整性及精度方面考虑，采样频率越高越好，这样采样点的个数很多，能够更准确地反映原始路径的走向变化。但是，随着采样点个数的增多，存储轨迹以及对轨迹进行运算的代价就会随之增加。反过来，从存储及运算的角度出发，采样频率越低越好，这样能有效降低轨迹存储及计算的代价。但是，这样的轨迹与真实轨迹偏差较大，可能引起后续分析挖掘结果的不确定性。

3. 语义缺失性

轨迹数据采集设备的定位原理、精度存在较大差异，难以直接、准确地获取对象的移动语义信息，无法将其与背景的地理社会经济数据进行有效关联，在很大程度上限制了轨迹数据挖掘的深度和广度。同时，由于存在语义的模糊不确定性，通常需要对对象的轨迹时空精度进行概化处理，从而产生可塑性面积单元问题(modifiable areal unit problem，MAUP)[13]和不确定性地理环境问题(uncertain geographic context problem，UGCoP)[14]，潜在降低轨迹数据分析挖掘结果的一致性。

4. 数据质量差

由于连续性的运动轨迹被离散化表示，受到采样精度、位置的不确定与预处理方式的影响，给基于轨迹数据的分析带来一定的困难。因此，在对轨迹数据进行处理之前，需要对原始轨迹进行重构从而剔除数据误差。原始轨迹数据存在很多数据冗余与噪声，需要通过数据清理(data cleaning)、轨迹压缩(trajectory compression)、轨迹分段(trajectory segmentation)等预处理方式转化为校准轨迹。校准后的轨迹数据需要通过数据库管理技术进行轨迹索引与检索，能够有效地存取。最后，对处理后的轨迹数据进行模式挖掘、隐私保护等操作获取有价值的知识。

6.5.2　轨迹数据处理方法的可靠性及控制

轨迹数据处理通常可划分为轨迹预处理、轨迹建模和轨迹模式挖掘三个部分。其中，在使用轨迹数据之前，需要处理诸如噪声过滤，轨迹分割和地图匹配等诸多问题，是许多轨迹数据挖掘任务的基本步骤；轨迹建模是实现高度冗余、非结构化变长的轨迹数据高效搜索与处理性能的保证；轨迹模式挖掘是轨迹数据处理分析的核心任务，可以实现如频繁移动模式提取、异常移动模式检测和轨迹分类等。

1. 轨迹预处理

轨迹数据作为轨迹大数据处理对象，其预处理效果将直接影响轨迹数据挖掘的效果。同时，针对不同的应用场景与挖掘目标，采用不同的预处理方式具有重要作用。轨迹数据预处理中主要的方法包括原始数据的数据清洗、轨迹压缩和针对应用场景与挖掘目标的轨迹分段与路网匹配预处理方法[15]。特别地，停留点检测技术在轨迹数据预处理过程中具有重要的作用。一般对于轨迹数据的挖掘研究，很多都是围绕轨迹停留点来展开研究。同时，轨迹压缩技术在海量数据的分析中对于消减无用数据、提升数据分析能力具有重要作用。

1) 轨迹数据清洗

轨迹数据清洗主要是为了剔除数据中的冗余点和噪声点。移动对象在静止和匀速运行状态下都会产生大量的冗余点，其中，移动对象在某一时间段驻留时间较长，称为停留点 (stay point)。通过设定时空规则对单条轨迹进行平滑处理(如中值滤波)，识别并去除异常的噪声点和冗余采样。但是，对轨迹进行平滑处理会不可避免地产生偏离原始真实位置的轨迹点，而且具有误差传递的特性。

2) 轨迹数据压缩

人们往往在数据分析时关心的是数据中的停留区域，而不是整个轨迹数据。对于移动对象，基于时间戳的轨迹记录可以采用秒级记录，但是由于存储设备、计算能力等的限制，轨迹数据挖掘不需要如此精细的位置定位，通常需要采用轨迹压缩的方法来处理轨迹数据。常见的轨迹压缩方法包括基于路网、模型和编码的方法等，要求压缩后的轨迹与原始轨迹之间的误差符合精度范围。但是，压缩轨迹中关键轨迹点(如轨迹停留点、拐弯点等)的提取具有不确定性，无法保证还原原始轨迹的真实特征。

3) 轨迹分段

轨迹分段是对长时段轨迹(例如以天或月为单位)的合理切分与标注，切分后的子轨迹段代表一次出行的记录。轨迹分段不仅降低了计算复杂度，同时提供了更加丰富的知识。主流的轨迹分段方式包括基于时间阈值、几何拓扑和轨迹语义的策略等。通常情况下，轨迹停留点是轨迹分段的重要参考依据，用来标识单次出行的起讫点或者不同交通模式间的转换点。

4) 路网匹配

路网匹配是结合轨迹与数字地图，将 GPS 坐标下的采样序列转换成路网坐标序列。经过路网匹配后，每个轨迹采样点都映射到一个路网位置。路网匹配对于评估交通流量、引导车辆导航、预测车辆行驶路线、从出发地到目的地之间寻找频繁旅游路线等具有重要的作用，但是路网匹配是较为复杂的问题。路网匹配主要有在线和离线两种方式，核心思想是利用轨迹点之间的时空可达性做匹配校正。但是，由于轨迹采样点的空间误差不定、时间频率差异大，容易错误地匹配到相邻的道路，导致基于路径的匹配策略失效，使得匹配后的轨迹偏离真实路径的情况在城市核心道路密集区经常出现。

2. 轨迹建模

经过以上预处理，可以大幅降低轨迹数据的质量问题并得到高质量的轨迹数据。为了进一步提高轨迹查询、处理和分析的性能，通常还需要对预处理后的轨迹数据进行建模。按轨迹记录点间运动方式的不同将轨迹数据建模方法分为三类，具体说明如下。

1) 全局回归模型

假设轨迹的运动整体上服从某一规律，并且这一规律可通过一个位置随时间变化的方程进行压缩表示，那么可对对象的所有记录点进行全局回归，用关于时间 T 的回归方程代表时空对象的轨迹。但是，由于全局回归模型过于简化，重构的时空轨迹也不与所有采样点重合，往往不能满足实际的需求。

2) 局部插值模型

由于轨迹的整体变化随机，找到轨迹的全局描述函数是困难的。但是，就两个采样点之间的轨迹来说，其变化走向稳定，服从某一规律。局部插值模型就是假设采样点之间的轨迹服从某一规律，比如线性插值模型认为轨迹在采样点之间的运动服从匀速直线运动，不同的规则可以用不同的局部插值方法来表示。这种模型在时空轨迹模拟和分析中均被广泛使用，并且可以采用时空路径(space-time path)的方式来可视化表达。但是，局部插值模型的假设(如匀速运动)过强，往往与实际情况不匹配。

3) 领域知识模型

当不知道插值函数时，运动物体在采样点之间的位置是随机的。但是，由于领域知识的存在，能够将物体的运动限制在某一范围内。比如物体运动的路网信息、当前速度、方向等都可将运动物体下一时刻的位置锁定在一块区域内。换而言之，依据各种领域知识可以限制移动对象出现的位置，时空菱镜(space-time prism)是该模型的一种很好的可视化表达方式。但是，该模型表达复杂，不经常使用。而且，领域知识无法确定移动对象的准确位置，依然存在很大的不确定性。

针对预处理和建模后的轨迹数据，可以应用主流的数据挖掘和机器学习技术进行有价值的知识的挖掘和提取。轨迹数据挖掘作为轨迹数据处理的重要组成部分，为了分析与获取有价值的信息，需要通过融合多种方法挖掘经过预处理的数据。通常，为了从时空轨迹数据中提取模式或异常，可以从轨迹数据模式挖掘与轨迹数据分类两个方面进行归纳。其中，轨迹聚类是众多模式挖掘快速提取有价值信息的基础，在相似性测量、轨迹压缩等方面起到很大的作用。同时，往往在数据挖掘中需要多种技术的融合，例如轨迹聚类与轨迹分类的结合来标签未分类数据。

3. 轨迹模式挖掘

1) 伴随模式挖掘

即研究发现一组在一段时间内一起移动的对象。代表性的伴随模式主要包括 Flock、

Convoy、Swarm、Gathering 等。其中，Flock 模式挖掘旨在发现给定时间间隔内可被给定面积覆盖的一组移动对象；Convoy 模式则是根据密度来挖掘紧密伴行的移动对象，避免过于机械化的空间阈值限定；而 Swarm 是一种更为通用化的轨迹模式，特指持续至少 k 个(可能不是连续的)时间戳的对象簇；Gathering 模式进一步减少了上述模式的限制，允许一个群体的成员逐渐演变。在轨迹数据中提取伴随的移动对象，通过分析移动对象群体的行为特征和规律，可以实现时空环境中的事故调查、群体跟踪等。但是，伴随模式依赖空间阈值设定，往往具有较强的主观性和不确定性。

2) 频繁模式挖掘

从大规模轨迹数据中发现频繁时序模式，例如挖掘公共性规律或公共性频繁路径等。一般来说，轨迹数据中包含了位置、时间和语义信息，所以时空轨迹频繁模式挖掘与传统的频繁序列挖掘有一定的区别。频繁模式挖掘在旅游推荐、生活模式挖掘、地点预测、用户相似性估计等方面有很多应用。一般来说，对于轨迹数据频繁模式挖掘可以分为如下几种方式：基于简单分段的轨迹挖掘方式、基于聚类的兴趣区域挖掘方式、基于路网匹配的频繁模式挖掘。对于频繁模式挖掘算法主要分为两种挖掘模式：一种是基于 Apriori 算法的频繁模式挖掘；另一种是基于树结构的频繁模式挖掘。轨迹聚类与轨迹分类是频繁模式挖掘的理论基础，其方法和算法的可靠性直接影响频繁模式的可靠性。值得指出的是，异常模式挖掘往往与频繁模式挖掘过程耦合在一起，故不单列说明。

3) 周期模式挖掘

移动对象经常有一些周期性的活动行为，例如购物行为、动物的定期迁移行为等，通过挖掘此类轨迹，可以预测移动对象未来的行为。周期模式挖掘就是从轨迹时空序列中找到周期性重复变化的子序列，然后再分析子序列具体特征。一般将周期模式挖掘分为完全周期模式、部分周期模式、同步周期模式、异步周期模式等[16]。目前常用的周期模式挖掘技术主要有两类：一类是主要用于数字信号处理领域的周期分析方法，如快速傅里叶变换(discrete Fourier transform，DFT)、自相关系数等；另一类是基于子模式匹配或频繁模式挖掘的周期模式挖掘思想。但是，由于周期活动本身具有复杂性、多周期交叉性及周期长度不确定等特点，对周期行为进行准确提取具有一定的困难，同时很难处理采样频率过低和数据稀疏的情况。

6.5.3　基于轨迹数据的时空聚类的可靠性研究

为了从时空轨迹数据中提取其相似性与异常，并发现其中有意义的模式，时空轨迹聚类分析方法被广泛采用。该方法的主要目的是试图将具有相似行为的时空对象划分到一起，而将具有相异行为的时空对象划分开来。轨迹聚类是众多模式挖掘快速提取有价值信息的基础，在整个轨迹数据处理中具有很大的作用。例如，在预处理中进行轨迹压缩以及在分析挖掘中进行频繁模式提取，既可以减少轨迹数据挖掘的计算资源和存储资源的消耗，又可以提高轨迹数据挖掘的提取模式的直观理解。

1. 轨迹聚类的相关知识

轨迹数据聚类的关键在于根据时空数据特征，设计与定义不同轨迹数据之间的相似性度量。根据轨迹数据时间维度要求的严格程度和轨迹相似性测量，将轨迹聚类处理模式分为：基于时间维度的相似轨迹聚类、基于轨迹相似性的聚类、局部多子轨迹聚类、局部单子轨迹聚类、轨迹点聚类，而各种时空轨迹聚类方法间的主要区别也正是在于其相似性度量的不同。一般的聚类过程是利用一个特征向量代表一条轨迹，通过它们之间的特征向量距离来确定其相似性，将相似轨迹聚合作为集群，从而通过不同的移动对象获得代表性路径或公共倾向行为。总结来说，轨迹聚类的相关知识，主要包括轨迹的表达及重构，轨迹相似性度量，轨迹聚类三个部分，具体说明如下。

1) 轨迹表达及重构

为了对时空轨迹进行比较，常常需要通过假定模型重构时空轨迹，即时空轨迹数据的表达。如 6.5.2 节所述，按照对轨迹记录点间对象运动过程的不同认识，可以分别基于全局回归模型、局部插值模型和领域知识模型进行时空轨迹数据表达，在此不再赘述。此外，轨迹数据的重构表达还涉及可塑性面积单元问题、时间划片问题、时间跨度问题等。例如，受定位时空精度限制，利用手机数据分析城市居民的时空活动特征在尺度和粒度上一般较粗，从而可能产生偏离真实行为规律的认知结果。通过利用高精度的 GPS连续定位数据和手机数据开展对比分析，定量衡量通过手机数据重构的移动轨迹偏移真实 GPS 移动轨迹的程度，具体指标包括移动步长分布、活动空间大小等。结果显示，尽管手机定位数据时空精度较低，但是因个体移动具有强重复性，通过积累较长时期的观测数据，得到的移动统计特征将趋近真实轨迹的统计特征[17]。

2) 轨迹相似性度量

两个对象之间的相似度(similarity)是这两个对象相似程度的数值度量，相异度(dissimilarity)是这两个对象差异程度的数值度量，它们通常是可以互相转化的，所以使用"相似性度量"作为相似度和相异度的统称。依照相似性度量所涉及的不同时间区间，可将现有的时空轨迹聚类方法划分为从要求时间全区间相似，到局部时间区间相似，最后到无时间区间对应相似[18]。这种分类方式既能体现人们对时空轨迹相似性认知的多样性，又能反映时空轨迹相似性度量的发展过程。但是，现有方法一般缺少顾及时空关联性的相似性度量。同时，移动出行规律与具体的分析尺度密切相关。在精细尺度下难以发现的统计特征可能在粗略尺度被发现。例如，手机定位数据的空间精度本身具有较大的不确定性，无法确定个体的具体位置。因此，在进行移动规律统计度量时，须提供顾及尺度可变性和位置近似性的统计计算方法[19]。通过对手机用户移动轨迹的频繁子路径进行相似性度量，提出了一种轨迹近似熵计算方法。通过设定一定的阈值参数，实现了在不同尺度下对个体移动活动规律性的分析。同时，该方法具有强空间鲁棒性，有效克服了因手机定位精度较低而造成的移动规律性认知偏差。

3）轨迹聚类

基于相似性度量，将轨迹对象分组（簇），使得组内的对象相互之间是相似的，而不同组中的对象是不同的。组内相似性越大，组间差别越大，聚类就越好。通常有以下几种：①层次的与划分的。层次聚类是嵌套簇的集族，即允许簇具有子簇，组织成一棵树。划分聚类简单地将数据对象划分成不重叠的子集（簇），使得每个数据对象恰在一个子集中。②互斥的、重叠的与模糊的。互斥的指每个对象都指派到单个簇。重叠的或是模糊聚类用来反映一个对象同时属于多个组的事实。在模糊聚类中，每个数据对象以一个 0 和 1 之间的隶属权值属于每个簇。每个对象与各个簇的隶属权值之和往往是 1。③完全的与部分的。完全聚类将每个对象指派到一个簇中。部分聚类中，某些对象可能不属于任何组，比如一些噪声对象。通常情况下，轨迹聚类方法抗噪声点和离群点的能力有限，需要顾及随机性的模式显著性度量方法[20]。例如，常见的基于密度的聚类算法DBSCAN、OPTICS 在计算对象的距离时因为不确定性对象有概率属性，可能会影响对象间的距离，因此提出距离密度函数表示两个元组间的距离密度，来降低不确定性的影响[21]。但是，该类方法对参数值较敏感，参数值的小变化可能导致大差异的聚类结果。

2. 轨迹大数据挖掘的潜在热点发展方向

到目前为止，传统的基于轨迹点或轨迹相似性的研究已经比较完善，研究人员对于轨迹数据聚类从场景上来说主要从语义轨迹聚类和基于路网匹配聚类方面进行研究。将来，轨迹大数据挖掘的潜在热点发展方向主要包括以下几个方面。

1）基于多源数据融合的轨迹大数据处理

轨迹数据作为轨迹大数据研究的对象，研究人员已经从轨迹数据预处理、索引建立与查询、模式挖掘、分类等方面开展了数十年的研究。随着以 MapReduce 为代表的分布式架构的出现，研究人员希望更加快速地处理海量轨迹数据。同时，不仅仅单一地研究轨迹数据处理，需要融合其他领域数据来扩大轨迹数据处理的应用范围和研究轨迹数据背后的语义信息。因此，大数据时代下的多源数据融合对于全面刻画数据特征和深入挖掘数据本质具有重要作用。例如，在基于位置的社交网络（location based social network，LBSN）的快速发展下，传统的单一分析某一类数据集的方法已经不能全面刻画移动用户的特征，融合用户社交网络数据和轨迹数据将在用户推荐和地点推荐方面发挥更大的作用。

2）基于分布式的轨迹大数据处理

大数据时代下，传统的单一处理模式和处理方法已经无法适应多源、异构、海量的轨迹数据，分布式处理是目前提升海量数据处理能力的重要手段。根据不同的轨迹数据处理要求，如何选择合适的分布式处理框架与处理算法，是未来研究人员关注的重点。首先，针对静态轨迹数据，以经典 Hadoop、Spark 为代表的大数据批量计算架构在处理静态轨迹数据方面具有较大优势，静态轨迹数据处理是先存储后计算的计算过程，通过历史轨迹数据的挖掘来获取有价值的信息。目前，工业界在此领域研究的比较多。其次，针对动态轨迹数据，以 Storm 为代表的大数据流式计算架构处理实时轨迹数据具有重要的研究意义。动态轨迹数据无法进行数据事先存储，但要求近乎实时的计算，因而在基于 LBSN 的位置推荐、朋友推荐和智能交通领域具有重要的应用前景；另外，基于图形处理器(graphics processing unit，GPU)并行计算架构在高性能计算方面具有很大的优势。随着 GPU 的可编程性的增强，并且其多线程机制和内置的大量运算单元，使得基于 GPU 的数据处理能力甚至超越了基于 CPU 的数据处理能力，数据计算在 GPU 中的运算效率远远高于传统的基于 CPU 上的计算效率。目前，基于 GPU 的轨迹数据处理也是研究的热点之一。

3）基于深度学习的轨迹大数据处理

深度学习最近几年成为计算机多项顶级会议讨论的重点话题，特别是 2016 年 3 月，AlphaGo 击败韩国世界围棋冠军李世石，研究人员越来越发现人工智能在数据处理中的重要性，因而，深度学习从传统的自然语言处理(natural language processing，NLP)延伸到各个领域探索的研究方向。随着计算机性能的不断提升，尤其是 NVIDIA 推出的 CUDA 并行计算架构促进了深度学习在 GPU 并行架构中研究的发展，深度学习成为自然语言处理、计算机视觉、图像处理等领域研究的重点，推动了神经网络在 GPU 中的应用。

6.6　社交媒体签到数据的可靠性分析

6.6.1　社交媒体签到数据的可靠性概述

社交媒体迅速发展，无处不在。人们利用社交媒体分享自己的生活见闻及发表对事物的意见、观点与经验。中国拥有全球最庞大的社交媒体用户群。根据相关调查，在过去半年里，中国大约 91%的互联网用户都曾经使用过社交媒体，并且在一线、二线和三线城市中 95%的互联网用户拥有社交媒体账号。相较于传统通信渠道，社交媒体正在成为人们的主要沟通渠道之一。人们通过社交媒体结交朋友、发表意见、娱乐和学习。

一些带有签到功能的社交媒体，例如 Facebook、Twitter、Flicker、Foursquare、微博数据等，各自拥有数以亿计的活跃用户。在这类基于地理位置的社交媒体中，用户和位置是最重要的信息单位，用户与位置的关联形成签到。例如，微博是一个移动互联网应用，它提供基于地理位置的服务，不仅可以让用户分享自己的位置，还可以让用户知道他们的朋友所在的位置。用户可以通过智能手机使用这一服务。当用户到达一个位置时，可以完成一次签到操作。这些社交媒体上的签到数据，既具有虚拟网络中的社交属性，又对应着实际的地理空间。这些数据为社会经济环境、城市结构、旅游管理、智能交通等方面的研究提供了微观的素材，补充了传统研究中在探究空间相互作用方面数据的不足。

社交媒体签到数据属于时空大数据范畴，这些数据往往超出了一般电脑采用常规方法在给定时间内能够处理和分析的能力，同样具有 6.2 节所说大数据的五种特性，即数据容量大、实时性、多样性、真实性和价值性。社交媒体签到数据的不确定性也蕴含在这五种特性之中[22]，其中，数据容量大说明社交媒体签到数据的数量是庞大的，而针对特定的问题，数量庞大是相对而言，不能反映对某一现象的整体代表性，换句话说，就是社交媒体签到数据是否能够代表某一现象的完整性，如果不能代表，那么就意味着最终结果是有偏的、不确定的；实时性说明社交媒体签到数据获取的速度很快，但是由用户的差异性导致获取的时间粒度各不相同，比如每秒钟、每分钟、甚至每小时，这种特性一方面要求数据获取方法能够完整采集规定时空范围之内的数据，另一方面要求数据分析过程中的多粒度融合处理顾及 MAUP 问题，否则，也会带来最终结果的不确定性；多样性说明社交媒体签到数据中不仅含有规则的签到位置数据，也含有不规则的签到文本数据，这种特性意味着在不同类型数据来自不同的数据源且关联挖掘的过程之中会产生不一致性；真实性是社交媒体签到数据不确定性的最突出特性，例如社交媒体签到数据中签到位置与真实位置的偏移、签到文本内容的丢失、签到内容与签到地点的不一致性等地理情景不确定性问题，如果不能在数据处理分析方法上提出可靠性的解决方案，那么会直接产生准确性、完整性、一致性等问题[23, 24]；价值性说明社交媒体签到数据中蕴含着丰富的知识，但是要提取这些知识就必须采用可靠的数据处理分析方法，并对最终结果进行验证，否则就会严重影响所挖掘知识的可靠性以及决策分析的正确性。

6.6.2　社交媒体签到数据处理方法的可靠性控制

上一节具体阐述了社交媒体签到数据所具有的五种特性以及蕴含在数据上的不确定性，本节旨在通过研究社交媒体签到数据的处理方法，提出对其不确定性进行有效控制的措施，从而降低不确定性在数据处理过程中的传递程度，提高数据处理的可靠性。具体而言，社交媒体签到数据中往往存在签到信息的不完整性、签到点位坐标的不准确性，以及签到文本语义的不一致性。为此，我们提出如下策略来提高数据处理的可靠性，如图 6.1 所示。

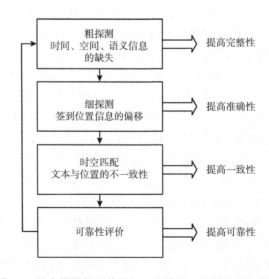

图 6.1　社交媒体签到数据处理方法的可靠性控制流程图

首先，采用粗探测的数据处理方法来提高数据的完整性。所谓粗探测，就是对数据中缺失位置信息、时间信息、语义信息的无效点位数据进行剔除，从而提高数据的完整性。需要注意的是，社交媒体签到数据的完整性还涉及数据采集的时空覆盖度问题，且针对不同研究问题有不同的定义，在这里不做讨论。

其次，采用细探测的数据处理方法来提高数据的准确性。细探测是针对数据中异常点位的空间位置信息进行修正，这大多是由于时空位置信息的系统偏移所引起的，从而进一步提高数据的准确性。对于时空连续性较好的签到轨迹数据，可以采用卡尔曼滤波器，它具体包括两个模型：动态模型与测量模型。在动态模型中，滤波器使用上一状态的估计，做出对当前状态的估计；在测量模型中，滤波器利用对当前状态的观测值优化在预测阶段获得的预测值，以获得一个更准确的新估计值。如果该新估计值与观测值之差超出了给定的阈值，那么就用新估计值代替当前异常点位。对于时空连续性较差的签到数据，一般采用第三方位置查询 API，通过多策略组合加权的方式，对来自单一数据源的签到轨迹数据做统一位置纠偏，从整体上提高数据的准确性。

再次，采用时空匹配方法来降低签到位置信息与文本信息的不一致性，也就是提高数据的一致性。所谓时空匹配方法就是研究签到数据点位在多大程度上匹配到了最适宜的城市兴趣点上。对于签到数据，计算当前签到点的时空缓冲区，获取位于缓冲区之内的兴趣点作为备选点；计算每个兴趣点到当前签到点的语义近似度、空间邻近度、时间邻近度，以此构建复合相似度；复合相似度最高的兴趣点就是最佳兴趣点，并以此对当前兴趣点进行修改，从而得到更新后的签到位置信息。

最后，对于经过处理之后的社交媒体签到数据进行可靠性评价，如果不满足要求，要么修改方法参数重新处理数据，要么重新获取数据。

这里以新浪微博签到数据为例，由于所获取的签到数据不具有较好的时空连续性且不含有文本信息，因此从粗探测、细探测、可靠性评价三个环节提高数据的完整性、准确性，增强其可靠性[24]。

新浪微博签到数据的每条记录包括签到点编号、签到点名称、经纬度和地理位置等字段。通过分析数据，发现存在签到点名称不完整、签到记录重复和签到位置不准确等问题。

1. 签到点名称不完整

在签到行为发生时，由于复杂的时空环境，存在签到点名称的缺失问题，这种缺失性直接导致签到点名称的不完整性，为数据处理挖掘带来问题。

2. 签到记录重复

根据签到点名称、经纬度、时间等信息可以判断出，在一系列签到记录中，存在两条或多条签到记录重复出现的问题，这一类问题的处理比较简单。

3. 签到位置不准确

通过查验地图，发现签到点位置与签到点名称所代表的实际地物之间的位置具有一定系统偏差, 难以匹配, 也就是说在签到点位置并未发现具有相似签到名称的地物[24]。

针对第 1、第 2 类不确定性问题, 通过粗探测的方法可以较好地处理这些记录, 也就是对第一类记录直接删除, 对第二类重复记录进行合并, 从而提高数据的完整性。针对第 3 类不确定性, 通过细探测方法进行处理。具体而言, 考虑到新浪微博的地理信息是由高德地图提供, 我们利用其网络位置查询 API 服务, 可以对签到数据的位置坐标在整体上进行纠偏, 具体组合策略由以下 5 个步骤构成。

(1)对于签到点, 使用高德位置查询 API, 搜索关键字设置为签到点名称, 取返回的第一个搜索结果为纠正坐标值 LOC_1。

(2)对于地址字段不为空的签到点, 使用高德位置查询 API, 搜索关键字设置为签到点名称和地址, 取返回的第一个搜索结果为纠正坐标值 LOC_2。

(3)对于签到点, 使用高德位置查询 API, 搜索关键字设置为地理坐标, 且限制在 5 000 m 范围内搜索, 取返回的第一个搜索结果为纠正坐标值 LOC_3。

(4)若签到点不具备上述任何一种纠正坐标值, 则直接舍弃。对有搜索结果的签到点分别计算所有纠正坐标值与原记录坐标之间的距离, 取距离最近、且距离小于 5 000 m 的纠正坐标值为最近匹配坐标值; 若最近距离大于 5 000 m, 也直接舍弃。

(5)将所有最近匹配坐标值进行加权求和, 得到签到点的最佳匹配坐标。

使用以上方法对新浪微博数据中的 17 981 条签到记录进行处理, 去除不能查询的签到点名称, 最后保留的签到点个数占原始数据总数的 70.19%。由于每个签到点可以被多个用户签到, 因此从签到信息角度, 仅有 13.70% 的签到信息被舍弃, 保留了 86.30% 的签到信息。这说明经过处理的签到数据仍然具有一定的代表性。从整体来看, 数据处理过程提高了数据的可靠性, 可以用于进一步分析。

6.6.3　社交媒体签到数据挖掘分析方法的可靠性控制

社交媒体签到数据蕴含大量的知识, 这些知识主要体现在空间大数据五种特性中的价值性方面。针对具体的问题, 可以应用不同的数据挖掘分析方法来获取未被发现的有用的知识。然而, 不确定性会由于数据挖掘方法设计的缺陷而出现, 并根据误差传播定律累积传递到最终的结果中, 从而降低结果的可靠性。这是一个非常具有挑战的问题, 因为所面临的具体问题有很多, 况且对于同一个问题有不同的方法。通常情况下, 需要研制先进的数据挖掘方法来对不确定性的产生进行控制, 从而提高分析结果的可靠性。这里介绍一种基于社交媒体签到数据的城市区域划分的可靠性研究[25]。

区域是对地球表面的细分, 在各种不同的领域里提出了众多的区域划分方法。近年来, 随着带有地理标记数据的可获得性增加, 如何探测人类活动形成的区域, 以及这种区域与行政区域之间的符合程度, 成为新的研究问题。这样的研究将为城市和交通系统设计提供决策支持。社交媒体签到数据正是人类活动行为的反映, 因此本小节以上一节所处理的新浪微博签到数据为基础, 结合城市交通小区(traffic analysis zone, TAZ)数据, 提出一种空间限制作用下的城市区域划分方法, 然后通过与实际行政区划相比较, 定量地评价区域划分结果的可靠性[25]。需要注意的是, 在分析挖掘的过程之中的不确定性将会被识别、控制与降低。

1. 交通小区网络构建所产生的不确定性

(1) 将签到记录以用户为单元，按时间先后顺序构造用户签到轨迹，这一过程并没有产生不确定性。

(2) 从签到轨迹构造签到网络，其中网络节点是签到位置点，网络边是两个签到位置点连接起来的轨迹片段。在构造的过程之中，由于同一个边可能会有多个轨迹片段经过，因此边的权重是由经过的轨迹片段数决定的。可以清楚的看到，这一构造过程也没有产生不确定性。

(3) 从签到网络到以 TAZ 为基本节点的网络，即基于 TAZ 的人类活动交互网络。特别地，将签到网络叠置在城市交通小区数据上，通过空间操作，每一条边被标记为跨越 TAZ 边界或在同一 TAZ 之内。跨越 TAZ 边界的边的两个端点是处于不同的 TAZ 内的，而同一 TAZ 之内的边的两个端点在这个 TAZ 之内。紧接着，我们移除了同一 TAZ 之内的边，保留了跨越 TAZ 边界的边。通过将这种规则应用于整个签到网络，可以得到 TAZ 网络，其中网络节点是 TAZ，边是跨越 TAZ 边界的边，权重是跨越 TAZ 边界的边权。可以清楚地看到，采用了 TAZ 小区作为网络节点，而非采用指定尺寸的格网作为网络节点，在一定程度上避免了可塑造面积单元问题。

通过应用上述网络构建方法，我们从 1 072 399 条签到记录中构建了 447 295 条签到轨迹；进一步从这些签到轨迹中构造出具有 14 127 个节点和 126 088 条边的签到网络；最终，通过与 491 个 TAZ 城市交通小区求交，得到具有 417 个节点和 31 829 条边的 TAZ 网络。图 6.2 为生成的 TAZ 网络，其中按照网络的边的长度，将网络边划分为 5 类。

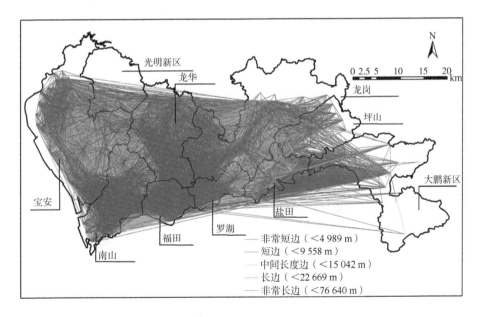

图 6.2 城市交通小区 (TAZ) 网络

(彩图见书后)

2. 网络社区划分所产生的不确定性

在此，我们提出一种基于空间约束的网络社区划分方法，具体思想是通过量化空间限制因素来提高结果的可靠性[25]。为了量化空间约束对区域划分的影响，引入空间影响系数 k，其作用是将网络中拓扑距离大于 k 的边移除，而保留拓扑距离小于及等于 k 的边。因此，k 值越高，空间约束越弱；k 值越小，空间约束越强。该方法包括以下 5 步。

(1)计算 TAZ 网络的拓扑距离矩阵。例如，如果两个交通小区相邻，那么它们的拓扑距离为 1；如果它们之间有一个公共邻居，那么它们的拓扑距离为 2。以此类推，可以得到两个交通小区之间的拓扑距离，也就得到拓扑距离矩阵。在拓扑距离矩阵基础上，通过将拓扑距离大于 k 的边移除实现空间约束操作。

(2)对于空间影响系数为 k 的 TAZ 网络，计算网络中所有边的边介数(betweeness)，然后移除具有最大边介数的边。每次移除边后，检查是否产生了新的社区。若无，由于网络结构发生了变化，则需要对所有边重新计算边介数；否则进入下一步。

(3)由于产生了新的社区，故需计算当前网络的模块度 Q。当新模块度 Q 和对应社区划分被保存了，则重新进行第二步直到网络完全被划分为单独的点。通过比较找到最大的模块度，它所对应的社区就是最佳区域的划分[26-28]。

(4)基于以上三步，可以得到空间影响系数 k 下的最佳区域划分。为了探究区域划分的可靠性，我们计算了不同 k 值下的区域划分与实际行政区划的调整兰德系数(adjusted Rand index，ARI)和调整互信息(adjusted mutual information，AMI)[29]。ARI 指数利用聚类过程中的正误识和负误识测量一致性，而 AMI 指数是从信息论角度计算一致性。因此，这两个测度是从不同角度计算一致性，两者结果的相近性可以反映最佳划分的鲁棒性。因此，这两个指数被用来定量化评价两种空间区划的一致性，在这里就是我们所产生的区划与行政区划的一致性。一般而言，ARI 指数或者 AMI 指数越大，两种划分的一致性就越强。

(5)利用探索性空间分析方法，我们逐步将 k 值从 1 增加到 5，从而得到不同 k 值所对应的 5 种最佳划分。通过分别计算这 5 种区域划分的 ARI 和 AMI，可以很清楚地选择可靠性最高的那种区域划分。如图 6.3 所示，空间影响系数 $k=2$ 对应的 ARI 和 AMI 都是最大值，分别为 61%和 71%；而 $k=5$ 时对应的 ARI 和 AMI 都是最小值，分别为 23%和 32%。

3. 最佳区域划分的可靠性评价

从空间上，我们将最佳区域划分与行政区划进行空间求交，从而提取空间一致区，结果表明它们涵盖了 97%的签到数据。此外，我们可以简单地对空间一致区进行计数，以此进行可靠性评价[30,31]。如图 6.4 所示，我们可以清楚地看到，大部分南部的行政区显示了区域划分与行政区划之间的较高一致性，如南山、福田、坪山、盐田、罗湖和大鹏新区，各自对应一个区域划分，而其他行政区的一致性较低，如宝安、龙华和龙岗区，分别对应 3 个、2 个和 4 个区域划分。

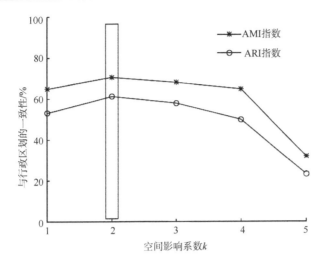

图 6.3　可靠性区域划分的选择

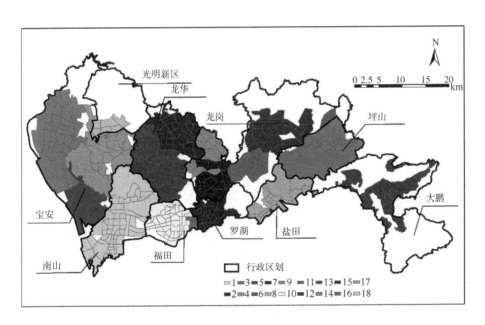

图 6.4　最佳区划与行政区划的空间一致性

6.7　本　章　小　结

本章主要论述了空间大数据驱动的可靠性分析：第一，从空间大数据的特性、分类、存储、处理、应用等角度对其做了一个整体的介绍，指出了空间大数据的质量是不可靠的，提出了针对空间大数据及其分析的可靠性进行研究的必要性与紧迫性；第二，讨论了空间大数据分析的可靠性基础，着重从空间数据获取的可靠性、空间数据自身的可靠性，以及空间数据建模、处理与挖掘分析方法过程的可靠性这三个方面进行了论述；第三，为了量化评价空间大数据分析的可靠性，本节重点从现势性、精确性、完整性、一致性、鲁棒性、适用性、设计可靠性 7 个方面对空间大数据的可靠性进行定量评价，形成定量评价的指标；第四，从控制论和产品可靠性的角度，本章提出了降低不确定性的技术方法及控制流程，并从空间大数据可靠性分析的三个过程入手，重点论述了空间大数据中的可靠性控制的最新研究进展；第五，本章以轨迹大数据的可靠性分析与社交媒体签到数据的可靠性分析为例，重点论述了空间大数据中的可靠性分析。

　　轨迹大数据的可靠性分析着重从轨迹数据的概述、轨迹数据的可靠性处理与控制、轨迹数据中的时空可靠性聚类三个方面进行论述。本章指出轨迹数据在收集过程中由于受设备、采样频率、存储方式等因素的影响，往往具有时空序列性、异频采样性、语义缺失性、数据质量差等特征，这些特征构成了轨迹数据可靠性分析的基础；为了提高轨迹数据分析的可靠性，需要从轨迹预处理、轨迹建模和轨迹模式挖掘三个方面研究其不确定性。轨迹预处理中的一个明显问题就是时空阈值的设定，对于轨迹分析的可靠性具有一定影响；轨迹建模是实现高度冗余、非结构化变长的轨迹数据高效搜索与处理性能的保证，涉及模型选择与建模结果的不确定性；轨迹模式挖掘是轨迹数据处理分析的核心任务，在研究频繁移动模式提取、异常移动模式检测等方面均存在模型方法的不确定性。以轨迹数据时空聚类的可靠性为例，本章重点探讨了影响聚类可靠性的轨迹相似性度量指标，提出了基于模糊理论的距离密度函数来表示两个轨迹间的距离密度，以此降低不确定性，同时指出了未来轨迹数据聚类的发展趋势。

　　社交媒体签到大数据的可靠性分析着重从社交媒体数据的概述、社交媒体数据的可靠性处理与控制、社交媒体数据中的可靠性区域划分三个方面进行论述。本章指出社交媒体签到数据同样存在采样时空限制所导致的数据不完整性、采集设备及复杂环境所导致的数据精度较低、海量用户签到导致的语义信息复杂且不一致等特征，这些特征构成了社交媒体签到数据可靠性分析的基础。为了提高社交媒体签到数据分析的可靠性，需要从数据预处理和数据建模两个方面研究其不确定性。轨迹预处理主要从粗探测、细探测、空间匹配等方面开展研究提高数据处理的可靠性，如粗探测可以提高数据的准确性，空间匹配可以提高数据的一致性；数据建模主要从模型方法的角度来探索提高分析结果的可靠性。以社交媒体签到数据在城市区域可靠性划分中的应用研究为例，本章重点介绍了一种顾及人类空间交互行为的可靠性城市区域划分方法，通过引入空间限制变量，基于复杂网络建模理论和探索性可视化分析方法，研究了不同空间限制条件下的空间划分方案，并采用与实际行政区划的一致性对比度量指标，从而得到最佳的城市区域划分。这种区域划分一方面维系了与已有行政区划的最大一致性；另一方面凸显了人类时空移动所引起的区域划分的变化，更能反映真实的城市区域划分情况。

参 考 文 献

[1] HEIPKE C. Crowdsourcing geospatial data. ISPRS Journal of Photogrammetry and Remote Sensing, 2010, 65 (6): 550-557.

[2] PASCAL N, ZIPF A. Analyzing the contributor activity of a volunteered geographic information

project-the case of OpenStreetMap. ISPRS International Journal of Geo-Information, 2012, 1(2): 146-165.

[3] HAKLAY M. How Good is volunteered geographical information? A comparative study of OpenStreetMap and ordnance survey datasets. Environment and Planning B: Urban Analytics and City Science, 2010, 37(4): 682-703.

[4] FAN H, ZIPF A, FU Q, et al. Quality assessment for building footprints data on OpenStreetMap. International Journal of Geographical Information, 2014, 28(4): 700-719.

[5] JIA T, JI Z. Understanding the functionality of human activity hotspots from their scaling pattern using trajectory data. ISPRS International Journal of Geo-Information, 2017, 6(11): 341.

[6] TU W, CAO J, YUE Y, et al. Coupling mobile phone and social media data: A new approach to understanding urban functions and diurnal patterns. International Journal of Geographical Information Science, 2017, 31(12): 2331-2358.

[7] GAO S, JANOWICZ K, COUCLELIS H. Extracting urban functional regions from points of interest and human activities on location-based social networks. Transactions in GIS, 2017, 21(3): 446-467.

[8] 孙志军, 薛磊, 许阳明, 等. 深度学习研究综述. 计算机应用研究, 2012, 08.

[9] HAN J, ZHANG D, CHENG G, et al. Object detection in optical remote sensing images based on weakly supervised learning and high-level feature learning. IEEE Transactions on Geoscience and Remote Sensing, 2015, 53(6): 3325-3337.

[10] CHEN J, ZIPF A. DeepVGI: Deep Learning with Volunteered Geographic Information. The 26th International World Wide Web Conference(WWW'17)Companion, 2017.

[11] GAL Y, GHAHRAMANI Z. Dropout as a Bayesian approximation: Representing model uncertainty in deep learning. In Proceedings of the 33rd International Conference on Machine Learning, 2016, 48: 1050-1059.

[12] 许佳捷, 郑凯, 池明曼, 等. 轨迹大数据: 数据、应用与技术现状. 通信学报, 2015, 36(12): 97-105.

[13] OPENSHAW S. The Modifiable Areal Unit Problem. Norwick: Geo Books, 1983.

[14] KWAN M. The uncertain geographic context problem. Annals of the Association of American Geographers, 2012, 102(5): 958-968.

[15] ZHENG Y. Trajectory data mining: An overview. ACM Transactions on Intelligent Systems and Technology, 2015, 6(3): 1-41.

[16] 李海. 基于 GPS 轨迹的周期模式发现. 电子设计工程, 2015, 23(21): 24-27.

[17] KANG C, LIU Y, MEI Y, et al. Evaluating the Representativeness of Mobile Positioning Data for Human Mobility Patterns. Columbus: Proceedings of the Seventh International Conference on Geographic Information Science, 2012.

[18] 龚玺, 裴韬, 孙嘉, 等. 时空轨迹聚类方法研究进展. 地理科学进展, 2011, 30(5): 522-534.

[19] 康朝贵, 刘瑜, 邬伦. 城市手机用户移动轨迹时空熵特征分析. 武汉大学学报(信息科学版), 2017, 42(1): 63-69, 129.

[20] KRIEGEL H, PFEIFLE M. Desnity-Based Clustering of Uncertain Data. Chicago: Proceedings of the Eleventh ACM SIGKDD International Conference on Knowledge Discovery and Data Mining, 2005.

[21] 顾洪博, 张继怀. 不确定性数据的聚类分析研究及应用. 河北工程大学学报(自然科学版), 2012, 29(1): 109-112.

[22] 单杰, 秦昆, 黄长青, 等. 众源地理数据处理与分析方法探讨. 武汉大学学报(信息科学版), 2014,

39(4): 390-396.

[23] KWAN M. Algorithmic geographies: big data, algorithmic uncertainty, and the production of geographic knowledge. Annals of the American Association of Geographers, 2016, 106(2): 274-282.

[24] 喻雪松, 贾涛. 基于社交媒体签到数据的空间网络及其社区的无标度与热点分析. 中国科技论文, 2018, 13(15): 1797-1804.

[25] JIA T, YU X, SHI W, et al. Detecting the regional delineation from a network of social media user interactions with spatial constraint: A case study of Shenzhen, China. Physica A: Statistical Mechanics and Its Applications, 2019, 531: 121719.

[26] GIRVAN M, NEWMAN M E J. Community structure in social and biological networks. Proceedings of the National Academy of Sciences, 2002, 99: 7821-7826.

[27] NEWMAN M E J, GIRVAN M. Finding and evaluating community structure in networks. Physical Review E, 2004, 69: 026113.

[28] NEWMAN M E J. Modularity and community structure in networks. Proceedings of the National Academy of Sciences, 2006, 103: 8577-8582.

[29] VINH N X, EPPS J, BAILEY J. Information theoretic measures for clusterings comparison: Variants, properties, normalization and correction for chance. Journal of Machine Learning Research, 2010, 11: 2837-2854.

[30] THIEMANN C, THEIS F, GRADY D, et al. the structure of borders in a small world. PLoS ONE, 2010: 5, 11.

[31] SOBOLEVSKY S, SZELL M, CAMPARI R, et al. delineating geographical regions with networks of human interactions in an extensive set of countries. PLoS ONE, 2013: 8, 12.

第三部分　可靠性时空数据分析
应用与展望

第 7 章　可靠性空间分析方法综合应用

可靠性遥感影像分类与空间关联分析，可为解决国家重大需求和老百姓关心的民生问题提供重要支持手段。本章分别将前面章节的研究成果运用到了空间数据可靠性评估，以及城市热环境的研究当中，以提升相关决策的可靠性。其中，7.1 节关注于应用时空数据分析可靠性基础理论中的可靠性指标体系和可靠性度量指标的具体表现，评估空间数据可靠性，分析国家重大工程中数据成果的可靠程度；7.2 节主要是将可靠性空间分析理论与方法，运用于武汉市城市热环境的研究中，为缓解城市热岛问题提供可靠决策。

7.1　地理国情普查数据可靠性评估应用

地表覆盖数据与地理国情要素数据是地理国情普查和监测主要的数据产品，二者均属于空间数据范畴。本节以国务院第一次全国地理国情普查中的地表覆盖数据与地理国情要素数据为研究对象，探索可靠性空间分析方法在空间数据可靠性评估中的深入应用，解决国家重大工程中的数据可靠性评估问题。

根据空间数据可靠性评估方法，结合数据生产流程相关记录、质量打分记录以及抽样信息记录，对全国典型地区的成果数据的总体质量进行评估与可靠性分析[1-5]。主要从两方面进行评估：第一方面是环境可靠性，描述数据生产环境的优良性，通过分析可能影响到数据生产的各种因素，对数据生产所处的整体环境进行评估；第二方面为数据可靠性，描述数据本身与真实地表的差异。从各评估区提供的国情普查数据本身出发，根据可靠性评估方法与评估模型，对评估区地理国情普查数据的数据本身可靠性进行评估。地表覆盖与地理国情要素数据质量的总体评估与可靠性分析，有助于降低政府、企业和社会等各方面基于地理国情普查数据及相关分析进行决策时的决策风险，其意义重大[6-9]。

7.1.1　评　估　原　理

地理国情普查数据总体可靠性评估的主要任务是评估地理国情普查最终提交的成果数据反映真实地表的程度。最直接的评估方式是将成果数据与真实地表的值进行比较[9]。但由于地表的真实值在测量尺度上难以把握，且测量成本非常高，一般需要采取间接的方式进行评估。在本次数据总体可靠性评估中，最基本的思路通过对数据生产流程以及数据本身特性的分析和理解，结合一定的专家知识，尽可能全面地考虑造成最终数据与真实地表产生差异的因素，并根据各个因素对数据的影响程度，赋予适当的权重，最终获取普查数据能够真实反映地表情况的可能性。

7.1.2　地理国情普查数据可靠性评估模型

地理国情普查数据的总体可靠性是指地理国情普查数据能够真实表达地理国情普查项目所规定的相关地表信息的程度[6]。根据普查数据生产的整个工艺流程，影响国情普查数据质量以及总体可靠性的因素主要可以分为四个部分，分别是数据生产环境、数据成果、抽样检查、数据检查(图 7.1)。综合考虑这四个方面，可进一步将生产基础条件和抽样方法所带来的可靠性问题定义为数据生产环境可靠性，数据检查流程以及数据生产定义为数据可靠性。生产环境可靠性主要关注的是自然因素、人为因素、管理因素以及抽样误差等非数据本身所造成的可靠性问题，代表的是数据生产环境对最终数据成果可靠性的影响程度；数据可靠性主要关注的是数据本身对于真实地表表达的精确程度。

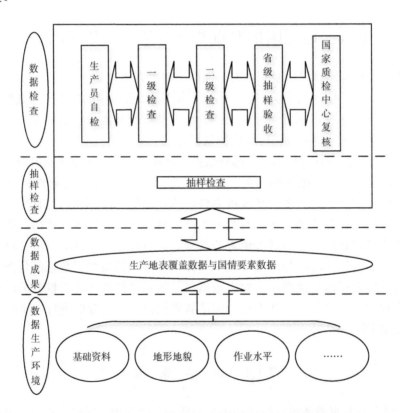

图 7.1　地理国情普查数据质量相关业务流程简图

1. 地理国情普查数据总体可靠性评估总体设计

如图 7.2 所示，本次可靠性评估的模型主要由生产环境可靠性与数据可靠性两部分组成。第一部分是生产环境可靠性，考虑了可能影响到数据生产的各种因素，包括自然环境复杂度、普查人员整体业务水平、数据底图质量、质量控制规范性及抽样评估精确性。具体对测区地形复杂度、测区地物类型复杂度，生产单位作业水平、质检部门作业水平，数字正射模型(digital orthophoto map，DOM)质量、数字高程模型(digital elevation matrix，DEM)质量，质量控制实施程度及抽样评估相对误差进行了评估。

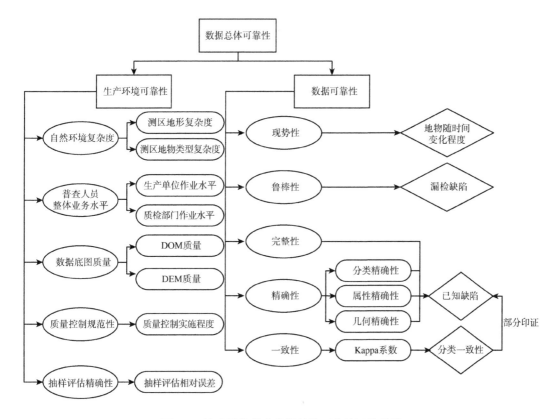

图 7.2　地理国情普查数据总体可靠性评估模型

　　第二部分为数据可靠性，主要描述数据本身与真实地表的差异。数据可靠性主要关注两个方面：第一方面为数据质量对可靠性的影响，由漏检缺陷及检出缺陷两部分组成，漏检缺陷是指质检部门在抽样检查验收过程中，遗漏的错误问题，通过对同一数据的前后两次检查结果的比较，可以估计出整体的漏检缺陷率，主要体现在鲁棒性这一评估指标当中，而检出缺陷为通过数据检查直接获取到的数据质量错误，由完整性，精确性进行描述，同时，根据 Kappa 系数这一常见计算分类精度的指标[7]，印证精确性和完整性的评估结论。第二方面为地物随时间的变化对可靠性的影响。真实地表会随着时间的推移发生一定的变化，在数据采集到数据评估的期间，地物的变化对数据的可靠性带来了一定的影响。评估中利用现势性指标，来刻画地物随时间的变化对数据可靠性的影响。

2. 生产环境可靠性

主要考察了自然环境复杂度、数据底图质量、质量控制规范性、普查人员整体业务水平以及抽样评估精确性五个方面，最终通过对测区地形复杂度、测区地物类型复杂度、生产单位作业水平、质检部门作业水平、DOM 质量、DEM 质量、质量控制实施程度、抽样误差评估相对误差八项指标进行加权平均得到环境可靠性的总得分，从而获取数据生产环境的可靠性评估结果。

数据生产环境可靠性评估指标构成如图 7.3 所示。

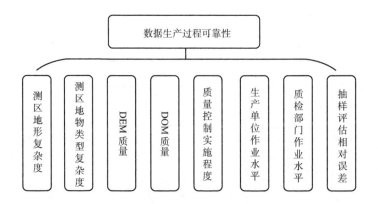

图 7.3　数据生产环境可靠性评估内容

1)测区地形复杂度

地形复杂度主要反映平地、丘陵、山地、高山地在测区所占比例的情况。地形复杂度在一定程度上影响着 DOM、DEM 以及数字线划地图(digital line graphic，DLG)的生产质量，一般来说，测区地形越复杂，测区的测绘数据精度要求会相对较低，其可靠性也会相对比地形复杂度简单的地区更低。

2)测区地物类型复杂度

地物类型复杂度主要反映测区内地物种类的数量。一般来说，地物种类数量较多的时候，人工解译难度会更大，生产的数据可靠性也会相对较低；而当地物种类较少时，人工解译难度降低，会出现较少的错分和错采，生产的数据可靠性相对会高。

3)DEM 质量

DEM 是地理国情普查的基本数据成果之一，也是 DOM 与其他矢量数据生产的依据之一。DEM 的质量直接影响了 DOM 的质量以及矢量数据生产的可靠性。当 DEM 质量较差时，DOM 的精度也会较差，也会造成更多人工勾绘的错误。

4)DOM 质量

DOM 质量直接影响了人工勾绘的矢量图的可靠性程度，DOM 的分辨率会对人工勾绘难度造成影响；DOM 的现势性则会对整体数据与真实地表实际情况的差异造成影响。一般而言，高质量的 DOM 数据，生产出来的矢量数据可靠性越高。

5）质量控制实施程度

质量控制是普查数据生产过程中的必要环节，该指标在此主要反映数据生产的相关技术指标执行的严格程度，数据质量检查与验收的相关规定具体实施的情况等。质量控制实施的程度反映了数据生成过程遵循规定所确定的标准化流程的程度，一定程度反映了数据生产的可靠程度。

6）生产单位作业水平

生产单位作业水平是影响数据质量的最主要因素之一，作业水平主要是指作业员完成人工解译的能力、对相关规定标准的理解准确程度以及单位内部对于两级检查的执行程度等。作业单位负责数据的平均得分，作业单位提交数据的合格率以及平均验收次数，都能在一定程度上定量反映作业单位的作业水平。

7）质检部门作业水平

质检部门的作业水平同样是影响数据质量的主要因素之一，质检部门对于数据质量的控制与数据质量规定的理解，一定程度上影响着测区的整体数据质量。复核是对局验数据的一种验证，同时也是对质检部门作业水平的一种侧面评估。复核检查的得分情况能够从一定情况上反映质检单位对于省内数据质量的控制能力。

8）抽样评估相对误差

根据样本的离散程度，以及相关统计学公式分析评估各个样本集的抽样误差，从而获取抽样样本的可靠性。

根据中心极限定理，当样本量 n 充分大时，样本值 X 无论服从什么分布，都近似有

$$Z = \frac{\overline{X} - EX}{\sqrt{DX/n}} \sim N(0,1) \tag{7.1}$$

当总体方差未知时，利用样本方差 S 进行代替，可用样本均值代替，根据 t 分布原理，可得

$$Z = \frac{\overline{X} - \mu}{\sqrt{S^2/n}} \sim t(n-1) \tag{7.2}$$

则在 $1-\alpha$ 的置信度下，令

$$P\left\{ \left| \frac{\overline{X} - \mu}{\sqrt{S^2/n}} \right| \leqslant t_{\frac{\alpha}{2}}(n-1) \right\} = 1-\alpha \tag{7.3}$$

查 t 分布表，可得的值，则

$$P\left\{ \overline{X} - \frac{S}{\sqrt{n}} t_{\alpha/2}(n-1) \leqslant \mu \leqslant \overline{X} + \frac{S}{\sqrt{n}} t_{\alpha/2}(n-1) \right\} = 1-\alpha \tag{7.4}$$

则根据 n 个样本进行抽样评估得到的均值与总体均值之间的相对误差可以表示为

$$r = \frac{S}{\sqrt{n}} t_{\alpha/2}(n-1)/\mu \tag{7.5}$$

抽样可靠性能够根据 r 来进行评估。当 r 值较大时，抽样可靠性较差；当 r 值较小时，抽样可靠性较高。

3. 数据可靠性

如图 7.4 所示，地理国情普查数据可靠性采用空间数据可靠指标体系中的精确性、鲁棒性、一致性、完整性、现势性等五个指标进行数据可靠性评估，并根据地理国情普查数据特征进行具体化表达。

(1)精确性包括分类精确性、属性精确性及几何精确性，指数据中出现分类错误、属性错误及几何错误的地物图斑或要素。其可靠性含义是数据中未发生以上三类错误的图斑面积(要素个数)个数占图斑总面积(要素总个数)的比例。

(2)鲁棒性指通过数据多次检查结果所反映出来的数据质量稳定程度。主要通过复核数据与省检数据进行对比，当复核数据比对应的省检数据低时，考虑存在质量错误的漏检，并根据相关的质量元素得分计算方式，推导出对应的漏检率。

(3)一致性指地表要素与客观世界真实状况的一致程度，通过比较生产数据与代表实际地表情况的参考数据，生成混淆矩阵，计算对应的 Kappa 系数。该项指标主要用来定性地印证精确性和完整性的评估结果。

(4)完整性是指不满足采集要求却被多余采集地物图斑(要素)或者达到采集要求却被遗漏的地物图斑(要素)，其可靠性含义为采集正确的图斑面积(要素个数)个数占图斑总面积(要素总个数)的比例。

(5)现势性指普查成果数据与评估时刻实际地表情况的吻合程度，其可靠性含义为影像拍摄时间到评估时间地表要素未发生变化的百分比。

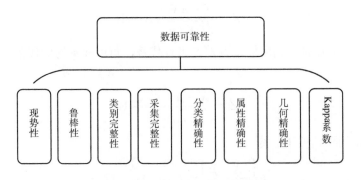

图 7.4　地理国情普查数据可靠性评估指标构成

7.1.3　评估指标与评价细则

生产环境可靠性与数据可靠性均以定量方式进行评定，生产环境可靠性的评定结果在一定程度上反映了数据可靠性评定结果的可信度。当生产环境可靠性较好时，数据可靠性结论可信度较高；相反，当生产环境可靠性比较差时，数据可靠性结论的可信度相对较低。本评估系统以数据可靠性的定量评定结果为主，环境可靠性的定性结果为辅。

1. 评估指标

1）生产环境可靠性评估指标

生产环境可靠性，主要考察了自然环境复杂度、数据底图质量、质量控制规范性、普查人员整体业务水平以及抽样评估精确性五个方面，最终通过对相关评估项进行加权平均得到生产环境可靠性的总得分。生产环境可靠性的评估内容如表 7.1 所示。

表 7.1　地理国情普查生产环境可靠性评估内容

评估指标	评估项	评估内容
自然环境复杂度	测区地形复杂度	评估测区地形的复杂程度
	测区地物类型复杂度	评估测区地物类型的复杂程度
数据底图质量	DEM 质量	评估测区 DEM 的整体质量
	DOM 质量	评估测区 DOM 的整体质量
质量控制规范性	质量控制实施程度	根据测区的质量控制评估方式以及执行力度评估质量控制的整体实施情况
普查人员整体业务水平	生产单位作业水平	评估负责测区数据生产的各个单位的作业水平
	质检部门作业水平	评估负责测区数据质量检查与验收的部门的作业水平
抽样评估精确性	抽样评估相对误差	根据相关统计学原理评估样本对总体进行估计的准确程度

注：当评估过程中缺少部分评估项所需的资料时，该项不进行评估，并将其权重赋予与之同评估指标的其他评估项。

2）数据可靠性评估指标

数据可靠性主要从现势性、鲁棒性、完整性、精确性、一致性五个方面进行评估。具体内容如表 7.2 所示。

表 7.2　地理国情普查成果数据可靠性评估内容

评估指标	评估项	评估内容
现势性	现势性	普查成果数据与评估时刻实际地表情况的吻合程度
鲁棒性	鲁棒性	评估数据检查中质量错误的漏检率
完整性	类别完整性	评估地表覆盖类别是否有多余或遗漏
	采集完整性	评估是否有不满足采集要求的地物图斑（要素）或者达到采集要求却被遗漏的地物图斑（要素）
精确性	分类精确性	与正射影像、外调资料、基础地理信息数据、行业专题资料等比对评估分类码的精确性
	属性精确性	评估要素属性值的错漏程度
	几何精确性	评估普查成果数据与正射影像数据的套合程度，以及地理国情要素数据与地表覆盖数据的套和程度
一致性	Kappa 系数	通过计算 Kappa 系数，评估普查成果数据的分类精度

2. 评价细则

1）生产环境可靠性评价细则

数据生产环境可靠性的计算方式如表 7.3 所示。

表 7.3　数据生产环境可靠性评价细则

评估指标	评估项	计分方式	权重
自然环境复杂度	测区地形复杂度	按照复杂(70 分)，一般(80 分)，简单(90 分)进行人工打分	0.05
	测区地物类复杂度	按照复杂(70 分)，一般(80 分)，简单(90 分)进行人工打分	0.05
数据底图质量	DEM 质量	以 DEM 平均质量得分作为该项得分	0.15
	DOM 质量	以 DOM 平均质量得分作为该项得分	0.25
质量控制规范性	质量控制实施程度	按照差(70 分)，良(80 分)，优(90 分)进行人工打分	0.10
普查人员整体业务水平	生产单位作业水平	以省级抽检样本的平均质量得分作为该项得分	0.10
	质检部门作业水平	以复核的平均质量得分作为该项得分	0.10
抽样评估精确性	抽样评估相对误差	$s = \begin{cases} 60 & r \geqslant 5\% \\ 60 + 40 \times \dfrac{5\% - r}{5\%} & r < 5\% \end{cases}$	0.20

通过加权平均的方式计算生产环境的可靠性，计算公式如下：

$$S_{\text{E}} = \sum_i w_i \times s_i \qquad (7.6)$$

式中，w_i 与 s_i 分别为第 i 个指标的权重与得分。

2）数据可靠性评价细则

数据可靠性的计算方式如表 7.4 所示。

表 7.4　数据可靠性评价细则

评估指标	评估项	可靠性计算方式
现势性	现势性	$r=(1-c)\times 100$ 式中，r 为现势性评估结果；c 为影像拍摄时间与评估时间段内的要素变化率
鲁棒性	鲁棒性	$r=(1-m\times e)\times 100$ 式中，r 为鲁棒性评估结果；m 为复核得分低于省检得分的平均差分；e 为复核得分中 1 分所代表的缺陷率
完整性	采集完整性	$r=(1-n/N)\times 100$ 式中，r 为采集完整性评估结果；n 为统计出的有采集错误的图斑面积(要素个数)；N 为图层中图斑总面积(要素总个数)
精确性	分类精确性 属性精确性 几何精确性	$r=(1-n/N)\times 100$ 式中，r 为分类精确性评估结果；n 为统计出的有缺陷的图斑面积(要素个数)；N 为图层中图斑总面积(要素总个数)
一致性	Kappa 系数	$k = \left[N \times \sum\limits_{i=1}^{r} x_{ii} - \sum\limits_{i=1}^{r}(x_{i+}x_{+i}) \right] \Big/ \left[N^2 - \sum\limits_{i=1}^{r}(x_{i+}x_{+i}) \right]$ 式中，N 为样斑总数；r 为混淆矩阵的行数；x_{ii} 为混淆矩阵第 i 行 i 列(主对角线)上的值；x_{i+} 和 x_{+i} 分别为混淆矩阵第 i 行和第 i 列的和

数据可靠性通过各个指标从不同方面对数据本身可靠性进行定量描述,数据反映真实地表信息的准确程度最终由各个评估指标综合分析而得。具体评定方式如表 7.5 所示。

表 7.5　数据可靠性评定方式

评估指标	缺陷率(r)	可靠性(s)	缺陷率含义	综合评定结果(S)
现势性	r_t	$1-r_t$	地表变化程度	$R_0=r_r+r_i+r_a$
鲁棒性	r_r	$1-r_r$	漏检缺陷率	$R_1=(1-R_0)\times r_t$
完整性	r_i	$1-r_i$	完整性缺陷率	$R=R_0+R_1$
精确性	r_a	$1-r_a$	精确性缺陷率	$S_D=1-R$
一致性	r_c	—	分类精度(定性)	

该评定结果的具体含义是,计算漏检缺陷率,完整性缺陷率,精确性缺陷率之和,获取在数据提交时间点数据的总体缺陷率 R_0 ,一致性结果在一定程度上印证完整性和精确性的可信度;提交时无缺陷的区域会由于时间的推移产生可靠性问题,根据现势性计算该缺陷率 R_1 ;最后对 R_0 与 R_1 求和,获取评估时间点的数据缺陷率 R ,最终可靠性结果为 $S_D=1-R$ 。

3. 总体数据可靠性评定方式

总体数据可靠性由生产环境可靠性 S_E 与数据可靠性 S_D 综合分析而得。以生产环境可靠性与评估区总图幅数(1∶10 000)的乘积作为权重,对数据可靠性进行加权平均,最终获得总体数据可靠性。具体评估方式如下:

$$S_{Total}=\frac{\sum_i S_E(i)\times n_i\times S_D(i)}{\sum_i S_E(i)\times n_i} \tag{7.7}$$

式中, $S_E(i)$ 、 $S_D(i)$ 分别为第 i 个评估区域的生产环境可靠性得分与数据可靠性得分; n_i 为同一比例尺下第 i 个评估区域总图幅数。

7.1.4　评估区普查数据总体可靠性分析与评估结论

1. 生产环境可靠性整体情况分析

生产环境可靠性评估结果见表 7.6。

1) 自然环境复杂度

评估区的地形复杂度大多比较复杂,少数地区地形属于一般复杂,外业难度较大。全国的地形总体情况与评估区的情况相似,从问卷上看有 68.89%的普查人员认为其负责的普查区域地势起伏较大,地形较为复杂。

表 7.6 生产环境可靠性评估结果

数据类型	评估区	自然环境复杂度			数据底图质量			质量控制规范性		普查人员整体业务水平			抽样评估精确性		生产环境可靠性得分
		测区地形复杂度 (0.05)	测区地物类复杂度 (0.05)	加权得分	DEM 质量 (0.15)	DOM 质量 (0.25)	加权得分	质量控制实施水平 (0.1)	加权得分	生产单位作业水平 (0.1)	质检部门作业水平 (0.1)	加权得分	抽样评估相对误差 (0.2)	加权得分	
地表覆盖分类数据	A	70.00	70.00	70.00	96.16	96.40	96.31	90.00	90.00	81.69	87.39	84.54	94.56	94.56	90.34
	B	80.00	80.00	80.00	93.08	82.64	86.56	90.00	90.00	80.53	—	80.53	89.28	89.28	85.58
	C	80.00	80.00	80.00	92.90	79.90	84.78	90.00	90.00	78.97	—	78.97	89.52	89.52	84.61
地理国情要素数据	A	70.00	70.00	70.00	96.16	96.40	96.31	90.00	90.00	87.29	87.76	87.53	94.80	94.80	90.99
	B	80.00	80.00	80.00	93.08	82.64	86.56	90.00	90.00	91.25	—	91.25	92.72	92.72	88.42
	C	80.00	80.00	80.00	92.90	79.90	84.78	90.00	90.00	82.50	—	82.50	86.72	86.72	84.75

注: "—"代表该项数据未能获取，评估得分时将该评估项的权重赋予相同评估指标下的其他评估项。

评估区的地物类型复杂程度较高，内业解译的难度较大。全国的地物类型总体情况与评估区情况类似，有 67.41%的普查人员认为其负责的普查区域地物类型非常复杂，仅有 1.85%的人员认为普查区域地物类型简单。

2) 数据底图质量

根据省级普查办提供的"DEM 成果检查样本打分表"以及"DEM 质量检验报告"，评估区的 DEM 质量在空间参考系、位置精度、栅格质量、附件质量等方面均符合技术设计要求，受检的 DEM 数据中未发现不合格图幅，受评估地区的 DEM 质量得分平均为 94.12 分。

根据省级普查办提供的"DOM 成果检查样本打分表"以及"DOM 质量检验报告"，评估区的 DOM 数据执行了普查的技术规定，满足国家相关标准的具体要求，成果的空间参考系、位置精度、逻辑一致性、时间精度、影像质量、附件质量均符合设计要求。根据评估区的结果，大多数受检的 DOM 质量得分在 90 以上，极少数 DOM 的质量得分也在 75 分以上。

3) 质量控制规范性

包括对国普办下发的相关质量控制办法以及省级普查办下发的省内独有的质量控制规范的执行情况。从省级普查办提交的验收报告来看，评估地区的质量监督单位严格执行了国普办统一下发的质量控制要求以及省级普查办对省内质量控制标准的附加规定。问卷结果显示有 97%以上的受调者，认为本次地理国情普查数据生产的质量控制非常严格。

4) 普查人员整体业务水平

生产单位作业水平主要用生产单位提交到省级质检部门的数据在质检部门进行检查验收时的平均得分来描述。从整体上看，生产单位的平均作业水平较高，提交的地理国情要素数据绝大多数都在 85 分以上，地表覆盖数据大多在 80 以上。

质检部门业务水平可以利用国家测绘产品检验测试中心对省级质检部门验收后的数据进行复核检查的平均得分来描述。评估区数据的复核得分绝大多数在 85 分以上，少数样本的得分也在 75 分以上，主要存在的问题表现为地表覆盖中的分类精度问题以及国情要素中的属性精度问题。

5) 抽样评估精确性

主要评估样本量对于总体评估的影响，利用统计学计算抽样评估中相对误差的方法对评估区的样本量进行可靠性评估，相对误差基本都在 2%以内。

2. 数据可靠性整体情况分析

数据可靠性评估结果见表 7.7。

表 7.7　数据可靠性评估结果

(单位：%)

数据类型	评估区	现势性		鲁棒性		完整性		精确性						一致性	数据可靠性
								分类精确性		几何精确性		属性精确性			
		变化率	可靠性	漏检率	可靠性	缺陷率	可靠性	缺陷率	可靠性	缺陷率	可靠性	缺陷率	可靠性	Kappa 系数	数据可靠性
地表覆盖数据	A					0.05	99.95	0.42	99.58	0.03	99.97	—	—	0.98	99.44
	B	0.0015	99.9985	0.056	99.944	0.08	99.92	0.78	99.22	0.06	99.94	—	—	0.99	99.02
	C					0.02	99.98	0.23	99.77	0.05	99.95	—	—	0.98	99.64
地理国情要素数据	A					0.09	99.91	0.01	99.99	0.04	99.96	0.09	99.91	—	99.76
	B	0.0015	99.9985	0.006	99.994	0.12	99.88	0.05	99.95	0.07	99.93	0.09	99.91	—	99.66
	C					0.12	99.88	0.03	99.97	0.1	99.90	0.27	99.73	—	99.47

1）现势性

根据测区使用的最新的影像获取时间，评估影像获取时间到数据要求达到的现势性时点，地表所发生的变化程度。根据对于评估省的调查，评估省使用的时点核准影像大多为 2015 年 4 月，经过一定量的外业控制，现势性基本能够达到 2015 年 6 月，但由于外业手段的主观性以及时点核准时间的紧迫性，仍会存在部分区域的现势性不能达到 2015 年 6 月。根据一般作业经验，保守估计有 30% 的地区现势性仍然为 2015 年 4 月。根据评估区相关时点核准资料，地表覆盖以及国情要素的年变化率均在 3% 左右，评估出现势性所造成的缺陷率大约为 0.0015% 左右。

2）鲁棒性

指通过数据多次检查结果所反映出来的数据质量错误漏检情况。从整体上看，评估区的漏检率低，地表覆盖产品达到 0.05% 左右的漏检率，而国情要素产品则达到 0.006% 左右的漏检率。

3）完整性

通过对评估区所有样本的评估，多余或遗漏的地表覆盖类别很少，缺陷率基本保持在 0.12% 以下，可靠性为 99.88% 以上。

4）精确性

指数据与地表在属性，几何以及分类上表达地表信息的准确程度。从评估结果上看，除评估区 A、B、C 的分类精确性的可靠性分别为 99.58%、99.22% 及 99.77%，三个评估区的其他精确性指标可靠性均在 99.9% 以上。

5）一致性

可以看到 Kappa 系数的值全都在 0.98 以上，根据 Kappa 系数的理论知识，说明数据的分类精度高，与完整性和精确性的评估结果保持一致，印证了完整性和精确性的评估结果。

3. 总体可靠性

三个评估区的生产环境较好，数据可靠性评估结果的可信度较高，三个评估区的地表覆盖数据可靠性分别达到 99.44%、99.02% 及 99.64%，地理国情要素数据略高，达到了 99.76%，99.66% 及 99.47%。综合三个评估区的生产环境可靠性与数据可靠性评估结果，对评估区地表覆盖分类数据的数据可靠性为 99.42%，而地理国情要素数据的可靠性为 99.68%。

4. 评估结论

本次普查项目数据生产环境可靠性较高。各级普查办在整个生产过程中建立了良好的质量控制制度，组织了生产水平以及质检水平较高的生产队伍，相关单位为普查提供了现势性强，准确度高的数据底图，一定程度上克服了由于普查区域地形、地物类型较为复杂等自然环境因素所带来的作业困难；另外，抽样评估的相对误差基本都处于 2%以内。生产环境可靠性评估结果可作为数据生产过程中的可靠性控制依据，输入到第 2章模糊控制系统中，控制数据生产过程不可靠因素，提升数据生产过程和结果的可靠性。

　　本次普查项目数据总体可靠性较好，能够较好地反映真实地表。可靠性各个指标的评分均较高：完整性方面，地表覆盖数据以及国情要素的完整性平均达到 99.95%以及99.89%的可靠程度；精确性方面，地表覆盖数据平均达到 99.48%的可靠程度，国情要素略高，达到 99.75%的可靠程度；数据质量检查较为全面可靠，地表覆盖只有 0.056%的漏检率，国情要素只有 0.006%的漏检率；根据三个评估区的结果，可以推断评估区总体可靠性的大小，地表覆盖数据基本能够达到 99.42%，而地理国情要素数据则能够达到 99.68%，均能够可靠地反映真实地表信息。

7.2　可靠性空间分析方法在地表热环境分析中的应用

　　城市化进程的日益加快带来了普遍的城市生态环境问题，其中城市热岛效应的加剧是当前人们重点关注也是亟待解决的问题。地表温度(land surface temperature，LST)作为环境温度的主要表征，是研究城市热环境的有效指标之一，而自然地表要素持续被人造表面所替代则是引起热岛效应的主要原因之一[10-12]。摸清城市地表热环境的空间规律，有助于规划师更有侧重地通过规划行为缓解城市热岛现象。而探究城市热环境与植被指数之间的关系，则有利于规划师运用风景园林相关领域的知识，通过改变城市植被景观格局，缓解城市热环境。地表热环境的形成机制错综复杂，相关研究涉及的不确定性因素也诸多。本研究试图从 LST 原始数据平滑、LST 潜在表面分级、地表热环境与地表植被指数关系三方面入手，将可靠性空间关联分析研究的相关成果纳入城市热环境空间特征分析及其与植被指数关联分析的研究中，以提高分析结果的科学性与可靠性。具体纳入的可靠性研究方法与相关内容包括：GWR 模型及其在奇异值、核函数与带宽选择方面的可靠性，不同空间分级方法的不确定性区划，以及基于多元空间自回归模型的回归可靠性评价。

　　本章以覆盖武汉都市发展区范围的一个 84 km×79 km 的正方形区域为研究对象，采用的数据为 2016 年 7 月份的 MODIS 8 天合成 LST 数据(MOD11A2)，分辨率为 1 km×1km。此数据为 8 天内 MOD11A1 逐日数据下所取的平均值信息，这样的数据能更稳定地反映区域内一段时间内 LST 的实际情况。MODIS 的 LST 数据通过分裂窗算法(split-window algorithm)反演得到[13]，根据美国国家航空航天局(National Aeronautics and Space Administration，NASA)陆地过程分布式档案中心(Land Processes Distributed Active Archive Center，LPDACC)的信息，这套数据经过了地面实测温度和基于辐射率的验证，其精度可以维持在 1K 之内(多数情况下可以达到 0.5K)[11, 14]。图 7.5 利用 2016 年 7 月23 日的 Landsat 8 数据展示研究区域的基本地表情况。

0 5 000 10 000　　20 000 m

图 7.5　研究区域

为更好地显示研究范围内的土地覆盖情况，将 SWIR2、NIR 以及可见光绿色波段合成为假彩色影像

7.2.1　基于 GWR 的 LST 潜在表面提取与空间特征初探

MODIS 影像数据被认为是带有噪声的 LST 观测数据，而 LST 的潜在真实模式是隐藏在噪声干扰下的平滑、连续表面[11]。这种认识一方面是因为地理学方面的研究已经多次证实连续光滑的表面能够更有效地支撑空间中的模式考察和识别[15, 16]；另一方面，地表热环境方面的一些研究也认为在合理的尺度下，可以将 LST 作为平滑连续的表面，而忽略细节上的不连续性，以保证这样的模式能够反映较大研究区范围内的整体模式[11, 17]。本研究采用 GWR 来实现 MODIS 原始 LST 数据下潜在连续 LST 表面的提取，该方法还可以在 MODIS 数据受云量等因素影响导致出现空值时，对这些空值进行补缺。同时，不考虑空间自相关的分级，通常会导致分级结果里出现很多数值在分级阈值上下而形成的 "孤岛" [18, 19]，而基于 GWR 的 LST 平滑处理则可以很好地为下一步的 LST 潜在表面分级避免这种问题，为用户展示区域整体的地表热环境分布格局。本章具体对空间数据质量、核函数选择以及带宽选择等方面的不确定问题进行了重点考虑。

1. LST 潜在表面提取

1）奇异值探测

在线性回归分析模型求解的过程中，异常值对结果往往存在较大影响。针对本章采用的 MODIS 8 天合成 LST 数据进行了统计，最高值为 42.6 ℃，最低值 26 ℃，符合武汉市夏天地表温度的实际情况，即原始数据没有奇异值。

2) 核函数与带宽选择

本章对反距离核函数(inverse distance weighted)改进版、高斯函数(Gaussian)、指数函数(exponential)、双平方函数(bi-square)这四种核函数在不同带宽、不同情境下的回归准确度进行了实验，并利用交叉验证(cross validation，CV)寻找针对研究区域的最优核函数。

其中，传统反距离加权函数常用于局部回归，但若直接将反距离加权应用于地理加权回归中并不合适。因为当回归点本身也作为样本点参与回归时，样本点与回归点间距离为 0，计算出的样本点权重为无穷大。本章运用局部加权回归思想对反距离加权进行一定的修正，将权重计算限制在带宽范围内，减少了计算的运算负担，同时解决了回归点作为样本点参与加权回归时的权重极大值问题。改进后反距离加权核函数公式如下：

$$W_{i,j}=\begin{cases}\dfrac{1/d_{i,j}}{\displaystyle\sum_{i,j}^{n}1/d_{i,j}},\ d_{i,j}<b\\[2ex]0,\ \text{其他}\end{cases} \tag{7.8}$$

式中，i、j 分别为样本点横、纵坐标值；$d_{i,j}$ 为样本点到回归点距离；b 为带宽。

带宽的选取包括 3，5，7，9，11，13，15 这 7 种情况，情境的选取包括数据稳定区域，数值陡变区域以及边界区域。其中针对数值稳定区域(以下简称"稳定区域")，人工地在地表温度较为稳定的地表范围内选取一个中心点(35，39)，大致位于江汉城区内部；数值陡变区域(以下简称陡变区域)，人工在地表温度变化较大地点选取一个过渡点(55，31)，大致位于青山区江边(图 7.6)。边界区域选取的点分别为：影像左上角，位置(1，1)；影像右上角，位置(1，86)；影像左下角，位置(86，1)；影像右下角，位置(86，86)；影像上边界，位置(1，43)；影像下边界，位置(86，43)；影像左边界，位置(43，1)；影像右边界，位置(43，86)。

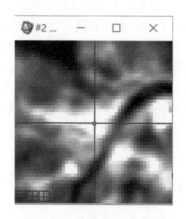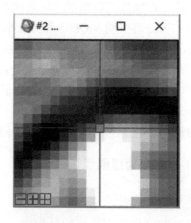

图 7.6 稳定区域与陡变区域的选点示意

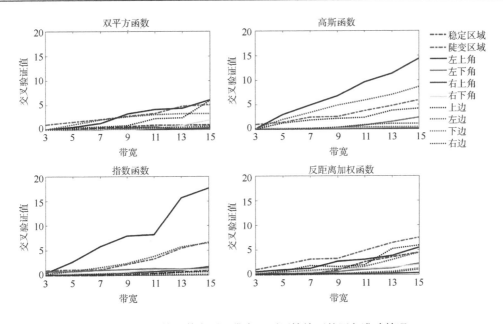

图 7.7　四种核函数在不同带宽、不同情境下的回归准确情况

　　实验表明，采用这四种核函数进行地理加权回归时，随着带宽的增大，CV 值均基本呈现不断增大的趋势，即带宽为 3 的情况下 CV 值达到最小，此带宽即为针对实验区域的最优带宽(图 7.7)。具体而言，采用反距离加权函数(改进版)作为核函数时，在陡变区域、左上角、影像上边界区域回归误差较大；采用指数函数作为核函数时，左上角、左边界、下边界区域误差较大；采用高斯函数作为核函数时，左上角、左边界、下边界、上边界区域误差均较大；采用双平方函数作为核函数时，左上角、左边界、下边界、上边界区

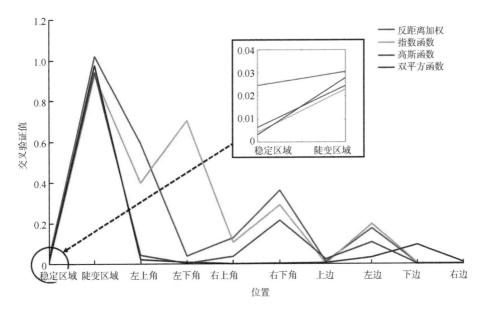

图 7.8　四种核函数在带宽为 3、不同情境下的回归准确情况

域误差较大。但整体而言，双平方函数回归结果最稳定，即使出现较大误差时，其误差值也小于其他三种核函数，因此确定双平方函数为四种核函数中最稳健的一种(图7.8)。

对双平方函数方法平滑后的 LST 影像计算均方根误差(RMSE)、标准差(σ)，结果显示平滑后 LST 影像的 RMSE 为 0.4003，影像标准差 σ 为 0.4004，影像两倍标准差 2σ 为 0.800 8。由于 RMSE 小于一倍标准差 σ，由统计学理论可知，针对实验所用影像双平方函数平滑总体置信度在 99.74%以上(图7.9和图7.10)。

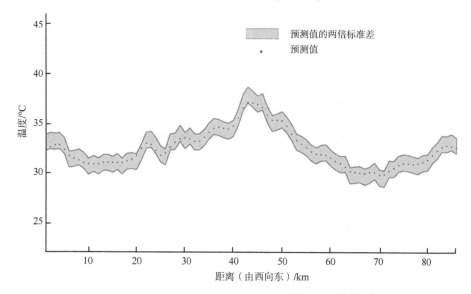

图 7.9　选定双平方核函数、带宽 3 情况下的平滑误差情况
以研究区域内自西向东贯穿武汉郊区与城区的一条轴线为例，位于数据的第 64 行

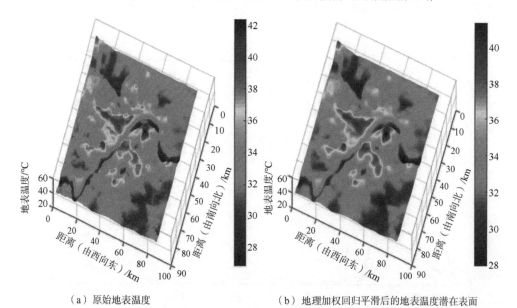

（a）原始地表温度　　　　　　　　（b）地理加权回归平滑后的地表温度潜在表面

图 7.10　使用双平方核函数，带宽 3 平滑前后的 LST 数据对比
(彩图见书后)

2. LST 潜在表面空间特征初探

2016 年 7 月份武汉市热环境基本上从城市中心到郊区呈现 LST 潜在表面逐渐递减的规律，同时还出现有多核格局。研究区域内 LST 潜在表面最高值为 41.26 ℃，最低值 27.93 ℃，平均温度为 33.22 ℃。从 LST 潜在表面的空间分布图来看，主城区与工业园区温度值较高呈红色，郊区温度较低呈黄色或绿色，长江、东湖等水域温度最低呈蓝色，从多中心向外围逐渐递减，这也侧面体现了武汉市显著的山水格局与丰富的地表要素。同时，也说明自然地表要素被人造表面所替代是引起热岛效应的原因之一。主要的几个极热区域包括青山工业园区、沌口开发区，以及武昌区、洪山区与江汉区、江岸区和硚口区的主城区部分。

7.2.2　基于不确定性区划的 LST 潜在表面分级

对地表热环境进行分区/分级能方便我们更好地识别 LST 的空间分布规律[20]，并为基于 LST-植被指数相关性研究以及后期的缓解策略提供更好的空间支撑。但是分级方法的选择却存在很大的不确定性，针对同一数据采用不同分级方法得到的结论往往相差较大，因而会得到不同的热环境空间格局分析结论。本章采用前面提到的连续数据离散化不确定性度量与不确定性区划方法，对迭代自组织聚类、K-均值聚类、自然间断点聚类、等间隔聚类四种分级方法的可靠性进行了实验与分析。

1. 基于多元聚类与分级方法的 LST 潜在表面分级

迭代自组织聚类与 K-均值聚类是机器学习领域应用广泛的聚类方法，而自然间断点聚类与等间隔聚类则是 ArcGIS 软件为栅格数据分级提供的常用算法。本研究采用了这四种不同的算法来对武汉市的 LST 潜在表面进行分级。迭代自组织聚类可根据用户提供的分级区间数寻找最优的类别数，而其他的三种算法需要用户自主设定类别数。针对本研究数据，迭代自组织聚类推荐 5 分级，为保持一致，其他三种算法也采用此分级数。从 1~5 类，LST 值越来越大（表 7.8）。

表 7.8　四种分级方法的分级结果统计：每类的面积占比及 LST 区间

分级方法	1 类		2 类		3 类		4 类		5 类	
	面积占比/%	LST 区间	面积占比/%	LST 区间	面积占比/%	LST 区间	面积占比/%	LST 区间	面积占比/%	LST 区间
迭代自组织聚类	20.71	27.93 −31.67	40.72	31.68 −33.38	20.17	33.38 −35.03	12.36	35.03 −36.85	6.03	36.86 −41.26
K-均值聚类	16.44	27.93 −31.42	30.80	31.42 −32.70	22.63	32.70 −33.99	19.10	33.99 −35.92	11.02	35.92 −41.26
自然间断点聚类	18.77	27.93 −31.56	37.70	31.56 −33.10	21.93	33.10 −34.70	14.93	34.70 −36.68	6.68	36.68 −41.26
等间隔聚类	6.67	27.93 −30.60	52.61	30.60 −33.26	29.77	33.26 −35.92	9.75	35.93 −38.59	1.19	38.60 −41.26

实验结果表明，采用四种不同分级方法针对同一数据源、采用相同分级数的分级结果差异明显。从空间格局与数值统计上来看，迭代自组织聚类与自然间断点聚类的分级结果较为相近；K-均值聚类的分级结果相对而言第 4 与第 5 类占比较高，尤其是第 5 类，其面积接近上述其他两种方法的 2 倍；等间隔聚类的分级结果与上述三种相比差异最大，其第 5 类在空间视觉上来看明显面积很小，数值统计上仅为迭代自组织聚类与自然间断点聚类分级结果的 20%不到，其第 2 类的占比却很高，达 52.61%之多(图 7.11)。究竟哪种方法最科学最合适，每种分级结果的可靠性如何，是值得我们深入探讨的问题。

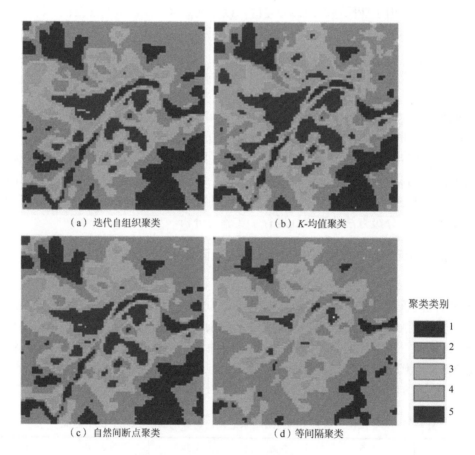

（a）迭代自组织聚类　　　　　　　　　　（b）K-均值聚类

（c）自然间断点聚类　　　　　　　　　　（d）等间隔聚类

聚类类别

1
2
3
4
5

图 7.11　使用四种分级方法对潜在 LST 表面数据进行分级的结果对比
(彩图见书后)

2. 多元分级结果的不确定性区划

为深入探讨迭代自组织聚类、K-均值聚类、自然间断点聚类与等间隔聚类这四种分级方法的可靠性，研究采用前面相关章节提出的离散数据离散化不确定性系数与不确定性区划计算方法，对这四种分级方法的结果进行可靠性评价(图 7.12)。

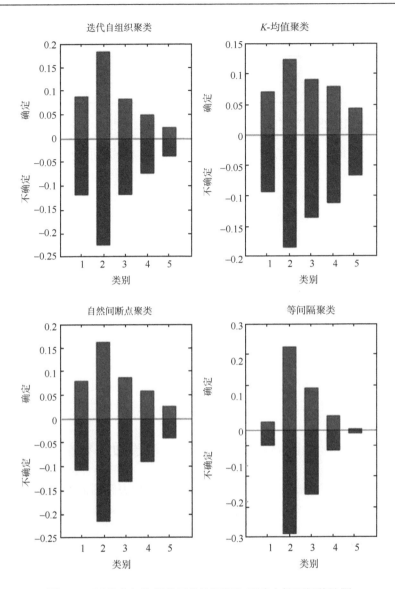

图 7.12　四种分级结果的可靠性区间与不确定性区间统计图

实验表明，根据式(5.14)与式(5.15)的计算方法，四种分级结果的可靠性区间与不确定性区间占比均较为接近。其中可靠性区间占比均在 40%左右，不敌不确定性区间占比，这可能是由潜在 LST 表面空间分布上的复杂性造成的，本身就难以简单地寻求到最优的分级方法。相对而言迭代自组织聚类分级的可靠性区间占比最大，达 43.08%，其次为等间隔聚类与自然间断点聚类，最少的为 K-均值聚类(表 7.9)。武汉市山水格局显著，而根据四种分级结果的空间布局来看，迭代自组织聚类与自然间断点聚类分级方法对这种格局的诠释最为优越。因此，结合不确定性区划分析结果，本章选取迭代自组织聚类方法作为最终的 LST 潜在表面分级方法。

表 7.9　四种分级结果的可靠性区间与不确定性区间占比统计表

区间占比	迭代自组织聚类	K-均值聚类	自然间断点聚类	equal interval
可靠性	43.08	40.87	41.44	42.13
不确定性	56.92	59.13	58.56	57.86

3. 基于迭代自组织聚类的 LST 潜在表面空间特征分析

经过聚类分级的 LST 潜在表面,相较于原始的连续表面而言更能体现武汉市的地表热环境空间格局,同时最热 5 级区域的提取也方便规划师更有针对性地根据区域具体情况提出相应的改善策略与措施。经过迭代自组织聚类分级后武汉市的 LST 潜在表面被分为 5 个等级,从 1~5 级呈现城市地表温度越来越高的趋势。前面的统计分析显示,1~5 级的面积占比分别为:20.71%、40.72%、20.17、12.36% 与 6.03%。其中超过 60%的区域被划到了 1 级与 2 级,结合同月份 Landsat 8 影像来看,主要为研究区域内丰富的水系与植被区域。3 级区域主要为城乡接合部,这部分区域的建筑布局较为分散,同时植被区域主要是草地,园地与耕地。4 级区域主要为城市周边建筑布局相较于主城区更分散,但又比城乡接合部更密集的区域,以及周边新城与镇区。5 级区域则主要是武汉都市发展区范围内的工业园与主城区区域,具体包括青山工业园、沌口开发区、东湖高新区、武昌区、洪山区、汉口区、汉阳区、江夏区的主城区部分。5 级热环境区域,正好也是武汉市人口集中或经济发展的重要区域,如何在不大幅度改变现有地表覆盖条件的基础上改善通讯缓解这种热岛效应,是规划师需要重点考虑的内容。

7.2.3　基于空间自回归模型的 LST 潜在表面与植被指数关联分析

研究表明,LST 与植被覆盖情况有着密切联系。地表辐射温度是一个土壤水分与植被覆盖的综合函数[21],植被越多的地区潜热交换越多,植被越少的地区与城市区域的感热交换越多[22]。虽然针对植被指数与 LST 关系的研究已有很多[23],但将植被指数越高 LST 越低这种关联规则进行深入分析,探讨其他因子对这种关联规则适应性的影响也很有意义。根据地理学第一定律,地球表面的任何事物或属性都和周边事物或属性存在相互关联关系,距离越近关联性越强[24]。地表热环境作为一种地理现象,也同样具备空间关联性。本研究将采用 Moran's I 来衡量 LST 的空间自相关性,并运用空间滞后模型(SLM),以及空间误差模型(SEM)来分析 LST 与植被指数之间的相关性,最后基于 LOG-LIKEHOOD、AIC 与 SC 等模型拟合度检验方法来对三种模型的拟合效果进行评价。地表植被指数数据使用的是 MODIS-Terra 的 1 km(每月)植被指数产品 MOD13A1,包括归一化植被指数(normalized difference vegetation index,NDVI)与增强型植被指数(enhanced vegetable index,EVI)两个指标。研究表明,不同的植被指数如 NDVI 与植被覆盖度与 LST 的相关程度有一定差异[23]。本研究会将 LST 潜在表面与 NDVI、EVI 的关系进行回归分析,以判别哪种植被指数在衡量 LST 潜在表面与植被关系方面更有效。

NDVI 与 EVI 都是常用的植被指数。由于植物光合作用且植物生理结构含水和叶绿素较多，导致植被对红光吸收强而在近红外波段出有一个反射陡坡，为了增强植物在遥感影像中这一辐射特性，提出了 NDVI[25]。NDVI 取值为[–1，1]，负值表示地面覆盖为云、水、雪等，对可见光高反射；0 表示有岩石或裸土等，NIR 和 R 近似相等；正值表示有植被覆盖，且随覆盖度增大而增大。其计算公式如下：

$$NDVI = \frac{(NIR - R)}{(NIR + R)} \tag{7.9}$$

式中，NIR 和 R 分别表示近红外波段和红波段处的反射率值。对于 MODIS 而言，分别对应 Band 2 与 Band 1。

但是 NDVI 存在一定的缺陷，NDVI 用非线性拉伸的方法增强了近红外和红波段的反射率对比度，导致 NDVI 在高植被覆盖区的灵敏度较弱，且易受到背景土壤噪声和大气环境的干扰，所以针对 NDVI 的缺点提出了 EVI。EVI 利用了植被对蓝光吸收也较强的特点来增强植被信号强度，同时修正了 NDVI 易受大气散射、土壤背景噪声影响的缺点(图 7.13)[26]。其计算公式如下：

$$EVI = 2.5 \times \frac{(NIR - R)}{NIR + 6 \times R - 7.5 \times B + 1} \tag{7.10}$$

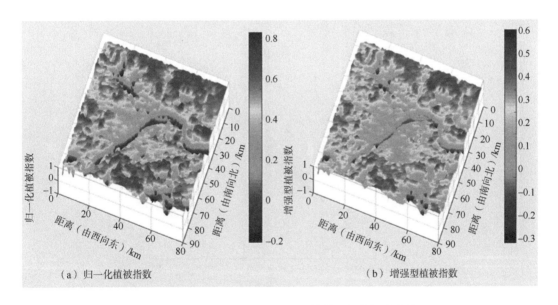

（a）归一化植被指数　　　　　　　　　　　（b）增强型植被指数

图 7.13　研究区域 NDVI 与 EVI 指数数值的空间分布情况

1. 基于 Moran's *I* 的 LST 潜在表面空间自相关分析

GWR 平滑处理中带宽 3 的选择充分考虑了地表 LST 数据在 3 km×3 km 范围内的空间自相关性，经处理后的 LST 潜在表面也必然存在空间关联性。本研究运用 Moran's *I* 来量化 LST 潜在表面的空间自相关程度，其计算原理如下：

$$I = \frac{\sum_{i=1}^{n}\sum_{j=1}^{n} w_{i,j}(x_i - \overline{x})(x_j - \overline{x})}{\sum_{j=1}^{n}(x_j - \overline{x})^2} \qquad (7.11)$$

式中，I 为空间自相关程度，取值区间为[-1, 1]；$w_{i,j}$ 代表单元 i 与单元 j 的空间权重。如果 I 大于零，则说明 LST 潜在表面的分布具有正的相关性，且自相关程度与指数值成正比。相反，如果 I 小于零，则说明 LST 潜在表面的分布具有空间异质性，且异质程度与指数值成反比。如果 I 为零，则说明 LST 潜在表面在空间位置上没有任何关联性。

　　基于 Geoda 软件运算，选用 Queen 邻接方式(共边或共点位邻接)来构建空间矩阵，运行结果显示 I 值为 0.942 56，显示 LST 潜在表面具有很强的空间自相关性。因此，在下一步的 LST 潜在表面与植被指数相关性分析当中，应当要选择空间自回归模型。置换检验(permutation test) 999 序列显示 p 值为 0.001，即此分析在 99%的置信水平中有效。具体结果如图 7.14 所示。

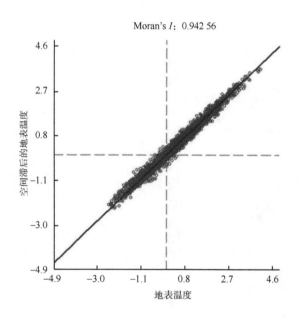

图 7.14　基于 Moran's I 的 LST 潜在表面空间自相关分析结果

2. 基于多元空间回归模型的 LST-植被指数相关性分析

　　为更好地量化 LST 潜在表面与植被指数之间的关系，本研究基于 SLM 与 SEM 对 LST 潜在表面与植被指数之间的关系进行回归分析。SLM 与 SEM 考虑了地理要素的空间依赖特征，能较好地量化 LST 与地表要素之间的关系[27]。三种回归模型的计算公式如下：

$$SLM: Y = \rho WY + \beta X + \varepsilon \tag{7.12}$$

$$SEM: Y = \beta X + \lambda W\varepsilon + \mu \tag{7.13}$$

式中，潜在的 LST 表面为因变量 Y；植被指数 NDVI 与 EVI 为自变量 X；β 为因变量的系数；ε 为正态分布的误差；ρ 和 λ 为空间自相关系数；W 为空间权重矩阵；ε 与 μ 均为误差项。

对数似然估计函数值（Log-likehood），赤池信息准则（Akaike information criterion，AIC）与施瓦兹准则（Schwarz criterion，SC）为三种常用的模型拟合度检验方法[28]，本研究运用这三个方法来对 SLM 与 SEM 的回归结果进行评价[29]。其中，LOG-LIKEHOOD 表达的是模型拟合似然值，其值越高表明模型拟合度越高，越接近真实现象；AIC 与 SC 衡量所估计模型的复杂度和此模型拟合数据的优良性，其值越低模型误差越小，越接近真实值。具体评价结果见表 7.10。

表 7.10　SLM 与 SEM 的模型拟合度（Log-likehood、AIC、SC）比较结果

回归模型	植被指数	Log-likehood	AIC	SC	R^2	β
NDVI	SLM	−828.48	1 662.95	1 683.36	0.985 4	0.999 817
	SEM	−933.37	1 870.75	1 884.35	0.984 9	0.999 897
EVI	SLM	−789.35	1 584.69	1 605.09	0.985 6	0.999 870
	SEM	−914.85	1 833.70	1 847.30	0.985 0	0.999 901

评价结果显示：①因 LST 潜在表面具备很强的空间依赖性。②SLM 与 SEM 的模型拟合度 R^2 均较高，超过 0.98。③基于 Log-likehood，AIC 与 SC 的模型评价均显示 SLM 为最佳的回归模型。④NDVI 与 EVI 在 SLM 模型运行下的解释变量相关性系数 β 较为接近，分别为 0.999 817 与 0.999 87，相较而言 EVI 与 LST 潜在表面的关系略强一点。主要是因为研究区域内的 NDVI 平均水平为 0.505，标准差 0.2，这个水平下 NDVI 的适用性还比较强。因此，在本区域 1km 的观测尺度与研究尺度下，研究 LST 潜在表面与区域植被指数关系时，NDVI 与 EVI 都适用。⑤解释变量相关性系数 β 取值，意味着在研究区域内，每个像元内，每增加 1%的 NDVI 或 EVI 水平，将导致接近 1℃的降温。

3. LST 潜在表面分级-植被指数关联分析

显然，植被指数与 LST 潜在表面具备很强空间相关性，但植被指数越高 LST 越低这种关联规则在其他因子的综合影响下表现如何，还值得深入探讨。接下来研究试图基于 7.1.2 节中的 LST 潜在表面分级，探索每一类别下相应植被指数的统计情况。上一步研究表明，在本研究范围 1 km 的观测尺度与研究尺度下，EVI 相较而言比 NDVI 略微更适合于探索植被指数与潜在 LST 表面的关系，因此接来下的植被指数分析采用 EVI 数据。LST 潜在表面从 1～5 类，其数值越来越大，按照一般逻辑推理 EVI 在 1～5 类中的值整体上应该是越来越小。但统计结果显示：EVI 的最小值在 1～5 类中越来越大，最大值除第 1 类外越来越小，均值除第 1 类外也越来越小。这其中有由原始数据与分级方法带来的误差，也极有可能是由地表其他覆盖要素或气象要素引起（表 7.11）。

表 7.11　每一 LST 潜在表面类别下 EVI 的统计情况

植被指数	统计值	1 类	2 类	3 类	4 类	5 类
EVI	最小值	−0.300 0	−0.090 6	−0.078 9	0.033 2	0.089 8
	最大值	0.672 0	0.679 6	0.624 2	0.542 3	0.533 4
	均值	0.177 5	0.366 6	0.326 4	0.288 6	0.222 6
	标准差	0.180 0	0.125 9	0.110 9	0.086 2	0.065 6

为进一步深入探讨 LST 潜在表面与 EVI 之间的关联,同样采用 IsoData 5 分级对 EVI 数据进行了分级,并对 LST 潜在表面与 EVI 两套分级结果进行分析。为方便比较,EVI 分级设置为 1 至 5 级 EVI 值越来越低(图 7.15)。

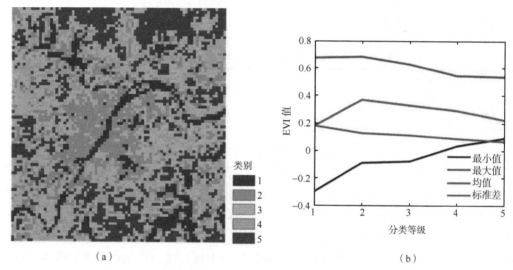

图 7.15　基于 IsoData 的 EVI 分级和每一 LST 潜在表面类别下 EVI 的
最小值、最大值、均值与标准差统计情况
(a)EVI 5 级分类结果;　(b)每一 LST 潜在表面类别下 EVI 的统计情况
(彩图见书后)

通过 Matlab 软件对两套分级结果进行关联分析:同在同一类别的像元赋值为 1,类别相差 1 级的赋值为 2,以此类推,类别相差 4 级的赋值为 5。具体结果如图 7.16 所示。

受地表要素多元性、气象因素复杂性以及其他人为造热等因素,以及数据与分级方法可靠性的影响,尽管 EVI 与 LST 潜在表面具备较强的空间相关性,EVI 分级与 LST 潜在表面分级存在较为严重的不协调现象(图 7.17)。其中,同属一个级别的像元数仅占 23.12%,等级差一级的像元占比 44.77%,差二级的像元占比 17.12%,差三级的像元占比 7.67%,差四级的像元占比 7.32%。即研究区域内有 486 个像元是 EVI 与 LST 潜在表面分级级别差异最大的,其中 484 个像元为 EVI 值低的情况下 LST 潜在表面值也低,剩余两个像元为 EVI 值高的情况下 LST 潜在表面值也高。

对 EVI 值低 LST 潜在表面值也低 484 个像元进行进一步分析,与 MODIS 的 MOD44B 植被连续覆盖场(vegetation continuous field,VCF,包含每个像元内的树木植被、非树木植被、裸地比例，以及水域信息)产品对比，发现其中 395 个像元为水域，这也可以很好地解释为什么这些像元 EVI 值低的同时 LST 潜在表面值也很低。因 MOD44B 产品为年产品，没有考虑季节性规律，而夏季长江等区域内水域面积通常比其他季节高，经与同月的 Landsat 8 影像对比，发现其他 89 个像元也均处于水域范围内。

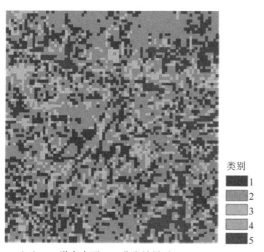

（a）LST潜在表面-EVI分类结果对比

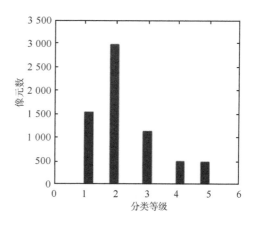

（b）EVI分类与LST潜在表面分类不协调的情况统计

图 7.16　LST 潜在表面等级与 EVI 等级不协调情况对比
(a)不协调程度空间布局；(b)不协调程度直方图统计
（彩图见书后）

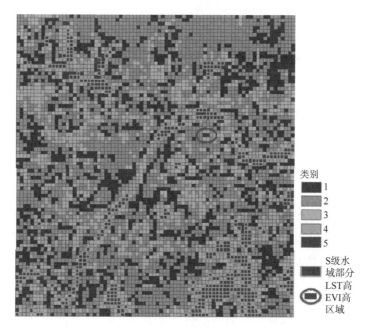

图 7.17　LST 潜在表面与 EVI5 级不协调情况详细分级图
参照：MOD44B 产品
（彩图见书后）

EVI 值高 LST 潜在表面值也高的两个像元分别位于(34，54)、(34，55)处，其具体信息如表 7.12 所示。可以看出，GWR 平滑前后 LST 值只发生了细微的变化，可排除 GWR 平滑引起 EVI 值高 LST 潜在表面值也高的情况。根据 Google Earth 显示，这两个像元都位于青山工业园周边。从截图上可以看出，这 1 km×2 km 区域内植被覆盖比例较高，因而 MODIS 提取的 EVI 值也较高。但是，由于这两个像元位于青山工业园与周边农田区域的交界处，受工业园排热的影响，这两个像元的 LST 值也较高。具体就地表温度反演流程而言，像元内上行辐射受到周边青山工业园区域整体上行辐射的干扰较大，星载传感器接收到的地表辐射通量实际包含像元内辐射通量及周边工业园辐射通量经过大气散射后的混合值，最终导致这两个像元的 LST 值偏高(图 7.18)。

表 7.12　EVI 值高、LST 潜在表面值也高的两个像元详细信息

像元	LST 原始值	LST 潜在表面	NDVI	EVI
(34，54)	36.870 00	37.908 25	0.692 5	0.533 4
(34，55)	36.590 00	36.847 45	0.694 8	0.508 2

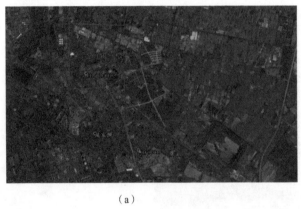

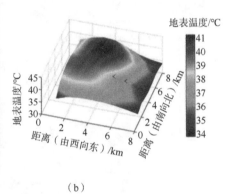

(a)　　　　　　　　　　　　　　　　　(b)

图 7.18　EVI 值高 LST 潜在表面值也高的两个像元信息

(a)两像元在同月 Google Earth 影像上的情况；(b)两像元在周边 8×8 像元范围内的 LST 潜在表面空间位置

(红×区域为两像元中心点，且为了方便演示，对南北方向进行了翻转)

(彩图见书后)

武钢与阳逻热电厂等工业基地的建设，不仅大幅度提高了工业区本身的地表温度，还导致了其周边区域地表温度的提高。Wang 和 Ouyang[30]总结了被前人频繁采用的对地表温度具备相应本领的指标，显示共有 9 个：天空指数(SVF)、建筑密度(BD)、建筑体密度(BVD)、建筑高度(BH)、透水面面积比(PSF)、反射率(Albedo)、增强植被指数(EVI)、不透水面面积比(ISF)，以及水体指数(NDWI)。对于工业园区的周边区域而言，SVF 较高，BD、BVD 以及 BH 均较低，PSF 与 ISF 的改善空间也有限。一方面，研究表明以乔木为主的复合型林地缓解热岛效应的效果明显强于灌木丛与草坪[31]，因而可以调整区域的植被格局，以实现降低地表温度的效果。另一方面，可以采用浅色或者白色的材质替代现有屋顶材料，提高地表覆盖反射率水平，减少地表吸收太阳辐射[8]。

7.3 本 章 小 结

当前，全球范围内多个国家和地区已经相继开展了针对城市温度以及相关缓解策略的研究，但考虑城市热环境研究流程中不确定性要素的却很少。本研究从原始数据的GWR 平滑、潜在表面的迭代自组织聚类分级到最后与植被指数的 SLM 回归，提出了一套基于不确定性的 LST 空间分布规律及其与地表要素的关联分析流程，同时探讨了植被指数越高 LST 越低这种关联规则在其他因子的综合影响下的表现。研究将数据本身、数据处理、分析方法、分析过程以及分析结果的可靠性纳入到了整个流程中来，具体考虑的可靠性指标情况如表 7.13 所示，包括精确性、鲁棒性、一致性、完整性与适用性。通过推广这种方法到 LST 与其他对 LST 具备响应本领的地表要素分析上，将有助于规划师更准确地掌握不同地表要素对地表热环境的贡献，以便针对具体区域具体问题提出更科学的解决方案。①本研究基于 LST 本身，在固定观测尺度、研究范围与作用尺度的前提下，基于 GWR 对原始 LST 数据进行了平滑处理，以实现去噪、补缺的目的，挖掘出LST 更真实的空间分布规律。这一步充分考虑了 LST 的空间自相关性，还有利于避免下一步分级时出现诸多"孤岛"现象。具体通过不同情境、不同带宽、不同核函数的反复实验，筛选出最符合本实验对象的带宽与核函数。②为更好地识别 LST 潜在表面的空间分布规律，研究基于不确定性系数与不确定性区划方法，对迭代自组织聚类、K-均值聚类、自然间断点聚类、等间隔聚类四种分级方法进行了实验，筛选出可靠性最强的迭代自组织聚类 5 分级法作为最终的分级。③基于 Moran's I 量化了 LST 潜在表面的空间自相关性，并基于 SLM 与 SEM 两种回归方法进行实验，采用 Log-likehood、AIC 与 SC三种评价方法对回归效果进行评价，筛选出 SLM 为最佳回归模型。④针对 LST 潜在表面与 NDVI，以及 EVI 进行了回归，证明在本研究范围与尺度下，EVI 相较于 NDVI 能体现 LST 潜在表面与植被指数之间略微更强一点的相关性。⑤基于前面的研究，以及EVI 值越高 LST 越高的关联假设，分析了 EVI 值的变化与 LST 值变化相违背的区域，指出 EVI 值低 LST 值低的区域为水域，EVI 值高 LST 值也高的区域为青山工业园周边区域，受工业园排热影响造成 LST 潜在表面值比一般值偏高。最后，研究针对工业园区周边的地表温度较高这一现象，提出了从植被格局与地表反射率的角度改善热环境的建议。

表 7.13　地表热环境空间特征及其与植被指数关系研究的可靠性考量

精确性	●MODIS 数据精度；GWR 操作精度
现势性	○
鲁棒性	数据来源多样性；GWR；SLM 与 SEM；模型多样性
一致性	●GWR（原始影像与连续平滑表面之间）；LST 本身及回归分析的尺度；模型多样性
完整性	●MODIS 数据（云覆盖等因素导致的空缺现象）；GWR 的边界效应
设计可靠性	○
适用性	●空间覆盖；时间匹配（日夜、季节）；GWR；SLM 与 SEM；数据离散化不确定性系数与不确定性区划

参 考 文 献

[1] 陈俊勇. 地理国情监测的学习札记. 测绘学报, 2012, (5): 633-635.

[2] 程滔, 周旭, 刘若梅. 面向地理国情监测的地表覆盖信息提取方法. 测绘通报, 2013, (8): 84-86.

[3] 刘若梅, 周旭. 第一次全国地理国情普查实施方案. 2013.

[4] 史文中, 陈江平, 张鹏林. 地理国情监测理论与技术. 北京: 科学出版社, 2013.

[5] 史文中, 秦昆, 陈江平, 等. 可靠性地理国情动态监测的理论与关键技术探讨. 科学通报, 2012, (24): 2239-2248.

[6] 史文中. 空间数据与空间分析不确定性原理. 北京: 科学出版社, 2015.

[7] 史文中, 陈江平, 詹庆明, 等. 可靠性空间分析初探. 武汉大学学报(信息科学版), 2012, 37(8): 883-887.

[8] 王炯. 城市地表热环境动态分析及优化策略建议. 武汉: 武汉大学博士学位论文, 2016.

[9] 王正兴, 刘闯, HUETE ALFREDO. 植被指数研究进展: 从 AVHRR-NDVI 到 MODIS-EVI. 生态学报, 2003, 23(5): 979-987.

[10] 中国测绘宣传中心. 地理国情普查管理与实践. 北京: 测绘出版社, 2013.

[11] ANSELIN L, SYABRI I, KHO, Y. Geo Da: An introduction to spatial data analysis. Geograph Anal, 2006, 38: 5-22.

[12] CHEN X L, ZHAO H M, LI P X, et al. Remote sensing image-based analysis of the relationship between urban heat island and land use/cover changes. Remote Sensing of Environment, 2006, 104(2): 133-146.

[13] GOODCHILD M F. A spatial analytical perspective on geographical information systems. International Journal of Geographical Information System, 1987, 1: 327-334.

[14] GOODCHILD M F. Integrating GIS and remote sensing for vegetation analysis and modeling: Methodological issues. Journal of Vegetation Science, 1994, 5: 615-626.

[15] KALNAY E, CAI M. Impact of urbanization and land use on climate change. Nature, 2003, 1(6939): 528-531.

[16] LIU H, ZHAN Q, ZHAN M. The uncertainties on the gis based land suitability assessment for urban and rural planning, 2017. XLII-2/W7, 523-530.

[17] OWEN T W, CARLSON T N, GILLIES R R. An assessment ofsatellite remotely-sensed land cover parameters in quantitatively des-cribing the climatic effect of urbanization. International Journal of Remote Sensing, 1998, 19: 1663-1681.

[18] OKE T R. The energetic basis of the urban heat island. Quarterly Journal of the Royal Meteorological Society, 1982, 108: 1-24.

[19] RAJASEKAR U, WENG Q. Urban heat island monitoring and analysis using a non-parametric model: A case study of Indianapolis. ISPRS Journal of Photogrammetry and Remote Sensing, 2009, 64: 86-96.

[20] ROUSE J W, HAAS R W, SCHELL J A, et al. Monitoring the Vernal Advancement and Retrogradation(Greenwave Effect) of Natural Vegetation. nasa/gsfct type iii final report, 1974.

[21] SONG J, DU S, FENG X. The relationships between landscape compositions and land surface temperature: Quantifying their resolution sensitivity with spatial regression models. Landscape and Urban Planning, 2014, 123(1): 145-157.

[22] SKELHORN C, LINDLEY S, LEVERMORE G. The impact of vegetation types on air and surface

temperatures in a temperate city: a fine scale assessment in manchester, UK. Landscape and Urban Planning, 2014, 121(1): 129-140.

[23] TRAUN C, LOIDL M. Autocorrelation-Based Regioclassification—a self-calibrating classification approach for choropleth maps explicitly considering spatial autocorrelation. International Journal of Geographical Information Science, 2012, 26(5): 923-939.

[24] SHI W, ZHANG X, HAO M, et al. Validation of land cover products using reliability evaluation methods. Remote Sensing, 2015, 7(6): 7846-7864.

[25] TOBLER W R. A computer movie simulating urban growth in the Detroit region. Economic Geography, 1970, 46(Supp 1): 234-240.

[26] WANG J, ZHAN Q, GUO H. The morphology, dynamics and potential hotspots of land surface temperature at a local scale in urban areas. Remote Sensing, 2015, 8(1).

[27] WANG J, OUYANG W. Attenuating the surface urban heat island within the local thermal zones through land surface modification. Journal of Environmental Management, 2017, 187: 239.

[28] WAN Z, DOZIER J. A generalized split-window algorithm for retrieving land-surface temperature from space. IEEE Transactions on Geoscience and Remote Sensing, 1996, 34: 892-905.

[29] WAN Z. New refinements and validation of the MODIS land-surface temperature/emissivity products. Remote Sensing of Environment, 2008, 112: 59-74.

[30] WENG Q, LU D, SCHUBRING J. Estimation of land surface temperature–vegetation abundance relationship for urban heat island studies. Remote Sensing of Environment, 2004, 89(4): 467-483.

[31] WENG Q. Fractal analysis of satellite-detected urban heat island effect. Photogrammetric Engineering and Remote Sensing, 2015, 69(5): 555-566.

第 8 章 展 望

本书对可靠性时空分析的理论与实践之初步探索进行了阐述。未来，该领域将有着更深入的理论问题值得进一步探讨，以应对其广泛的应用前景。

8.1 不确定性时空大数据挖掘

随着时空大数据的不断累积与快速更新，原始数据及分析结果中存在大量的位置、时间、属性等多维度上的不确定性。目前，大部分针对不确定性的研究主要关注不确定性度量、控制以及可视化方面，而对于时空大数据不确定性信息的建库与挖掘方法的研究尚待深入。利用时空数据库的相关技术，建立不确定性信息数据库，结合空间关联规则挖掘、空间上下文分析等手段，对不确定性数据进行时空挖掘，有助于分析不确定性在时空域的变化规律，发现不确定性信息中所隐含的空间规则，分布规律等。充分利用时空数据不确定性信息可能蕴含的时空知识，为相关时空数据处理、分析中的可靠性控制提供理论依据，为可靠性时空决策提供支持。

8.2 用户生成时空大数据的质量评估与改进

用户生成时空大数据是一新兴数据来源，包括开源地图数据、公交刷卡、手机信令、带有地理标签的社交网络文本与图像等。用户生成数据具有数据量大、内容丰富、时空粒度细等优势，在时空分析与数据挖掘中得到了广泛的关注，但其数据质量问题也日益凸显。与专业人员采集的数据相比，普通用户更容易由于专业技能不足、疏忽、甚至人为破坏等因素，而提供错误或不准确的数据。如何评估与改善用户生成的时空大数据的质量，对提高有关数据分析与挖掘的可靠性至关重要。

目前，用户生成时空大数据的质量评估研究集中在开源地图领域，对带有地理标签的图像、文本的质量评估则较少。对带有地理标签的照片，现有研究侧重于在照片放至正确地点的前提下，评估其地理标签的位置准确度。而如何利用用户协同或机器学习，高效地识别错放到其他地点(其他景点、其他城市等)的照片，则是亟待解决的问题。

在网络用户文本数据的质量评估方面，研究关注了文本可信度、信息丰富度、语言技巧等，但缺少专门针对地理标记文本质量的研究。后续研究议题包括：与一般文本相比，带有地理标记的文本具有何种质量特征，这些特征的时空分布是否有助于预测文本质量，从而改善时空数据挖掘结果的质量等。

8.3　用户生成时空大数据的偏差风险控制

与传统数据相比，用户生成时空大数据在详细的尺度、包含丰富的用户活动和语义特征信息方面具有显著的优势，从而有利于时空数据分析与挖掘。然而，用户时空大数据的采集对象往往与研究者所感兴趣的总体之间存在偏差，如仅限社交媒体用户、仅限愿意提供地理标签的用户等。这可能导致时空分析与数据挖掘的结果与其总体也存在较大的倾向性偏差。

为了控制用户产生时空数据的偏差所带来的分析与决策风险，保障空间分析与数据挖掘结果的的可靠性，我们需要对用户产生时空大数据总体特征建模，从而将用户数据与普查统计等传统全样本数据进行交叉验证和补充。用户特征建模的难点在于用户经常不能提供建模所需的属性。利用机器学习方法，可以从辅助数据中挖掘所缺乏的用户特征。未来，我们可进一步挖掘用户特征的时空分布，将其与传统全样本人群的情况进行对比，从而对用户大数据偏差给出量化评估，并研究根据评估结果校正空间分析与数据挖掘模型的方法。

对用户生成时空大数据纠偏的另一个途径，是融合多平台的用户数据以及使用更具代表性的人群移动数据。例如，手机信令数据在城市人口中覆盖率大、用户总体特征与普查数据的一致性较高，是比较理想的代表性人群移动数据源。但是手机信令数据的时间、空间分辨率仍不理想。未来将需要发展依赖快速、精确的室内定位与室内外无缝衔接定位技术，以支持细粒度的时空数据分析与挖掘任务。

8.4　基于深度学习的可靠性遥感影像分类

现有的基于深度学习的遥感影像分类的研究，主要针对于特定场景、地物的提取，而对于大范围、多场景的影像，分类精度还有待提高，普遍赶超传统分类方法精度的研究目标还有待实现。目前面临的主要问题有以下两种。

(1)缺乏训练样本导致的分类可靠性低的问题。对于复杂程度相同的影像分类问题，深度学习所需的训练样本数明显多于传统方法，因为深度学习模型中的参数众多，训练样本不足会导致过拟合，降低分类可靠性。除了使用大量人力进行人工影像判读，获得大量训练样本以外，解决这一问题的另一思路是采用弱监督分类，降低学习效果对训练样本量的依赖性。

(2)多源影像条件下的分类可靠性问题。多源影像来自不同的传感器，具有不同的波段和分辨率，其表达地物的特征存在很大的差异，增加了学习的难度，使分类可靠性受到限制。相对于普通图像的深度学习，这是遥感影像学习的独有技术难题。

8.5　可靠性全球测图与地理信息服务

随着数据采集、管理、访问、分析的技术的不断进步，全球测图及地理信息服务将推动地理信息的广泛应用。可靠性分析技术已经在区域时空数据及其分析中得到了研究与应用，但针对于全球覆盖地理信息的可靠性，仍然缺少成熟的理论与方法。扩展传统的可靠性理论，结合全球遥感数据、众源数据等全球范围的空间数据所提供的信息资源，针对全球地理信息处理过程中数据的多源、覆盖广的特点，分析全球地理信息分析中的可靠性影响因子，探索其分析过程可靠性控制方法，建立可靠的全球地理信息网络，是提供可靠性全球地理信息服务的关键。

参考数据是可靠性评估的重要数据基础。然而，全球测图面临着参考数据不容易获取或本身具有较大的不确定性，这就给传统基于参考数据的空间数据可靠性评估方法提出了新的挑战。无参考数据的可靠性评估应当注重对于空间数据内部结构、关系、规律的提取；同时合理地利用外部知识，包括数据源信息、获取人工与自然环境数据、数据处理的方法等，根据空间数据产品规格对其可靠性进行评估。目前，无参考数据的可靠性评估通常带有一定的主观性，甚至无法进行定量化评估。如何提高无参考数据可靠性评估时的准确性，探索其定量化表达，是未来时空数据可靠性评估一个研究的重点。

参 考 文 献

[1] SENARATNE H, MOBASHERI A ALI A L, CAPINERI, et al. A review of volunteered geographic information quality assessment methods. International Journal of Geographical Information Science, 2017, 31(1): 139-167.

[2] LONGLEY P A, ADNAN M. Geo-temporal Twitter demographics. International Journal of Geographical Information Science, 2016, 30(2): 369-389.

[3] XU Y, SHAW S L, ZHAO Z, et al. Another tale of two cities: Understanding human activity space using actively tracked cellphone location data. Annals of the Association of American Geographers, 2016, 106: 489-502.

[4] 史文中, 陈江平, 詹庆明, 等. 可靠性空间分析初探. 武汉大学学报(信息科学版), 2012, 37(8): 883-887, 991.

[5] ZHANG P, SHI W, MAN S W, et al. A reliability-based multi-algorithm fusion technique in detecting changes in land cover. Remote Sensing, 2013, 5(3): 1134-1151.

[6] SHI W, ZHANG A, ZHOU X, ZHANG M. Challendges and prospects of uncertainties in spatial big data analytics. Annals of Association of American Geographeres, 2018, 108(6): 1513-1520.

附录 术语集

第 1 章 术 语

可靠性：产品在规定的条件下和规定的时间内，完成规定功能的能力。

时空数据源可靠性：数据来源的可靠性，时间参照系、空间参照系、数据关联参数的完整性和有效性，数据的正确性和一致性。

空间分析的可靠性：在规定时空环境和规定条件下，完成规定空间分析功能，并取得正确的、有效的、完整的结果和服务的空间分析能力和水平。

ε-误差带：1982 年由 Chrisman 提出，描述不确定性空间对象是以一定概率出现的置信区域(误差带或模糊区域)，该区域的形态与空间维度有关，在二维空间，该置信区表现为以一条线为中心的一个狭长面。

时空数据分析：指对时空数据的描述性和探索性分析技术和方法，能够揭示出比数据本身更多的信息和知识的一组分析技术或方法。

残差值(residual)：指实际观察值与估计值(拟合值)之间的差值。"残差"蕴含了有关模型基本假设的重要信息。如果回归模型正确的话，我们可以将残差看作误差的观测值。

带宽(bandwidth)：描述权重与距离之间函数关系的非负衰减参数。

岭回归：又称脊回归、吉洪诺夫正则化，是一种专用于共线性数据分析的有偏估计回归方法，实质上是一种改良的最小二乘估计法，通过放弃最小二乘法的无偏性，以损失部分信息、降低精度为代价获得回归系数更为符合实际、更可靠的回归方法，对病态数据的拟合要强于最小二乘法。

复杂网络：指网络中节点之间所具有的不可忽视的显著的拓扑特征，例如节点度的长尾分布、较高的聚类系数、节点间的同配性与异配性、社区结构以及等级结构等，这些特征并不会在简单网络(如随机网络、规则网络)中出现。

可变性面元问题(modifiable areal unit problem，MAUP)：在地理学领域中，因所选面积单元的不同而对分析结果产生影响的问题。

信息熵：用以描述信源的不确定度，解决了对信息的量化度量问题。

集合论：指研究集合的结构、运算及性质的一个现代数学中最重要的基础理论。

第 2 章 术 语

精确性(accuracy)：时空数据对所刻画客观现实状况描述的精确程度。

鲁棒性(robustness)：时空数据及分析方法抵抗系统外部干扰且维持自身性能稳定性的能力。

一致性(consistency)：时空数据与所刻画客观世界真实状况的相似程度。

完整性(completeness)：时空数据描述客观世界实体位置、属性和关系的全面程度。

适用性(adaptability)：时空数据和分析方法解决具体时空应用问题的适应程度。

现势性(currency)：时空数据或分析结果与当前时刻客观世界真实状况之间的吻合程度。

设计可靠性(design reliability)：时空数据处理分析过程中，所设计的数据、模型和方法等对结果可靠性影响的程度。

第3章　术　　语

面向对象的分类方法：是一种智能化的自动影像分析方法，它的分析单元不是单个像素，而是由若干像素组成的像素群，即目标对象。目标对象比单个像素更具有实际意义。空间特征的定义和分类均是基于目标进行的。

超像素：是一系列像素的集合，这些像素具有类似的颜色、纹理等特征，距离也比较近。

多分类器组合：融合不同的特征或不同的具有互补性的分类器得到的分类结果来提高最终的分类精度。

遥感影像分类完整性：表示正确地进行分类了的像元与客观世界实体分类的像元的比例。

遥感影像分类精确性：在分类完成的结果中，精确进行分类了的像元所占全部分类像元的比例。

遥感影像分类鲁棒性：在参数的摄动下，又或者自身的分类模型的扰动下，分类结果精度保持不变的能力，其关联着数据和方法对异常值和粗差的敏感。

遥感影像分类适用性：描述分类算法在面对多种类型的分类算法时，依然能够保持其良好的分类效果的能力。

遥感影像分类一致性：在给定的条件下，遥感影像分类在应用于不同区域时，能够保持其分类性能的能力。

对象相关指数(object correlative index，OCI)：是描述中心对象和其周围对象的相关关系的指数，评判标准是两个对象之间的光谱相似性。

像元空间引力模型：利用引力模型引入空间和灰度信息，两个像元之间的引力与它们的隶属度的乘积成正比，与它们之间的距离成反比。

结构元素(structuring elements，SE)：是来从图像中提取结构信息，是一个由小的像素矩阵构成的模板，每个像素的值为0或1，矩阵的维度即为SE大小。矩阵中"1"和"0"的分布表示SE的形状。

数学形态学：是提取图像特征的有力工具，针对二值图像和灰度图像的腐蚀、膨胀和重构的基本操作可以组合使用，以执行非常宽泛的任务。

第 4 章 术 语

空间关联分析：利用空间关联规则提取算法发现空间对象或者现象间的关联程度，从空间数据集合中抽取隐含知识、空间关系或非显式的有意义的特征或模式，挖掘空间数据集合的空间特性，如空间位置、空间方位、空间距离、空间几何拓扑关系、空间属性（长度、面积等）等。

关联规则(association rules)：反映一个事物与其他事物之间的相互依存性和关联性，是数据挖掘的一个重要技术，用于从大量数据中挖掘出有价值的数据项之间的相关关系。

关联规则的准确性：关联规则描述事务数据库中各属性间存在关联的准确程度，由规则的具体结构和在数据挖掘过程中所依赖的数据决定。

新颖度：新颖度反映新出现的规则与初始关联规则集中规则的相悖程度。

Apriori 算法：是一种最有影响的挖掘布尔关联规则频繁项集的算法。其核心是基于两阶段频集思想的递推算法。该关联规则在分类上属于单维、单层、布尔关联规则。在这里，所有支持度大于最小支持度的项集称为频繁项集，简称频集。

关联规则的完整性：关联规则表达事物数据库中存在关联的完整程度。完整性度量的关键在于判断关联规则挖掘结果中是否存在遗漏的规则。

关联规则的一致性：指对不同数据集中共同出现的关联规则及其在各数据集中支持度分布的评估。

统计假设检验(statistical hypothesis test)：指验证所选的模型和所解释的公式，在结构上、形式上、变化方向上是否能代表客观情况。

Bonferroni 修正：如果在同一数据集上同时检验 n 个独立的假设，那么用于每一假设的统计显著水平，应为仅检验一个假设时的显著水平的 $1/n$。

费氏精确检验(Fisher exact test)：是用来判断两个变量之间是否存在非随机相关性的一种统计学检验方法。

贝叶斯网络模型：又称为信度网，由一个有向无环图(directed acylic graph，DAG)和条件概率表(conditional probability table，CPT)组成。

最大类间方差法(Ostu 方法)：又称大津法，1979 年由日本学者大津提出，是一种自适应阈值确定的方法，方法基于全局的二值化算法，根据图像的灰度特性，将图像分为前景和背景两个部分。

第 5 章 术 语

地理加权回归分析(geographically weighted regression，GWR)：一种基于空位置解算、定量反映空间关系异质性特征的局部空间回归分析技术。

核函数(kernel function)：一种关于距离衰减的空间权重计算函数统称。

多重共线性(multicollinearity)：指回归分析模型中由于自变量之间存在较强相关性

关系而造成的模型估计失真或不准确的现象。

可塑性面积单元问题(modifiable areal unit problem，MAUP)：在空间统计分析过程中，由于不同大小或形状的空间单元划分而造成的结果依赖性特征。

鲁棒性地理加权回归分析技术(robust geographically weighted regression，RGWR)：在 GWR 模型求解的过程中，综合考量潜在异常值对模型求解结果影响，采用迭代算法对模型求解的 GWR 技术扩展。

岭参数局部补偿地理加权回归分析(GWR with a locally-compensated ridge，GWR-LCR)：在 GWR 模型求解的过程中，综合考量多重共线性对模型求解结果影响，采用岭参数对 GWR 模型求解进行局部补偿的算法扩展。

距离-变量对应的地理加权回归分析(geographically weighted regression with parameter-specific distance metrics，PSDM GWR)：多尺度地理加权回归分析技术(multiscale GWR)的一种，采用各异的距离度量和对应优选带宽的方法，从而更加精细地对参数估计过程中空间权重进行控制，以反映空间数据中不同参数异质性的尺度特征差异。

第6章 术　语

空间大数据(spatial big data)：数据规模巨大到无法通过人工进行处理和解读的地理数据。

空间大数据容量大(volume)：指空间大数据的规模大，可达到数百 TB 到数百 PB、甚至 EB 的规模。

空间大数据实时性(velocity)：指空间大数据的获取速度快，这就要求在一定的时间限度下需要得到实时处理。

空间大数据多样性(variety)：指空间大数据的类型繁多，包括不同格式与形态的空间数据。

空间大数据真实性(veracity)：指空间大数据中蕴含着一定的不确定性，这就要求空间挖掘分析的结果要保证一定的准确性。

空间大数据价值性(value)：指空间大数据中蕴含着潜在的价值性，这就要求采用空间数据挖掘分析方法对其进行揭示从而带来巨大的价值。

不确定性地理情景单元问题(the uncertain geographic context problem，UGCoP)：指个体移动对地理空间的实际影响单元与研究所采用的地理区域单元之间的时空差异性以及这种差异性对时空分析结果的影响。

开放道路网(openstreet map，OSM)：是由众多非专业用户利用多种数据采集方式自愿贡献并汇聚而成，主要方式包括基于遥感影像底图的数字化，基于手机等定位设备所采集的自愿者轨迹，或者通过政府部门地理信息数据的直接导入。

网络社区(network community)：是网络中所呈现出来的一种典型结构，同一社区中的节点之间紧密相连且彼此相似，而不同社区的节点之间存在较为稀疏的连接。

调整兰德系数(adjusted Rand index，ARI)：可以用于定量评价聚类结果与真实情况的一致性，它利用聚类过程中的正误识和负误识来测量一致性。

调整互信息(adjusted mutual information，AMI)：可以用于定量评价聚类结果与真实情况的一致性，是从信息论角度计算一致性，能够修正由于聚类随机性所产生的一致性效果。

第7章 术 语

地理国情普查数据的环境可靠性：描述数据生产环境的优良性，通过分析可能影响到数据生产的各种因素，对数据生产所处的整体环境进行评估。

地理国情普查数据的数据可靠性：描述数据本身与真实地表的差异。

地理国情普查数据的总体可靠性：地理国情普查数据能够真实表达地理国情普查项目所规定的相关地表信息的程度。

数据生产环境可靠性：主要考察了自然环境复杂度、数据底图质量、质量控制规范性、普查人员整体业务水平以及抽样评估准确性五个方面，最终通过对五项指标进行加权平均得到环境可靠性的总得分，从而获取数据生产环境的可靠性评估结果。

测区地形复杂度：主要反映平地、丘陵、山地、高山地在测区所占比例的情况。

测区地物类型复杂度：主要反映测区内地物种类的数量。

质量控制实施程度：主要反映数据生产的相关技术指标执行的严格程度，数据质量检查与验收的相关规定具体实施的情况等。

生产单位作业水平：主要是指作业员完成人工解译的能力、对相关规定标准的理解准确程度以及单位内部对于两级检查的执行程度等。

抽样评估相对误差：根据样本的离散程度，以及相关统计学公式分析评估各个样本集的抽样误差，从而获取抽样样本的可靠性。

数据现势性：指普查成果数据与评估时刻实际地表情况的吻合程度，其可靠性含义为影像拍摄时间到评估时间地表未发生变化的百分比。

数据鲁棒性：指通过数据多次检查结果所反映出来的数据质量错误漏检情况。

数据完整性：指不满足采集要求却被多余采集地物图斑(要素)或者达到采集要求却被遗漏的地物图斑(要素)，其可靠性含义为采集正确的图斑面积(要素个数)个数占图斑总面积(要素总个数)的比例。

数据精确性：包括分类精确性、属性精确性以及几何精确性，指数据中出现分类错误，属性错误以及几何错误的地物图斑或要素。其可靠性含义是数据中未发生以上三类错误的图斑面积(要素个数)个数占图斑总面积(要素总个数)的比例。

数据一致性：通过 Kappa 系数来描述地表覆盖数据中的分类精度，通过比较生产数据与代表实际地表情况的参考数据，生成混淆矩阵，计算对应的 Kappa 系数。该项指标主要用来定性地印证准确性和完整性的评估结果。

地表温度潜在表面：利用参数/非参数的数学模型提取的连续、平滑且能够表征地表温度典型空间分布模式的潜在表面。

自然断裂法(natural breaks/jenks)：基于数据中固有的自然分组。将对分类间隔加以识别，可对相似值进行最恰当地分组，并可使各个类之间的差异最大化。要素将被划分为多个类，对于这些类，会在数据值的差异相对较大的位置处设置其边界。

等间隔分类：将属性值的范围划分为若干个大小相等的子范围。

归一化植被指数（normalized difference vegetation index，NDVI）：多光谱遥感影像中，近红外波段的反射值与红光波段的反射值之差除以两者之和，用以增强植被光谱信息。

增强植被指数（enhanced vegetable index，EVI）：用植被对蓝光吸收也较强的特点来增强植被信号强度，同时修正了 NDVI 易受大气散射、土壤背景噪声影响的缺点。

莫兰指数（Moran's I）：空间自相关系数的一种，其值分布在$[-1，1]$，用于判别空间是否存在自相关。

彩　　图

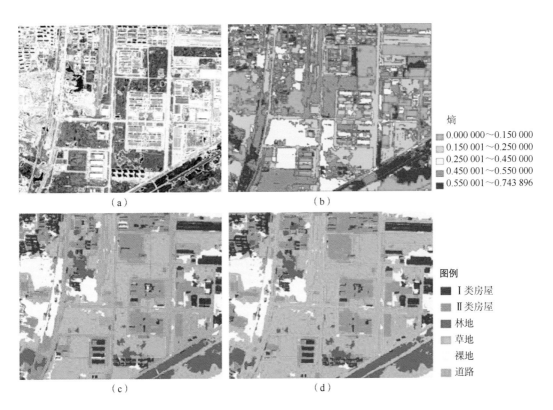

熵

- □ 0.000 000～0.150 000
- □ 0.150 001～0.250 000
- □ 0.250 001～0.450 000
- □ 0.450 001～0.550 000
- ■ 0.550 001～0.743 896

（a）　　　　　　　　　　　（b）

图例

- ■ Ⅰ类房屋
- ■ Ⅱ类房屋
- ■ 林地
- □ 草地
- 　裸地
- ■ 道路

（c）　　　　　　　　　　　（d）

图 3.9　第二次实验（GF-2 影像）结果

（a）影像对象；（b）TMU；（c）ICM；（d）TMU

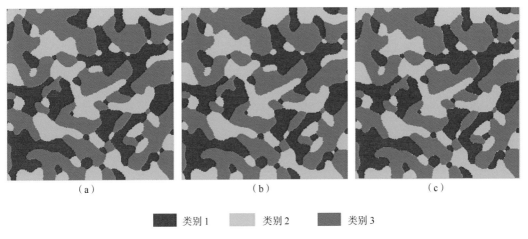

■ 类别 1　　　□ 类别 2　　　■ 类别 3

图 3.21　基于 ADFLICM 和 FLICM 对含有椒盐噪声的图像分类

（a）参考数据；（b）ADFLICM 的分类结果；（c）FLICM 的分类结果

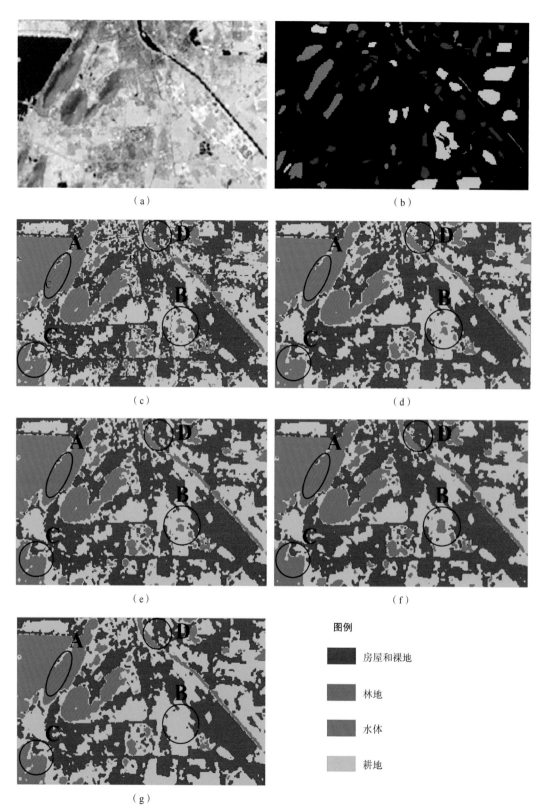

图 3.23　实验 1 中的数据及分类结果

(a) 徐州 TM 影像（波段 5，4，3 合成）；(b) 地面参考数据；(c) ～ (g) 基于 FCM、FCM_S1、

FCM_S2、FLICM 和 ADFLICM 的分类结果

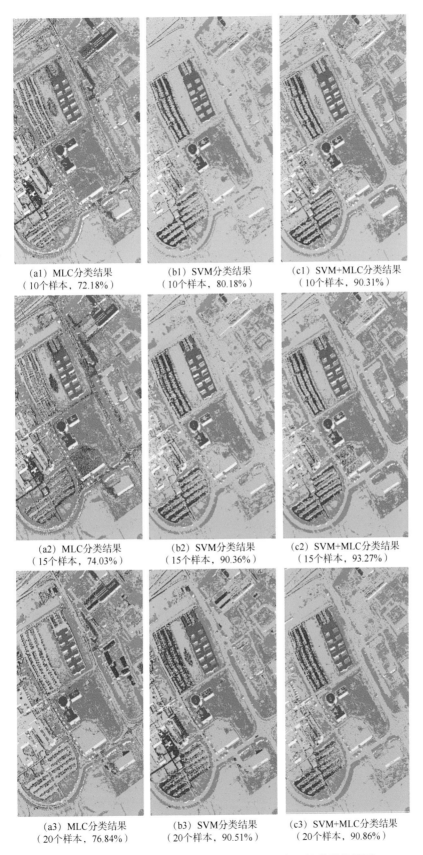

(a1) MLC分类结果　　　　　(b1) SVM分类结果　　　　　(c1) SVM+MLC分类结果
（10个样本，72.18%）　　　（10个样本，80.18%）　　　（10个样本，90.31%）

(a2) MLC分类结果　　　　　(b2) SVM分类结果　　　　　(c2) SVM+MLC分类结果
（15个样本，74.03%）　　　（15个样本，90.36%）　　　（15个样本，93.27%）

(a3) MLC分类结果　　　　　(b3) SVM分类结果　　　　　(c3) SVM+MLC分类结果
（20个样本，76.84%）　　　（20个样本，90.51%）　　　（20个样本，90.86%）

图 3.39　帕维亚 ROSIS 数据不同半监督分类方法的分类结果图

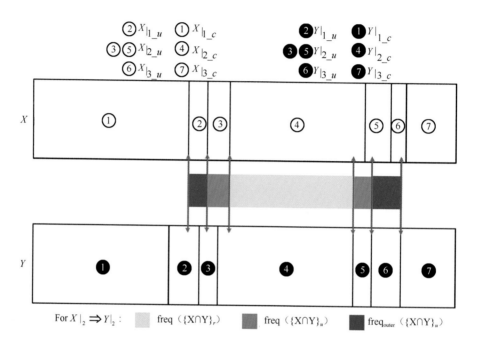

图 4.2　关联规则区间分布示意图

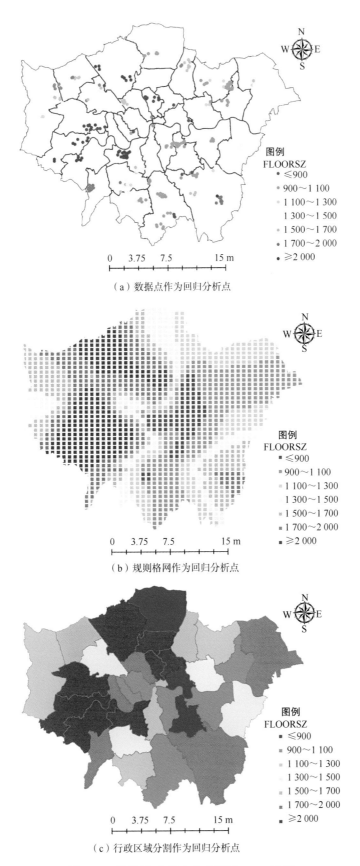

图例
FLOORSZ
· ≤900
· 900～1 100
· 1 100～1 300
· 1 300～1 500
· 1 500～1 700
· 1 700～2 000
· ≥2 000

0　3.75　7.5　　　15 m

（a）数据点作为回归分析点

图例
FLOORSZ
■ ≤900
■ 900～1 100
■ 1 100～1 300
■ 1 300～1 500
■ 1 500～1 700
■ 1 700～2 000
■ ≥2 000

0　3.75　7.5　　　15 m

（b）规则格网作为回归分析点

图例
FLOORSZ
■ ≤900
■ 900～1 100
■ 1 100～1 300
■ 1 300～1 500
■ 1 500～1 700
■ 1 700～2 000
■ ≥2 000

0　3.75　7.5　　　15 m

（c）行政区域分割作为回归分析点

图 5.3　不同回归分析点生成不同 GWR 结果

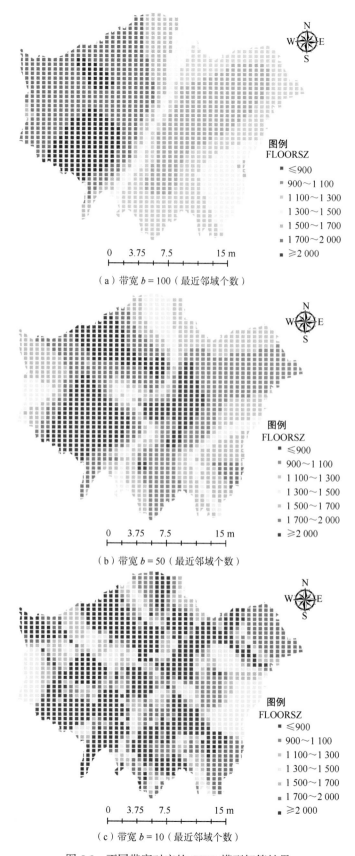

图例
FLOORSZ
■ ≤900
■ 900~1 100
■ 1 100~1 300
■ 1 300~1 500
■ 1 500~1 700
■ 1 700~2 000
■ ≥2 000

0 3.75 7.5   15 m

（a）带宽 b = 100（最近邻域个数）

图例
FLOORSZ
■ ≤900
■ 900~1 100
■ 1 100~1 300
■ 1 300~1 500
■ 1 500~1 700
■ 1 700~2 000
■ ≥2 000

0 3.75 7.5   15 m

（b）带宽 b = 50（最近邻域个数）

图例
FLOORSZ
■ ≤900
■ 900~1 100
■ 1 100~1 300
■ 1 300~1 500
■ 1 500~1 700
■ 1 700~2 000
■ ≥2 000

0 3.75 7.5   15 m

（c）带宽 b = 10（最近邻域个数）

图 5.5　不同带宽对应的 GWR 模型解算结果

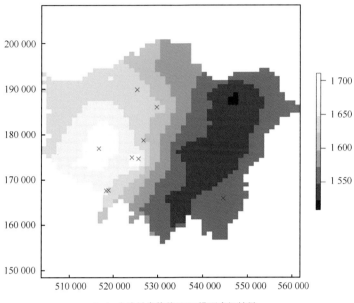

（a）去除异常值前GWR模型求解结果

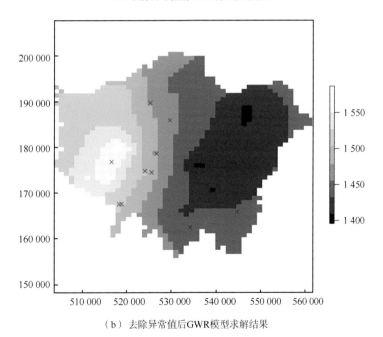

（b）去除异常值后GWR模型求解结果

图 5.6　RGWR 方法（一）异常值点去除求解结果

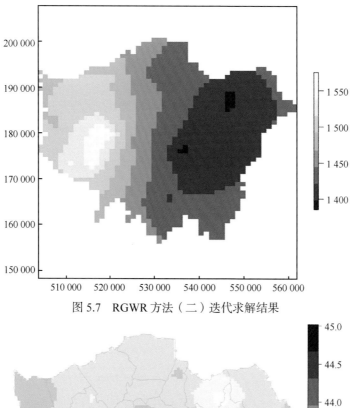

图 5.7　RGWR 方法（二）迭代求解结果

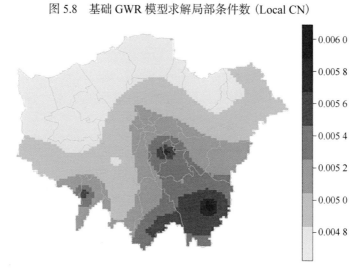

图 5.8　基础 GWR 模型求解局部条件数（Local CN）

图 5.9　GWR-LCR 模型求解岭参数局部补偿值

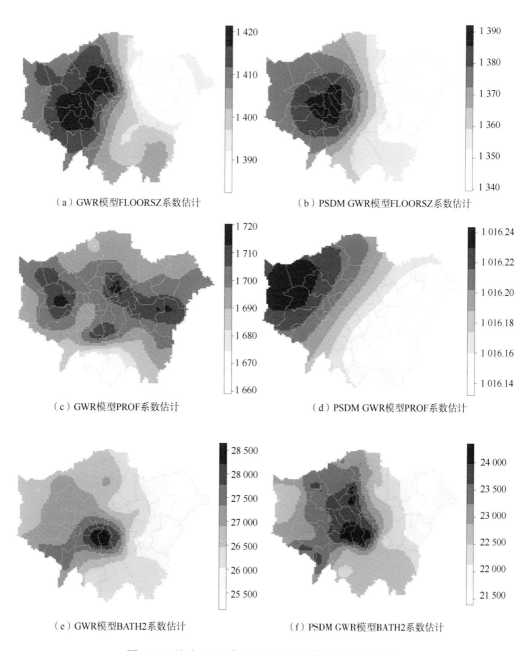

（a）GWR模型FLOORSZ系数估计　　　　　　（b）PSDM GWR模型FLOORSZ系数估计

（c）GWR模型PROF系数估计　　　　　　　　（d）PSDM GWR模型PROF系数估计

（e）GWR模型BATH2系数估计　　　　　　　　（f）PSDM GWR模型BATH2系数估计

图 5.11　基础 GWR 与 PSDM GWR 模型参数估计对比

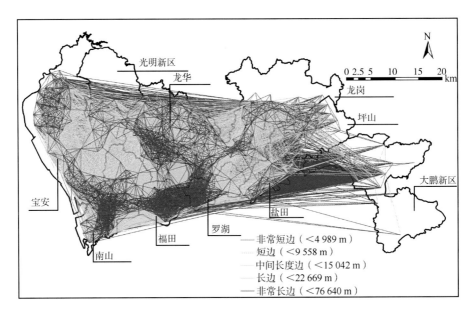

图 6.2　城市交通小区 (TAZ) 网络

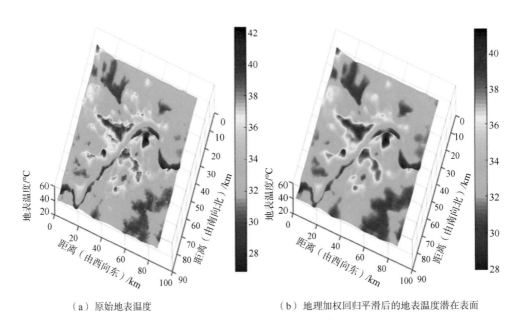

（a）原始地表温度　　　　　　　　（b）地理加权回归平滑后的地表温度潜在表面

图 7.10　使用双平方核函数，带宽 3 平滑前后的 LST 数据对比

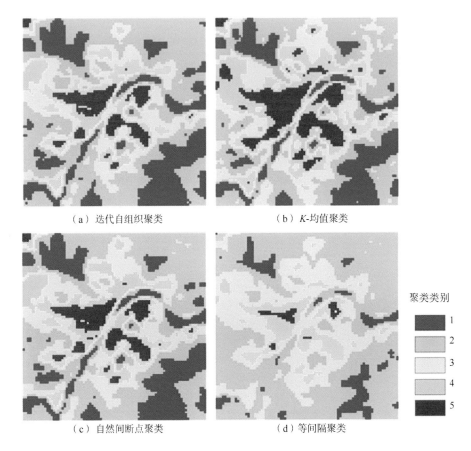

（a）迭代自组织聚类   （b）K-均值聚类

（c）自然间断点聚类   （d）等间隔聚类

聚类类别
1
2
3
4
5

图 7.11 使用四种分级方法对潜在 LST 表面数据进行分级的结果对比

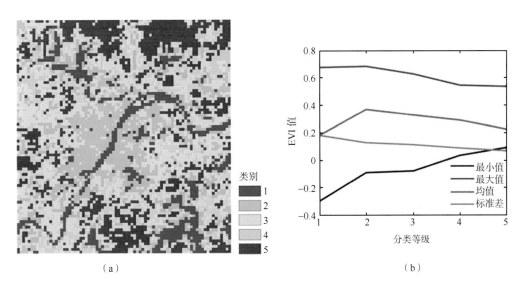

类别
1
2
3
4
5

（a）   （b）

图 7.15 基于 IsoData 的 EVI 分级和每一 LST 潜在表面类别下 EVI 的
最小值、最大值、均值与标准差统计情况

(a)EVI 5 级分类结果；(b) 每一 LST 潜在表面类别下 EVI 的统计情况

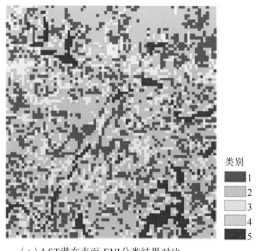

（a）LST潜在表面-EVI分类结果对比

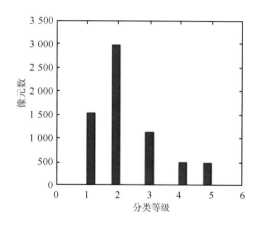

（b）EVI分类与LST潜在表面分类不协调的情况统计

图 7.16　LST 潜在表面等级与 EVI 等级不协调情况对比

(a) 不协调程度空间布局；(b) 不协调程度直方图统计

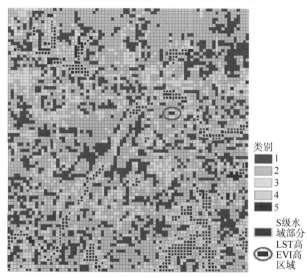

图 7.17　LST 潜在表面与 EVI5 级不协调情况详细分级图

参照：MOD44B 产品

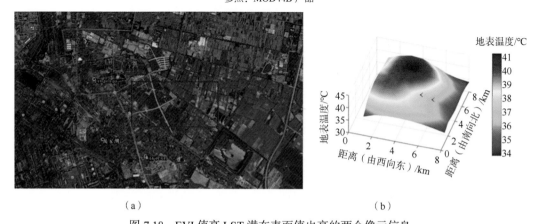

（a）　　　　　　　　　　　　　　　　　　（b）

图 7.18　EVI 值高 LST 潜在表面值也高的两个像元信息

(a) 两像元在同月 Google Earth 影像上的情况；(b) 两像元在周边 8×8 像元范围内的 LST 潜在表面空间位置

（红 × 区域为两像元中心点，且为了方便演示，对南北方向进行了翻转）